森林生态效益多元化补偿机制

基于黑龙江省的研究

本书出版得到国家社会科学基金项目（23CJY062）的资助

潘鹤思　柳洪志◎著

COMPENSATION MECHANISM OF FOREST ECOLOGICAL BENEFIT DIVERSIFICATION

A Study Based on Heilongjiang Province

图书在版编目(CIP)数据

森林生态效益多元化补偿机制：基于黑龙江省的研究/潘鹤思，柳洪志著．—北京：经济管理出版社，2023.12

ISBN 978-7-5096-9530-2

Ⅰ.①森…　Ⅱ.①潘…　②柳…　Ⅲ.①森林生态系统—生态环境—补偿机制—研究—黑龙江省　Ⅳ.①S718.55

中国国家版本馆CIP数据核字(2024)第011671号

组稿编辑：张丽媛
责任编辑：王光艳
责任印制：许　艳

出版发行：经济管理出版社
(北京市海淀区北蜂窝8号中雅大厦A座11层　100038)
网　　址：www.E-mp.com.cn
电　　话：(010)51915602
印　　刷：北京市海淀区唐家岭福利印刷厂
经　　销：新华书店
开　　本：720mm×1000mm/16
印　　张：19.5
字　　数：329千字
版　　次：2024年1月第1版　　2024年1月第1次印刷
书　　号：ISBN 978-7-5096-9530-2
定　　价：88.00元

前　言

党的十九大报告提出建立多元化生态补偿机制，被多数学者认为是解决生态补偿困境、引导利益相关者参与、激发社会资本投入的必然选择和有效途径。因此，本书立足森林生态效益补偿的理论缺口，以黑龙江省林区补偿的现实需求为例，基于“受益者付费”原则识别多元化补偿主体，构建森林生态效益多元化补偿研究框架。以此为逻辑起点，探索政府补偿监管效率、揭示企业补偿参与意愿和居民补偿支付意愿成为实现多元化补偿亟需解决的关键问题。本书从政府规制和激励驱动视角研究黑龙江省森林生态效益多元化补偿问题具有一定的理论意义和现实意义。其具体研究内容包括以下四个方面。

第一，从理论和实证层面分析森林生态效益多元化补偿研究的科学性与合理性。通过相关研究成果的归纳和梳理，探究森林生态效益补偿领域的研究热点和研究前沿，科学界定森林生态效益、森林生态效益补偿及森林生态效益多元化补偿的内涵，并从生态价值理论、外部性及公共物品理论等方面构建基础理论体系，分析森林生态效益多元化补偿的科学性。在此基础上，以黑龙江省为例，基于黑龙江省森林资源现状、社会经济发展现状和补偿现状，评估黑龙江省森林生态效益价值，归纳目前森林生态效益补偿存在的问题，探究黑龙江省森林生态效益多元化补偿研究的合理性。

第二，从庇古税、科斯定理和集体行动理论方面确定多元主体参与森林生态效益补偿的理论依据，并以黑龙江省为例对森林生态效益多元化补偿机理分析。利用米切尔评分法，从“影响性—积极性—紧密性”三维视角识别出森林生态效益的利益相关者，然后结合“受益者付费”原则和“权责利”差异取向原则确定补偿主体，包括政府、受益企业和城镇居民。在多元主体协同参与森林生态效益补偿的理论框架基础上，分别研究引入政府“规制—激励”机制之前和之后多元补偿主体间的行为特征及影响因素。综合以上分析得出，森林生态效益多元化补偿有两种补偿途径：一种是政府补偿途径；另一种是受益企业和城镇居民补偿途径，其中受益企业和城镇居民补偿需要政府的规制和激励才能实现。

第三，基于政府补偿、受益企业补偿和城镇居民补偿层面，对黑龙江省森林生态效益多元化补偿进行研究。每部分研究遵循“规范分析—理论框架—实证检验—推出结论”的研究范式。在政府补偿研究中，本部分以森林生态效益补偿条件性为研究视角，分析森林生态效益补偿实施过程中的政府监管效率问题。利用演化博弈模型，结合 Matlab 仿真，分析政府和林场在补偿实施过程中“监管—管护”的博弈关系。研究得出，政府监管积极性不足，补偿效率较低，因此本书提出将森林生态效益补偿与政府购买服务融合的激励机制设计。在受益企业补偿研究中，本书从政府规制和激励的视域出发，构建基于计划行为理论的受益企业补偿参与意愿研究框架，运用 Double Hurdle 模型实证检验推动受益企业参与森林生态效益补偿的重要影响因素；在城镇居民补偿研究中，本书从政府激励视域出发，采用条件价值评估法和二元 Logistic 模型探索社会信任对居民生态补偿支付意愿的激励作用。研究得出，政府规制和激励在一定程度上能够协同受益企业和城镇居民参与森林生态效益补偿。

第四，基于对黑龙江省森林生态效益补偿现状、森林生态效益价值、补偿机理、政府补偿、受益企业补偿和城镇居民补偿等关键问题的深入探索，充分参考实证分析结果，从三个方面提出多元化补偿实施的对策保障体系。首先，强化多元主体参与森林生态效益补偿的思想认知；其次，加强森林生态效益多元化补偿的配套支持；最后，创新森林生态效益多元化补偿的实施途径。

本书的主要特色在于从多元化补偿主体的视角拓宽黑龙江省森林生态效益补偿筹资渠道，以期多维度、深层次地解构多元化补偿主体的内在层次逻辑及各自有效的补偿途径，同时为加快政府购买服务机制设计、引导社会资本融入、实现共享共建的环境治理格局提供切实、有价值的参考。

本书出版得到国家社科基金项目（23CJY062）、国家自然科学基金项目（72003022，71973021）、中央支持地方高校改革发展资金项目（数字技术赋能黑龙江省制造业高质量发展研究）、中国博士后基金项目（2022MD723774）、黑龙江省社会科学基金项目（21JY237）、黑龙江省博士后资助项目（LBH－Z21167，LBH－Z20037）、中央高校基本科研业务费专项资金项目（2572022DE05）资助，是课题组全体工作人员通力合作的结果。潘鹤思负责全书整体内容的编写工作，完成第一章至第九章，共计309千字，柳洪志承担了第十章、附录1至附录4问卷调查内容的整理、编排工作，共计20千字。

本书的出版得到了哈尔滨商业大学经济学院的大力支持，在此深表谢意，同时感谢经济管理出版社华商分社社长张丽媛的热心帮助和支持。此外，在本书的编写过程中，我们借鉴吸收了国内外专家学者的研究成果，在此也致以诚挚的谢意，由于编者水平所限，加上林区调研及数据获取的局限性，难免存在不足之地，恳请广大读者予以批评指正。

潘鹤思

2023年11月

目　录

第一章

绪　论

第一节 研究背景

一、实践背景

社会发展对森林生态服务需求的变化使中国林业发展战略发生了由以木材生产为主向以生态建设为主的历史性转变。

世界林业发展的共同趋势是从重视森林资源的经济效益逐步转向重视生态效益和社会效益，反映了不同阶段林业发展的比较优势，代表了社会对森林生态服务需求的变化。我国林业发展经历了“木材生产为主—多种效益兼顾—生态建设优先”的历史转变。20 世纪 50 年代初期，国家优先发展重工业，林业作为国民经济的基础产业，承担了国家经济发展与振兴的使命，中心任务就是木材生产。包括黑龙江省在内的大部分国有林区走上了一条资源消耗型发展之路，经过几十年的开发，成过熟林面积和蓄积量锐减，出现了森林资源危机、经济困境和生态环境严重失衡的局面。自 20 世纪 80 年代以后，尽管中国林业发展仍然以木材生产为主的特征尚未发生根本性改变，但生态建设及体制机制改革的地位和作用已逐渐被重视。可持续发展战略、采伐限额管理制度、林业分类经营等战略思想的提出，标志着我国从传统林业走向现代林业，社会发展对林业系统提出新的需求：兼顾森林多种效益，谋求人与自然环境的和谐共生。

进入21世纪以后，加强生态建设，维护生态安全，是人类面临的共同主题。我国随着经济、社会的发展进步，对森林资源的主导需求表现为强烈的生态服务需求。国家空前重视林业在生态文明建设中的地位，相继实施了天然林保护工程（以下简称“天保工程”）、退耕还林工程、森林生态效益补偿基金、全面停止天然林商业性采伐等资源恢复策略，凸显了林业在生态文明体制改革中的重要地位。这种以木材生产为主向以生态建设为主的变革，要求建立起一套与林业可持续发展相适应的森林生态环境制度。强烈的制度需求构成了森林生态效益补偿研究的实践背景，同时它也对生态补偿研究本身提出了更高的要求。

二、理论背景

生态系统服务价值定量技术的发展和外部性理论的完善，引发了学者乃至社会公众对森林生态系统服务的重新认知。

森林是陆地自然生态系统的主体，为人类提供各种生态服务和产品，维持着地球生命支持系统和环境动态平衡。近十几年来，国内外研究学者为适应可持续发展基本要求和生态文明建设，对生态系统服务功能属性、认知和量化生态服务价值等方面有着强烈的现实需求。随着评估技术、方法的日渐完善，在生态服务价值探索过程中，学者对以下两点不再有任何科学见解上的分歧：第一，生态系统服务是大自然的赠予，不再是取之不尽、用之不竭的，尽管有些技术在一定范围内可以施加影响，但仍不能完全替代（李文华等，2009）；第二，生态系统服务与人类福利、福祉密切相关，并且这种服务正在逐渐变得稀缺（Kaltenborn et al.，2017）。

鉴于对生态系统服务及森林生态系统服务的认知，科研学者和社会公众敏感地注意到环境污染、水土流失、生物多样性减少等生态系统退化问题，并不断探寻造成这种问题的根本原因，寻找破解问题的思路。经济学家与生态学家逐渐关注产权、制度和人类理性对生态环境的影响。众多学者认为依托森林资源的森林生态服务具有公共物品特性。在各项森林生态环境服务中，只有部分森林景观、林业碳汇和流域森林生态服务能在一定程度上以森林旅游和市场交易形式实现其价值（Chan et al.，2017）。由于绝大部分生态服务存在难以实现内部化和尚未资本化等问题，森林生态服务价值在经济上的实现程度很低。此外，公共物品的非竞争性和非排他性加剧了社会公众“搭便车”的心理，不愿支付消费生态服务所产生的费用，最终导致资源的过度开发与浪费(高吉喜等,2016)。总之，生态经济学及资源环境经济学的迅速发展、产权经济学的逐步完善、生态服务价值量化研究的不断深入，以及众多学者对生态服务外部性及公共物品理论的深入见解，为生态补偿研究及森林生态效益补偿制度的实施奠定了扎实的理论基础，这些理论的发展有利于从根本上回答为什么要对林区进行补偿的问题。

三、政策背景

生态文明制度驱动下的生态补偿顶层设计日渐完善。

根据《千年生态系统评估报告》，在过去的数十年里，日益增强的人类经济活动导致全球约60%的生态系统处于退化或不可逆状态(Programme,2015)，中国也是生态退化较严重的国家之一，水土流失、森林生态系统退化、荒漠化等退化土地占国土面积的22%左右(甄霖等,2016)，70%以上的河流遭受污染(李晓西等,2015)。由此可见，人类粗放的经济发展模式，导致生态系统退化严重，影响人类幸福感和可持续发展，生态文明建设成了备受关注的热点问题。2012年，党的十八大报告将生态文明建设纳入“五位一体”的总体格局中，提倡人与自然共处共荣。在生态文明的驱动下，生态补偿在国内获得快速发展，经历了从最初的“污染者付费”视角的外部性内化，到同时包括“污染者付费”视角及“受益者付费”视角的外部性内化，然后到更加侧重“受益者付费”视角的外部性内化，再到只包括“受益者付费”视角的外部性内化的演变过程(柳荻等,2018)。2016年5月，国务院发布《关于健全生态保护补偿机制的意见》，提出到2020年森林、草地、重点生态功能区等重要区域实现生态补偿政策全方位覆盖，补偿水平与经济社会发展状况相适应。2018年党的十九大报告提出建立市场化、多元化生态保护补偿机制，坚持谁受益谁补偿、稳中求进的基本原则。加强顶层设计，创新体制机制，实现生态服务提供者和需求者的良性互动，让生态保护者的利益得到充分保障。2019年国家发展改革委提出“生态综合补偿”，并在安徽省、四川省和西藏等10个省份50个县试点先行，以提高补偿资金使用效率和生态保护地区的造血能力。由此可见，国家关于生态补偿的顶层设计获得重大进展，为森林生态效益多元化补偿实施提供依据，通过激励与约束相容的制度安排，实现森林生态资源及生态服务的有偿使用，有助于更好地解决林区生态环境问题。

四、研究区域背景

黑龙江省林区具有重要的生态地位，但长期以来其森林生态效益补偿机制不健全。

黑龙江省林区是嫩江、松花江、黑龙江等水系及其主要支流的重要源头和水源涵养区，也是我国生物多样性保护的重点地区，在我国生态建设大局中占据着极其重要的地位。中华人民共和国成立初期，黑龙江省林区实行“高强度开发、低水平恢复”的资源消耗型利用模式，为国家经济发展提供了大量原料，却导致东北地区大面积原始森林消耗殆尽，并伴随着一定程度的水土流失、气候恶化等不良生态后果。目前，中央政府在黑龙江省投入大量财力实施森林生态效益补偿基金、天保工程、退耕还林工程等以转移支付为主的生态补偿项目，其基本逻辑是，中央政府试图通过生态补偿增强林区政府的财政能力，改变林区预算软约束，解决生态保护成本与区域生态利益错配问题。但是，当前生态环境退化趋势尚未根本扭转，生态赤字持续扩大，并且以财政转移支付为主要资金来源，不断显露出补偿主体缺位、补偿模式僵化、补偿政策错位、补偿资金不足、资金渠道单一、长效机制缺乏等弊端（郑云辰等,2019）。

黑龙江省国有林区自2015年实施全面停止天然林商业性采伐政策以来，第一、第二产业逐渐衰落，第三产业发展缓慢，林区经济发展潜力不足，导致大量职工下岗。此外，森工体系下的重点国有林区管理体制复杂，社会保障资金、企业维稳资金、森林管护资金等在同一支出体系下进行分配，容易诱发林区管理部门的财政道德风险，促使林区管理部门故意压低森林生态建设投入，以此为信号争取更多的上级转移支付供养“两危”中的企业，可见以公共财政为核心的治理体系和治理能力难以满足现代化的建设要求。虽然中央政府投入了大量财力，但是与目前林区经济发展和生态建设需求相比，仍显得杯水车薪。因此，鉴于黑龙江省地域特征和森林生态治理的系统性与复杂性，研究政府与其他受益主体协同参与的森林生态效益多元化补偿，克服政府补偿面临的困境，解决森林生态效益外部性内化问题，撬动市场和社会资本投入，对建立健全森林生态效益补偿长效机制具有重要的理论和现实意义。

基于此，本书在上述实践背景、理论背景、政策背景和研究区域背景的驱动下，针对森林生态效益补偿的理论缺口和黑龙江省的现实需求，从黑龙江省森林生态效益价值和补偿现状出发，构建森林生态效益多元化补偿理论体系及研究框架，并以此为逻辑起点展开对政府补偿、受益企业补偿和城镇居民补偿的进一步研究，提出森林生态效益多元化补偿实施的对策保障体系。本书在力求丰富相关理论的同时，为中国市场化、多元化生态补偿推进提供了切实、有价值的参考。

第二节 研究目的与意义

一、研究目的

本书基于国内外森林生态效益补偿领域的研究热点和研究前沿，采用多学科方法，多层次、多角度地研究黑龙江省森林生态效益多元化补偿，从“受益者付费”和“利益相关者”视域出发识别森林生态效益补偿主体，包括政府、受益企业和城镇居民，构建多元化补偿理论框架，分别探究政府补偿、受益企业补偿和城镇居民补偿的深层次问题，为完善黑龙江省森林生态效益多元化补偿体系提供理论参考。其具体研究目的包括以下几点。

（一）揭示森林生态效益多元化补偿的实现机理

在文献查阅和资料考证的基础上探究森林生态效益多元化补偿的理论依

据，尝试性利用“影响性—积极性—紧密性”三维属性评价体系，并从“受益者付费”和“权、责、利”视角识别森林生态效益多元补偿主体，分析主体间的补偿耦合模式及逻辑框架，总结两种补偿途径。鉴于不同补偿主体间利益诉求和行为导向冲突，借助演化博弈分析工具解构政府“规制—激励”前、后补偿主体间的决策行为。

（二）厘清森林生态效益补偿过程中政府监管效率损失的原因，设计激励机制

从森林生态效益补偿条件性角度出发，以“地方政府—林场”为分析视角，基于博弈论的分析框架系统地阐述政府在森林生态效益补偿过程中的监管问题。针对目前监管效率不足的问题，提出构建森林生态效益补偿与政府购买服务有效融合的实现机制。

（三）从政府“规制—激励”视角实证检验受益企业森林生态效益补偿参与意愿的重要影响因素

尝试将拓展的计划行为理论框架运用于企业补偿意愿及行为研究领域，从政府引导性激励、环境规制、行为态度、主观规范和感知行为控制方面提出研究假设，并将受益企业的森林生态效益补偿参与意愿划分为参与意愿和支付水平两个阶段，运用 Tobit 模型和 Double Hurdle 实证模型探究影响受益企业参与意愿的内生动力与核心要素。

（四）从政府“激励”视角实证检验城镇居民森林生态效益补偿支付意愿的重要影响因素

利用条件价值评估法，从社会信任的角度探究提升城镇居民森林生态效益补偿支付意愿的途径，揭示政府信任、制度信任、邻居信任和亲人信任对城镇居民支付意愿的激励作用。为政府部门系统解决受益企业和城镇居民参与森林生态建设、实现政府从公共财政补偿向多元化补偿方式转变提供组合策略。

（五）系统掌握黑龙江省森林生态效益价值及补偿实践的情况

总体了解黑龙江省森林生态资源、社会经济发展等方面呈现的新趋势，从

涵养水源、保持水土和维持生物多样性等六个方面核算黑龙江省森林生态效益价值，剖析林区森林生态效益的重要性；在森林生态效益补偿演进趋势分析的基础上，以黑龙江省林业和草原局的统计资料为依据，阐述黑龙江省森林生态效益补偿整体现状，并归纳总结现有补偿存在的问题。

二、研究意义

本书立足黑龙江省森林生态效益补偿渠道单一、资金不足及效率低下等现实困境，从理论和实证的角度分析多元主体参与森林生态效益补偿的情况。本书属于林业经济学、自然资源与环境经济学、福利经济学和管理学的交叉领域，建立健全森林生态效益多元化补偿机制要从补偿条件性视角激励政府管理部门监督、管理森林资源的积极性，同时从政府“规制—激励”视角引导市场资本与社会资本拓宽生态补偿筹资渠道，实现区域内森林生态外溢效用内化，这使保护森林生态环境与协同发展社会经济具有重要的理论意义和现实意义。

（一）理论意义

1. 拓展森林生态补偿理论体系的研究视域

以往的生态补偿研究多集中在补偿主体与客体、补偿标准、补偿方式和绩效考核等方面。本书深入探讨补偿的第一阶段问题，将经济学领域的“受益者付费”原则与管理学领域的“权、责、利差异取向”原则融合来甄别森林生态效益补偿多元主体，并在政府“规制—激励”视角下驱动补偿主体协同参与。协同参与是多元化补偿的逻辑起点，也是解决“谁来补”问题的关键。从激励对象不同的视角甄别“森林生态效益补偿”与“森林生态保护补偿”概念的差别，有利于拓展森林生态效益补偿理论的研究外延。

2. 提出森林生态效益多元化补偿机理的“庇古税—科斯定理—集体行动理论”三维理论框架，丰富政府补偿、市场补偿和社会补偿的理论依据

以往学者的研究多倡导建立多元化、市场化的生态补偿体系，但对具体

理论依据及体系内容鲜有提及。本书从庇古税、科斯定理和集体行动理论方面构建三维框架体系，分别对应三元补偿主体，分析主体间耦合模式及博弈关系，以期多维度、深层次地解构多元化补偿主体的内在层次逻辑及各自可行的补偿路径，为多元化、市场化生态补偿研究提供一套科学的研究方法论。

（二）实践意义

1. 有利于加快生态文明体制改革，推进美丽中国建设

生态补偿机制调配着“绿水青山”保护者与“金山银山”受益者之间的利益，是生态文明体制改革的着力点。就研究范畴而言，森林资源是生态文明建设的子集，是美丽中国建设不可缺少的一部分。就研究层次而言，黑龙江省森林生态补偿实践仍以政府补偿为主，资金渠道单一，补偿资金不足，导致森林生态效益补偿实践进展缓慢，因此研究森林生态效益多元化补偿能够为政府部门建立健全生态文明体制改革提供决策建议。

2. 有利于完善黑龙江省森林生态效益补偿体系，提高政府补偿效率

任何一个国家或地区提供的生态补偿资金都不是无限量供应的，虽然在预算约束下的经济有效性和生态有效性变得更加重要，但是鲜有学者对补偿条件性进行深入研究。通过分析黑龙江省“政府—林场”森林生态保护与管理的博弈行为，寻找导致政府补偿效率不足及补偿条件性缺失的原因，并提出构建森林生态效益补偿与政府购买服务有效融合的框架设计，以此健全政府补偿的监督管理体系，提高生态补偿资金使用效率。

3. 有利于实现“受益者付费”原则，拓宽森林生态补偿筹资渠道

近年来，学术界和政府部门一直倡导受益者参与生态补偿，但对于如何界定受益者和受益者是否愿意参与生态补偿鲜有学者关注。本书从森林生态效益利益相关者的角度探寻受益群体，为界定生态补偿主体提供实践参考，从政府“规则—激励”视角探索受益企业和城镇居民参与森林生态效益补偿的影响因素，有利于构建多元化生态效益补偿实现途径，引导市场、社会资本融入，实现森林生态环境共建、共享的治理格局。

第三节 国内外研究现状及评述

一、国外研究现状

（一）国外研究现状概况

1. 研究方法与数据来源

（1）研究方法。本书运用知识图谱分析国内外森林生态效益补偿领域的研究现状和发展态势。知识图谱具有“图”和“谱”的双重特性，以应用数学、计算机技术和统计学为基础，通过可视化的知识图形和序列化的知识图谱，探索某一学科或研究领域隐匿的科学知识结构关系和发展进程（谢伶等，2019）。知识图谱的分析工具是可视化分析软件 CiteSpace，该软件是由美国德雷塞尔大学计算机与情报学教授陈超美应用 Java 语言开发的（刘丽等，2019）。CiteSpace 软件的突出特征是以一种分时、多元、动态的引文分析方式将该领域的知识演进特征和属性集中呈现在引文网络知识图谱上，使研究者能够快速、直观地辨识出该领域的核心作者、核心机构、研究基础和研究特点等，实现对研究进展的全方位把握（李彬彬等，2017）。本书借助 CiteSpace 软件绘制国内外森林生态补偿领域的知识图谱，得到其相关的研究现状、研究主题、研究热点及演进趋势，客观认知研究领域的发展进程，为开启森林生态效益多元化补偿研究提供借鉴和参考。

（2）数据来源。Web of Science 核心合集数据库收录了全球 12000 多种学术期刊，内容涵盖多个领域，其权威性得到了国际学者的广泛认可（谢伶等，2019）。为梳理国际森林生态效益补偿的主要研究成果和研究进展，本书的样本数据源来自 Web of Science 的核心数据集下的 Science Citation Index Expanded（SCIE）数据库与 Conference Proceedings Citation Index-Science（CPCI-S）数据

库。检索途径为"Topic"，模糊检索发现研究森林生态补偿的文献达 2000 多条，根据本书的研究主题反复尝试后，最终将检索策略锁定为"Theme = (Payment for forest ecosystem service) or Theme = (Forest ecological compensation) or Theme = (Forest Eco-compensation) or Them = (Forest ecosystem service Willingness to Pay)"；文献类型以 Article or Review 为精练类型；时间跨度为所有年份，共检索文献 1419 条。为保证文献科学合理且契合本书研究主题，采用人工的方式对上述文献进行核实，剔除不相干的文献，最终获得有效文献 1119 篇，论文发表年限为 1990 年 1 月至 2019 年 11 月。

2. 文献数量基本特征

1990~2019 年国际森林生态补偿研究文献的数量分布如图 1-1 所示，通过检索策略共获得有效文献 1119 篇，平均每年出版的文献数量约 37 篇。

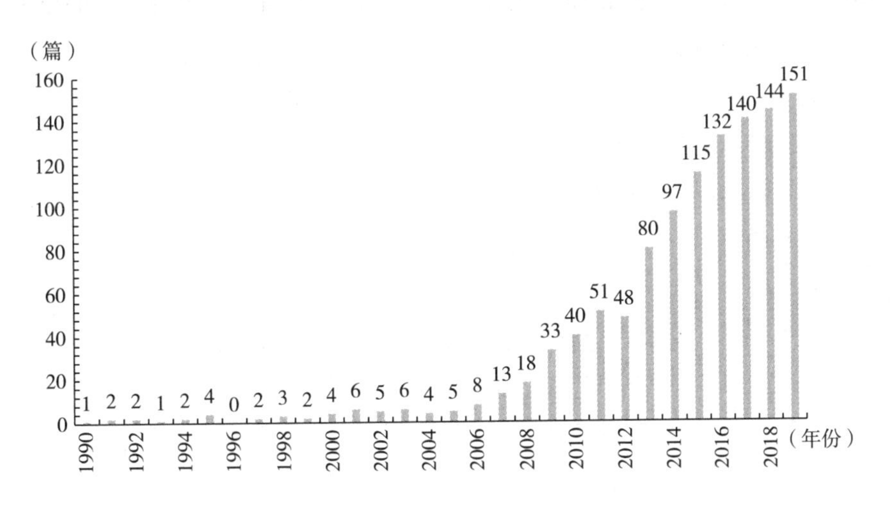

图 1-1 1990~2019 年国际森林生态补偿研究文献的数量分布

按照国际森林生态补偿领域文献数量的变动轨迹来看，可以划分为三个阶段：第一阶段，1990~2005 年的萌芽发展期，此阶段森林生态补偿研究进展缓慢，总发文数量 49 篇，占文献总数量的 4.38%，年平均发文数量约为 3 篇，文献数量相对较少，年际差异小；第二阶段，2006~2012 年的平稳发展期，此阶段森林生态补偿领域共发文 211 篇，占文献总数量的 18.86%，平均每年发表约 30 篇；第三阶段，2013~2019 年的快速发展期，此阶段文献数量保持较高增长率，总发文数量达 859 篇，占文献总数量的 76.76%，平均每年发表约 123 篇。尤其是在 2015 年及其以后，国际森林生态补偿领域的研究文献每年的发表数量都在 100 篇以上。根据文献数量的变动趋势可以看出，森林生态补偿的研究成果将会不断涌现，发展潜力较大，这表明国际森林生态补偿研究仍然处于上升期。

3. 发文机构及国家特征分析

（1）发文机构特征分析。研究机构及合作网络关系是研究领域的关键要素，通过对发文机构的共现网络分析，探索研究领域核心机构的学术影响力及合作强度。表 1-1 和图 1-2 分别展示了国际森林生态补偿领域的机构发文数量与合作网络情况。样本文献中共包含 431 个研究机构，其中发文数量前几位的研究机构主要来自东亚和欧美地区，从表 1-1 可知，中国科学院的研究成果最多，发表文章 26 篇，首篇文章于 2008 年出现；其次为墨西哥国立自治大学，发表文章 19 篇，随后为哥本哈根大学、东安格利亚大学（又称东英吉大学），发文数量都超过 15 篇。此外，图 1-2 显示，以中国科学院、哥本哈根大学、科罗拉多州立大学和东安格利亚大学等节点为核心形成了四个圈层的聚类网络，圈内机构合作关系非常密切。

表 1-1　国际森林生态补偿研究的核心机构统计

机构	频数	首篇年份	机构	频数	首篇年份
中国科学院	26	2008	华盛顿大学	14	2008
墨西哥国立自治大学	19	2009	国际林业研究中心	14	2014
哥本哈根大学	18	2013	杜克大学	13	1999
东安格利亚大学	17	2007	班戈大学	12	2010
新加坡国立大学	14	2013	不列颠哥伦比亚大学	12	2016

（2）发文国家特征分析。选择 CiteSpace 软件中的“Country”节点，对国际森林生态补偿领域的发文国家进行分析，以便科学识别研究文献的地域分布特征。结果显示，统计样本来自全球 88 个国家或地区（见表 1-2），排名前十的

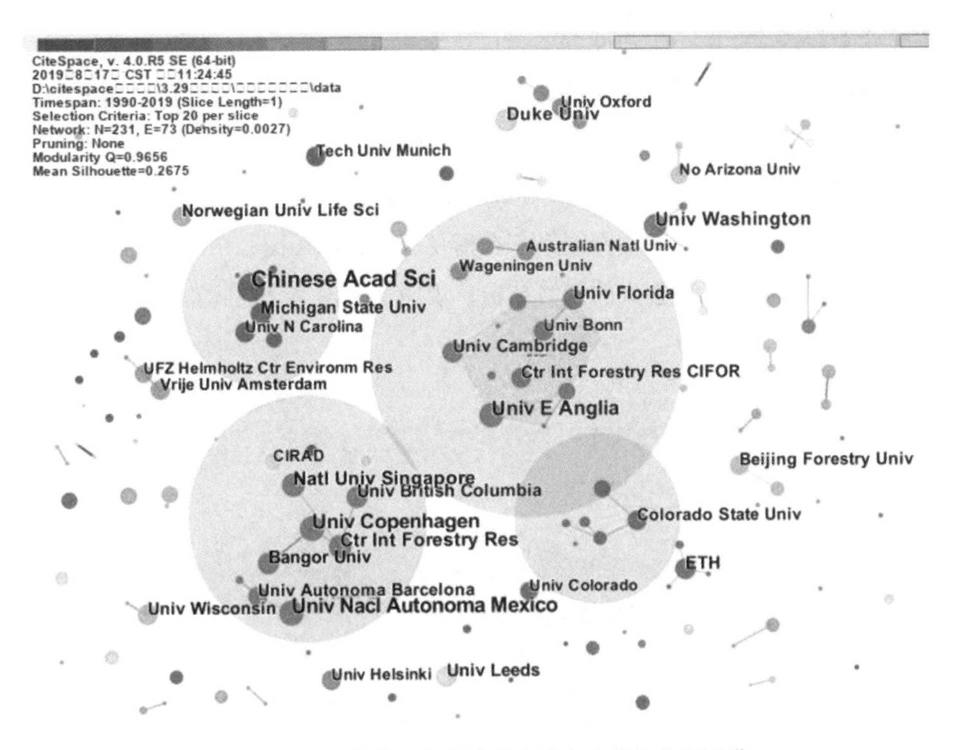

图 1-2 国际森林生态补偿研究的发文机构共现图谱

国家分别为美国、中国、英国、德国、巴西、澳大利亚、西班牙、法国、印度尼西亚和加拿大。

表 1-2 国际森林生态补偿研究的核心国家统计

国家	频数	占比(%)	首篇年份	国家	频数	占比(%)	首篇年份
美国	311	27.79	1997	澳大利亚	54	4.82	2009
中国	120	10.72	2006	西班牙	52	4.65	2001
英国	109	9.74	1994	法国	39	3.48	2002
德国	93	8.31	1991	印度尼西亚	36	3.22	2009
巴西	66	5.9	2007	加拿大	35	3.13	1995

从发文数量来看，美国以 311 篇居首位，占 1119 篇文章的 27.79%，首篇文章的发表年份在 1997 年；中国发文数量 120 篇，占比 10.72%，首篇文章在 2006 年，可见中国虽然在森林生态补偿研究领域起步较晚，但是发展较快；

英国发文数量 109 篇，占比 9.74%，首篇文章在 1994 年；紧随其后的分别是德国和巴西，发文数量都超过 50 篇。另外，根据统计，前五个国家发文总数达 699 篇，占样本文献的 62.47%，说明森林生态补偿的研究机构或学者多分布在这五个国家或地区。根据“Country”节点聚类分析结果可知(见图 1-3)，国际森林生态补偿领域的发文国家存在密切联系，以美国、中国、英国、德国和巴西为中心节点形成强大的网络结构，说明这些国家是国际森林生态补偿研究的中坚力量。

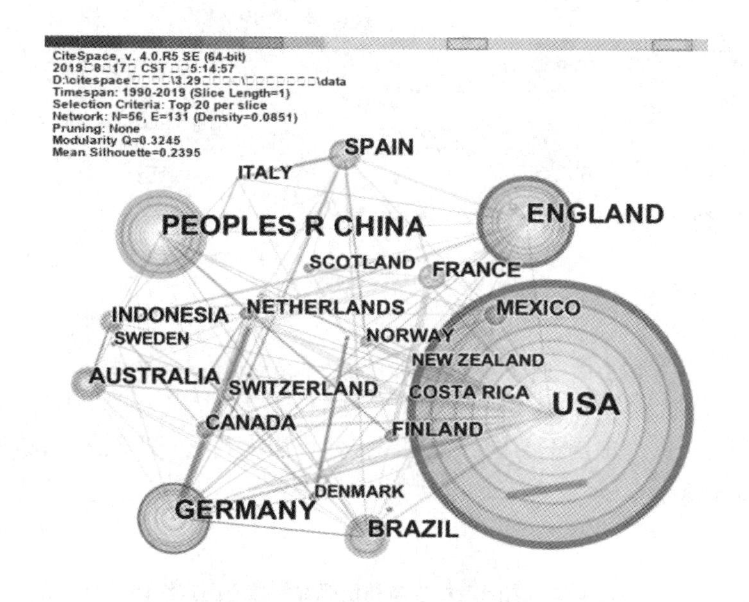

图 1-3 国际森林生态补偿研究的发文国家共现图谱

4. 研究主题及演进趋势分析

不同阶段关键词的共现分析能够反映研究领域的发展阶段和演进趋势，利用 CiteSpace 软件绘制关键词的时区图谱，识别国际森林生态补偿领域不同阶段的研究热点，并总结演进趋势。根据关键词的共现分析结果(见图 1-4、表 1-3)，本书将国际森林生态补偿领域的研究分为三个阶段。

(1) 国际森林生态补偿研究的起步阶段(1990~2001 年)。此阶段高频词集中在森林资源保护实践方面，结合图 1-4 和表 1-3，具体关键词有 forest、biodiversity、deforestation、conservation、diversity 等。根据已有研究，世界林业发展的共同趋势是从重视森林资源的经济利益逐步向重视生态效益和社会效益转变，这代表着社会对森林生态服务主导需求的变化，反映了不同阶段林业发展的比较优势（Vauhkonen and Ruotsalainen，2017）。20 世纪初期，全球森林生态系统实行的是“高强度开发、低水平恢复”的消耗型森林资源利用模式，导致成过熟用材林面积和蓄积量迅速下降，直接导致森林涵养水源、保持水土、固碳释氧和维持生物多样性等生态功能明显下降（Olson and Dinerstein，1998）。因此，森林资源的生态效益逐渐被各个国家重视，实施一系列生态补偿项目保护森林生态系统，如美国的保护性休耕计划、哥斯达黎加的生物多样性保护计划、中国的天然林保护工程和墨西哥的森林水文环境支付等。

（2）国际森林生态补偿研究的成熟阶段（2002～2011 年）。此阶段以“生态系统服务”和“环境服务”为核心进行森林生态补偿机制研究，根据图 1-4 和表 1-3，具体关键词有 ecosystem service、environment service、willingness to pay、economic value、efficiency、payment、contingent valuation 等。综观已有研究森林生态补偿机制的确立主要围绕四个方面，第一，确定森林生态补偿的利益相关者，与中国学者的界定不同，国外学者一般将生态补偿主体分为卖方和买方，卖方为森林生态服务的提供者，买方大多是代表生态服务使用者的第三方机构（如政府、NGO 组织等），也可能是生态服务的受益者；森林生态补偿客体是环境服务或活动类型（Wunder，2015）。第二，利用经济手段协调森林资源保护者与受益者之间的关系，用一定的方法确定补偿标准。构建科学、合理的森林生态补偿标准体系，是践行生态补偿战略的关键环节，也是决定森林生态补偿机制发挥作用的基本前提（Huang et al.，2011）。根据统计发现生态补偿标准的确定方法主要包括直接成本法、机会成本法、生态服务价值法、条件价值评估法、选择实验法等。第三，关于森林生态补偿模式的研究，国外的研究多以市场为主导（Boisvert et al.，2013），“政府—市场”补偿模式、反映出了科斯定理和庇古税的融合，如税费、碳汇交易、排污许可交易、信托基金、清洁发展机制（CDM）、生态标签等市场与政府结合的补偿模式（Pirard，2012）。第四，森林生态补偿条件性、效率与激励研究，国外设计的生态补偿机制更注重成本与效益、公平与效率的平衡（Pagiola et al.，2005）。由全球已实施的数百项生态补偿实践可知，任何一个国家的补偿资金均不是“无限量供应”的，因此预算约束下的生态有效性和经济有效性更加值得关注，如 Ferraro(2008)认为在生态补偿政策设计之初，应该比较不同补偿模式的成本有效性和预算效率，以甄别最有效率的生态补偿方案。

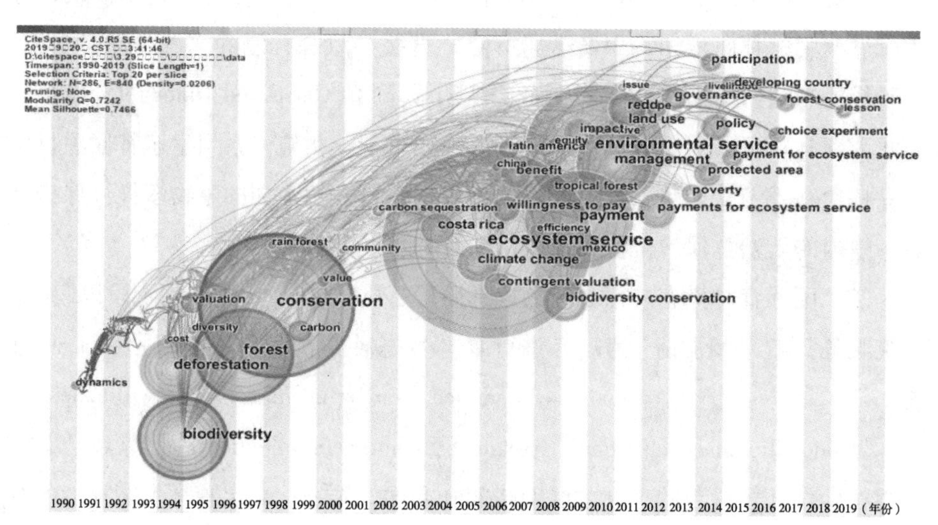

图 1-4　国际森林生态补偿研究热点的网络图谱

表 1-3　国际森林生态补偿研究热点及演进趋势

研究阶段	关键热点词及频次
起步阶段（1990~2001 年）	保护（332 次）、生物多样性（205 次）、森林（169 次）、森林砍伐（162 次）、碳汇（62）
成熟阶段（2002~2011 年）	生态服务（368 次）、环境服务（258 次）、支付（240 次）、支付意愿（77 次）、经济价值（86 次）、管理（172 次）、效益（79 次）、效率（42 次）、激励（46 次）、土地利用（97 次）
拓展阶段（2012~2019 年）	贫困（67 次）、政策（74 次）、发展中国家（60 次）、保护区（74 次）、社区（33 次）、选择试验（49 次）、参与（66 次）

（3）国际森林生态补偿研究的拓展阶段（2012~2019 年）。此阶段围绕与人类福利和福祉相关的森林生态补偿政策展开研究，根据图 1-4 和表 1-3，具体关键词有 poverty、impact、community、policy、choice experiment、developing country、participation、protected area 等。根据前述文献数量分析发现，2013 年以后森林生态补偿领域的文献数量激增，学者除了继续关注生态补偿机制相关

内容，还将研究视角拓展到与人类福利和福祉相关的领域，探讨森林生态补偿政策与扶贫、减贫的关系（Markova-Nenova and Wätzold,2017）。根据全球森林资源分布情况来看，森林资源丰富地区大多位于限制或禁止开发区，该区可利用资源小于实际拥有资源，尤其是在发展中国家，生态环境脆弱和贫困同时发生（Börner et al.,2017）。此外，很多国家的“保护功能区划”形成了新的“地理空间+职能空间+政策空间”复合体，各区域之间的内在结构和外部政策存在差异，造成了不同区域间的利益不均衡，引发了对新的生态补偿政策效益的迫切需求。根据众多已有研究，森林生态补偿政策是否有利于减缓贫困，得到的答案并不统一。从生态补偿兼具扶贫视角来看，Wang 和 Maclaren（2012）等基于经济模型的分析结果表明，生态环境服务付费能够缩小贫困差距和促进社会进步，兼具生态效益和社会效益。Yin 等（2014）基于时间序列数据的研究发现，在中国退耕还林工程中农民收入源于退耕补贴和非农收入，退耕区的贫困发生率明显降低。Wang 等（2017）从支付意愿和受偿意愿视角分析得出，生态系统服务购买者和提供者之间的财富差距能够增加交易，利用生态补偿项目能够实现扶贫。然而，有些学者对生态补偿的扶贫效应持否定观点，如 Markova-Nenova 和 Wätzold（2017）、Pascual 等（2014）的研究共同表明森林生态服务付费的主要目的应是保护森林资源，而不是解决社会公平问题，补偿项目的设计和实施应力求专注。

（二）国外研究现状综述

整理国外相关研究成果，可将其归纳为森林生态补偿理论研究及分析框架、森林生态效益价值评估方法的分析与比较、多元化生态补偿相关研究、生态补偿规制与激励方面的研究、森林生态补偿支付意愿及影响因素研究五个方面。

1. 森林生态补偿理论研究及分析框架

森林生态补偿在国际上通常被称为“森林生态系统服务付费”（PFES），主要采用管理政策和经济手段平衡受益者和保护者在经济利益和环境资源间的利益关系（Börner et al.,2017）。森林生态补偿被认为是将生态服务外部性内化的重要途径，不仅可以获得有效的保护资金，同时还是命令控制型工具的重要补充（徐建英等,2015）。自 20 世纪 90 年代以来，森林生态补偿研究获得了国外学者的广泛关注，理论层面的研究更为具体和深入。Zhang(2016)基于森林生态服务供给和需求，从产权规则、环境服务的市场化，以及市场和公共政策的广泛视角来研究 PFES 的逻辑和经济学理论，研究表明人口增长和个人收入的提高增加了对生态环境服务的需求，导致了生态服务供求不平衡。这种不平衡意味着资源的稀缺，需要通过市场和政策干预来寻求新的产权安排。Arbieu 等(2017)基于经济学的供给需求理论来研究非洲国家保护区提供野生动物旅游文化生态系统服务的能力，研究表明游客对旅游生态服务的支付溢价有利于增加野生动物的数量。Scheufele 和 Bennett(2017)通过将供给和需求的基础概念应用于确定市场均衡价格来分析生态补偿的市场机制，研究表明代理商参与能够降低买方和供应商的交易成本，市场机制设计结合了经济评估技术，通过新颖的招标过程估算生态服务需求，从而估算出潜在生态服务供应商的单个边际成本曲线。Diswandi(2017)认为发达国家与发展中国家提供生态补偿方式的理论依据不同，发达国家的生态系统服务付费(PES)概念主要基于科斯的经济学理论，该理论强调为生态系统服务创建自愿交易市场或强制交易市场，而发展中国家实行的生态补偿是基于庇古的经济理论，允许政府干预，如政府的监管、税收或补贴等政策。

2. 森林生态效益价值评估方法的分析与比较

森林生态系统服务价值的评估方法可以分为常用核算方法和生态模型法。

(1)常用核算方法。常用核算方法包括物质量评估法、价值量评估法和能值分析法。

1)物质量评估法。森林生态系统服务价值的物质量评估一般是利用遥感技术和定位观测手段，结合生态学参数，构建生态系统服务价值评估模型来计算各项生态服务物质量的。最早使用物质量法的学者是 Costanza 等(1989)，他们假定生态服务供求曲线为一条垂直直线，并且评估了包括森林生态服务在内的全球生态系统服务价值，使生态系统服务价值理论及估算方法从科学实践的角度得以明确。2014 年，他们将土地利用变化纳入原有评估模型，再一次重新评估全球森林生态系统服务的价值(Costanza et al.,2014)。目前，大多数学者利用修正系数，结合森林资源清查资料、林分面积和相应的生态学参数来计算物质量，进而通过替代市场法计算出价值量(Niu et al.,2012)。Li 等

(2017)将空间异质性系数、资源稀缺性系数及社会发展系数纳入森林生态服务的动态模型，用于比较不同规模的森林生态服务价值。Song 等(2016)在评估韩国森林净化空气功能价值时，将人口密度作为影响生态服务价值的重要社会因素。物质量评估法在实际应用的过程中较为简单，对数据要求低，特别适用于区域和全球尺度的生态系统服务价值的评估(Anaya-Romero et al.,2016)。

2)价值量评估法。森林生态系统服务价值量评估法是利用市场理论、环境经济学理论对森林生态资产的价值进行货币化评估(定价)的方法，具体从以下三个方法进行阐述，包括直接市场法、替代市场法和虚拟市场法。

第一，直接市场法。直接市场法以市场价格为森林生态系统服务的经济价值，包括市场价格法、费用支出法和净值法等。市场价值法适合没有费用支出但有实际交易市场的环境效益价值核算，如森林食品、原材料。另外，森林中一些野生动植物和可定量的公益效能也可根据市场价格来确定它们的经济价值。常用的直接市场法的优缺点及相关文献如表 1-4 所示。

表 1-4 直接市场法的优缺点及相关文献

主要方法	优点	缺点	相关文献
市场价格法	可直观评估生态服务功能的某些价值，评估比较客观、可信度较高	应用范围较窄，需要全面充足的数据，只能核算直接使用价值，难以核算间接使用价值和存在价值	Costanza 等(2014)、Primmer 和 Furman(2012)、Beier 等(2017)
费用支出法	从消费者角度，利用支出费用，较好量化生态服务的价值，且简单易行	只计算总的支出费用，不能全面、真实反映生态资产价值，与实际游憩价值差距大	Braat 和 Groot(2012)
净值法	简单易行	只适用于可交易的产品价值核算	Tilahun 等(2016)

第二，替代市场法。替代市场法利用替代市场技术，计算相关“替代品”的成本与费用，估算难以直接实现的生态系统服务价值。该方法适用于没有实际市场价格，但有相似替代市场的森林生态系统服务的核算。替代市场法核算出的森林生态系统服务价值量通常是巨大的，虽然对森林生态系统保护有很大的参考作用，但不具备市场运行的条件，对生态补偿等政策指导活动仅具有理

论借鉴价值。森林生态系统的结构属性不同决定了提供的生态服务具有差异性(Sutherland et al.,2016),因此也有很多学者利用组合的替代市场法来评估森林生态服务价值。常用的替代市场法的优缺点及相关文献如表 1-5 所示。

表 1-5 替代市场法的优缺点及相关文献

主要方法	优点	缺点	相关文献
机会成本法	用潜在的支出来估算生态资产的价值,简单客观、公众易接受	无法评估一些生态资产的非使用价值,忽略外部效应,核算结果偏低	Tilahun 等(2016)、Lai 等(2015)
旅行费用法	使用旅行花费来代替人们对生态服务的支付意愿,可信度高	不能核算生态系统的非使用价值,且无法区别多目标、多目的的旅行费用	Tilahun(2016)
享乐价格法	建立在市场基础之上,用消费者的实际偏好来估算生态资产价值	不易获得精确的数据,对经济统计技巧要求较高,不能核算存在价值,受其他因素影响大	Beier 等(2017)
影子工程法	通过计算替代工程的成本和费用,间接估算生态服务价值	替代工程多样性、时间和空间的差异性,使工程成本难以核算不同类别的生态服务价值	Lai 等(2015)
替代成本法	利用替代市场技术解决难以直接估算的生态服务价值问题,主要途径即准确寻找“公共商品”并计算其成本	方法的有效性取决于公共商品选择的准确性,成本的计算可能产生误差	Lai 等(2015)、Beier 等(2017)、Tilahun 等(2016)

第三,虚拟市场法。虚拟市场法包括条件价值评估法和选择试验法。条件价值评估法(CVM)利用调查问卷构建假想市场,通过直接询问人们对某一公共物品或服务质量变化的最低受偿意愿与最高支付意愿来评估生态系统服务价值。一般情况下,受偿意愿高于支付意愿。条件价值评估法目前主要应用于森林资源环境和服务价值评估领域。Lo 和 Jim(2015)、Chen(2015)都曾研究过不同地区的人们对名木古树的生物、美学和文化价值的支付意愿,结果表明地区差异对支付金额的影响较大。选择试验法依据要素价值理论和随机效用理论

构建随机效用函数。消费者在虚拟市场环境下，对物品或服务的属性及其水平组合进行选择和权衡，借助效用模型和计量经济学技术进行支付意愿的测算，间接得到环境物品和服务的经济价值（Dias and Belcher，2015）。Nordén 等（2017）通过离散选择试验模型，研究瑞典私有林的利益相关者对保护森林生态多样性的偏好问题，得出不同层次管理者的取向有较大的差异，其中高层管理者对生物多样性的偏好较明显。

3）能值分析法。能值分析法最早由国际生态学者 Odum（1988）提出并用于定量分析环境资源价值及生态系统与经济、社会系统的复杂关系。森林生态系统服务价值能值分析方法以能量为共同的评价标准，通过能值货币转换率、能值与森林生态服务功能价值之间的函数关系，确定森林生态系统的服务价值（Watanabe and Ortega，2014）。Lu 等（2017）利用能值分析法从"供给者"的角度评估中国东南地区亚热带森林和种植园的森林生态系统服务价值。Huang 等（2011）以城市生态系统为研究对象，运用能值分析法对城市森林生态系统的服务价值进行综合评价。能值分析法能充分考虑无法货币化的生态服务对人类社会的重要贡献，以及不同种类能量之间等级和质的差异性，将生态系统与人类社会经济系统有机结合起来。另外，能值分析法能够避免人为因素，具有量纲统一、热力学方法严密性等优点。但是从已有研究来看，学者使用的太阳能值转换率只适合较大范围区域的能值分析，对于较小区域或个体的能值分析，其研究适用性和能值数据可得性有待商榷。不同区域的生产水平异质性决定人类经济产品的能值转换率有较大差别。因此，在实践分析过程中要具体考虑太阳能值转换率和能值函数问题。能值指标的选择和确定则需要与研究区域的经济投入与产出联系起来，在具体实践中不断修正和完善。

（2）生态模型法。随着"3S"（地理信息系统 GIS、遥感技术 RS、全球定位系统 GPS）技术的广泛应用，国外相继研发了基于空间格局和土地变化的、适合于大尺度的多种评估森林生态系统服务功能的生态模型，较好地实现了动态化评估（Crossman et al.，2013）。Ooba 等（2010）基于过程模型（CROBAS）模拟与森林相关的生态学过程，对日本森林生态系统服务进行综合评价，此模型的优点是在评价过程中不仅关注生产和经济方面的价值，还利用一系列生物和非生物的参数体现与周围环境的相互作用，使评估结果更加合理。Wu 等(2017)利用森林景观干扰演替模型(LANDIS-Ⅱ)对江西省泰和县土地利用和气候变化对森林生物量的影响进行仿真模拟。目前，从国外应用生态模型的过程来看，构建生态模型的目的是揭示某方面的生态学规律，如森林动态发展过程、森林水源涵养过程及碳汇过程的模拟研究等。由于自然界的复杂性和人类认知水平的有限性，当前研发的生态模型只能体现人类对自然界目前的了解程度。

3. 多元化生态补偿相关研究

森林生态服务功能大部分属于公共物品，如涵养水源、保持水土、固碳释氧和维持生物多样性等，这些功能所产生的服务具有消费的非排他性与供应的关联性(Paudyal et al.,2018)，这就决定了生态消费行为具有显著的外部性。生态补偿就是要补偿生态系统服务的外部性，按照实施途径及实施主体的不同可以分为三种范式(Mehring et al.,2018)：第一，强调产权交易的“科斯式”市场化补偿范式；第二，强调政府作用的“庇古式”科层治理补偿范式；第三，强调集体行动的多元治理主体协同参与补偿范式。

(1)森林生态补偿的科斯途径。国外学者将森林生态补偿称为“森林生态环境服务付费”(PFES)，概念本身就意味着市场化途径的补偿。按照科斯的理论，只要产权界定清晰且交易成本为零，资源的拥有者就可以通过谈判机制将生态服务外部效应内部化，通过市场提供社会所需要的环境服务。基于这样的理论认知，国外森林生态服务市场发展较快且比较成熟，如碳汇市场、水文服务交易市场和生物多样性交易市场等。总的来说，国外学者所设计的森林生态补偿模式更多关注市场的供求关系，如 Górriz-Mifsud 等(2016)同时考虑森林生态系统服务供给和需求，并以生物多样性保护为交易条件来确定社会公众向私有林所有者自愿支付的边界。Ekawati 等(2019)的研究认为限制印度尼西亚加入 REDD+项目实施的关键在于：中央政府分散权力之外的利益相关主体的协商交易行为。Sheng 等(2019)通过构建博弈模型研究市场力量差异、激励对象和激励设计差异对 REDD+项目投资者和土地所有者的碳减排行为的影响，结果表明市场力量和激励设计是影响减少发展中国家毁林和森林退化造成的排放(REDD+)的决定因素。Naeem(2015)在美国 *Science* 杂志刊登的文章指出，生态服务付费是一种有效的生态市场化补偿办法，需要遵循六条科学原则，有利于降低生态资产的交易风险。也有学者对此生态补偿途径提出质疑，许多实施的生态补偿项目并没有严格符合科斯经济学范式，信息不对称会明显削弱双方的谈判能力（Ferraro，2008）。此外，森林生态服务难以度量和高额的交易成本也将导致生态服务交易双方自愿程度不高（Grilli et al.，2020）。森林生态系统服务市场最典型的就是碳市场，但 van der Hoff 等（2019）的研究质疑 REDD+是否还能成为市场，认为在碳汇交易运行过程中，越来越多的制度化限制，使生态服务市场的可持续发展遭到限制。

（2）森林生态补偿的庇古税途径。庇古税理论强调外部性源于市场失灵，必须通过政府的干预给予矫正，即借助政府的管制、征税、补贴等手段消除私人边际成本与社会边际成本、私人边际收益和社会边际收益之间的背离，从而实现生态服务外部效应内化，提高整体社会福利（Xiong and Li，2019）。目前，大多数发展中国家和部分发达国家的森林生态补偿项目是依靠政府运作的，通过征税和补贴的方式为生态环境服务融资，严格依赖法律制度基础（Yu et al.，2020）。例如，哥斯达黎加的 PSA 项目、美国土地保护性休耕计划（CRP）、中国天然林保护工程和退耕还林工程等，其中 PSA 的核心是建立一个覆盖全国的征税项目向生态服务受益者收费（Havinga et al.，2020），而后三个项目是由政府直接提供资金向保护者付费。由此可见，庇古税范式的生态补偿体现的是政府规制下的“政府付费”或“使用者或受益者付费”原则，两者的区别不仅在于由谁付费，还在于由谁的权力做出补偿支付的决定（Engel et al.，2008）。Liu 等（2019）认为，“使用者或受益者付费”在确定对象和范围方面存在困难，并且随着服务购买者数量的增多，交易成本和谈判成本升高，因此“政府付费”能够弥补利益相关者的信息不对称，更符合成本—收益原则。Gómez-Baggethun 等（2010）的研究表明，“使用者或受益者付费”更符合科斯经济学补偿思想，通过谈判和监督解决补偿问题，生态服务使用者通常能够比政府获得更有效的信息，应该授予监督和终止补偿合同的权力，显然“使用者或受益者付费”比“政府付费”更有效率。Muradian 等（2010）认为，庇古税视角的生态补偿目的更加侧重为环境服务提供建立激励，利用货币支付方式激励那些个体或集体的土地利用决策与社会整体利益保持一致。Ishihara 等（2017）分析权力在日本生物多样性保护补偿过程中的作用，通过多案例分析表明，虽然一直以来占主导地位的“制度逻辑”在东方白鹳种群壮大过程中发挥了很大作用，但是这种政府的科层治理式补偿模式越来越受年轻社区居民的抵制。

(3)集体行动逻辑视角的森林生态补偿途径。根据诺贝尔经济学奖获得者奥斯特罗姆的理论研究，很多公共资源(公共池塘资源)修复治理的解决思路既不是采取市场交易的私有化方案，也不是依靠政府的强制措施，而是基于信任、互惠、声誉等社会资本的集体成员社会自治机制(Lopez and Moran,2016)。正如奥尔森的集体行动逻辑所强调的，具有共同利益的群体没有采取一致行动的根源在于集体成员中存在“搭便车”现象，因此政府与市场之间的社区成员参与自治能够明显克服“搭便车”困境(Weimann et al.,2019)。Diswandi(2017)的研究显示，集体行动也体现在政府与市场的有效融合中，混合的科斯和庇古方法有可能导致一个新的政策范式，这个政策范式结合了市场的自愿性和政府的强制性，采取这种混合方式的森林生态补偿项目在社区扶贫效率上更加明显。Kolinjivadi 等(2015)以社会多标准评估为分析框架，研究了社会成员参与生态服务支付的可接受性，结果表明不同群体的支付效率存在差异，其中基于“正义”视角的集体成员参与能够提高社会的整体福利。但是也有学者对集体行动逻辑视角的补偿融资方式提出质疑，如 Makrickiene 等(2019)的研究对三种森林生态补偿融资方案在 26 个欧盟国家的情况进行问卷调查，包括纯公共机制(税收和补贴)、公私混合机制(公私合营合同和市场创建)、纯粹的私人机制(商品和服务的贸易，购买土地和土地租赁，捐款和认证)，研究结果表明政府提议税收和补贴，而非政府组织则要求签订合同或创造市场。值得注意的是，很少有人提出促进更纯粹集体参与的私人机制。Mayrand 和 Paquin(2004)认为政府、市场和社会等多元化生态补偿融资能够提高保护主体的积极性，并举例西半球国家生态补偿资金大多源于政府转移支付、国际组织、受益群体支付或非政府环境组织的捐赠。

4. 生态补偿规制与激励方面的研究

一般来说，自然保护区、生态功能区和限制开发区存在共同的特点(Smart,2002)，即经济发展相对落后、生态资源富足、基本公共服务较差，因此如果不对这些区域进行激励性政策倾斜，很可能出现两种极端：第一，集中发展经济和提供均等公共服务，生态环境急剧恶化；第二，生态环境保护较好，经济发展和公共服务水平较低（Cai and Treisman,2005）。因此，如何通过良好的机制设计促使生态保护和区域经济协调发展，成为学者关注的热点。生态补偿是协调环境服务提供者和环境需求者之间成本—利益分配关系的重要约束激励机制（Ishihara et al.,2017），最典型的实施方式就是在受益者和保护者间签订生态补偿契约，使受益者按照契约付费，对保护者按照约定提供服务（Ferraro,2008；Ozanne et al.,2001）。已有研究表明，补偿契约设计的方式能够解决生态补偿低效率的问题，已被应用于生态环境治理、生态资源保护等领域（Fama,1980）。Bremer 等（2014）认为，生态补偿契约设计的关键在于关注地方政府与农户和企业之间的委托代理问题，其中政府的协同作用非常重要。Rui 等（2012）研究表明，生态补偿契约的设计重点是，在不给定条件的情况下通过一系列菜单契约设计，对比不同方案克服生态补偿过程中的逆向选择和道德风险问题。Ferraro（2008）通过对生态补偿激励机制的研究，发现非对称信息是影响生态补偿契约设计的关键要素，通过隐藏信息和隐藏行动的委托代理模型求解，提出改进补偿激励的方式。Sommerville 等（2009）研究表明，生态补偿是条件的正向激励制度，激励的程度取决于额外性和外部环境的复杂性，是生态服务需求者向生态服务提供者有条件的支付。Sheng 和 Qiu（2018）利用两阶段博弈模型探索 REDD+的最优激励和努力，结果表明土地所有者和开发商减少碳排放的行为与他们所拥有的市场力量无关，而与市场机构、机会成本、努力的产出弹性、成本系数和全要素生产率等密切相关。

5. 森林生态补偿支付意愿及影响因素研究

森林生态服务和生态补偿支付意愿调查多应用陈述偏好法，该方法主要通过调查问卷构建虚拟市场，直接询问或间接计算人们对某一公共物品或服务质量变化的支付意愿，即通过测度居民福利变化和偏好意愿来评估生态系统服务价值和补偿标准（Rambonilaza and Brahic,2016）。很多研究发现有受偿意愿通常高于支付意愿的现象，另外受偿意愿的实现受到支付意愿水平的制约。陈述偏好法包括条件价值评估法和选择实验法来实现。从实践研究来看，Lo 和 Jim（2015）利用条件价值评估法调查 800 名居民对中国香港城市森林的支付意愿，其中有 28%的人群是零支付意愿，进一步验证零支付意愿与抗议信念（未按照经济学理论表达偏好)的关系，并对条件价值评估法的有效性提出质疑。Kaffashi 等(2015)将因子分析和双边界条件价值评估法相结合来估计游客对马来西亚森林公园大象保护中心门票的支付意愿。Song 等(2015)采用支付卡式的调查问卷研究城市森林绿地保护动机和支付意愿之间的关系，月收入水平、对政府的信任和参观城市绿地次数影响居民支付水平。Markova－Nenova 和 Wätzold(2017)通过选择实验法研究发达国家城市居民对生态服务的捐赠意愿和偏好问题，结果表明如果生态补偿资金能够公平分配或者更倾向于穷人，将增加发达国家城市居民的支付意愿。Nordén 等(2017)通过离散选择模型，研究瑞典私有林的利益相关者对保护森林生态多样性的偏好问题，研究结果显示社会公众偏好生态价值并愿意为此支付，而森林所有者和地方官员更偏好森林的经济价值。

二、国内研究现状

(一) 国内研究现状描述

1. 数据来源

本书的中文文献数据来源为中国学术期刊全文数据库 CNKI。为了使分析结果具有权威性和代表性，选取范围限于 CNKI 中的 CSSCI、CSCD 和核心期刊数据库。为避免重要文献遗漏，笔者经过多次尝试后，最终以“主题=生态补偿 or 主题=森林生态效益补偿”“主题=林业补贴 or 主题=林农补贴”“主题=退耕还林 and 主题=生态补偿”“主题=天然林保护工程 and 主题=生态补偿”“主题=生态补偿标准 and 主题=条件价值评估法(模糊匹配)”为检索条件开展文献搜索。为进一步保证所选文献的科学合理性，本书采用人工查询的方式对知网引擎搜索的文献进行了逐一核实，具体步骤如下：第一，按照时间倒叙，重新对上述关键词分别进行检索，逐年剔除会议报告、新闻报道等不相干文献；第二，将所有文献的研究摘要和关键词进行深度研读，将法律制度建设(如绿色法制途径创新、补偿法律制度一体化完善等)和林业生态科学实验(如速生植物治理补贴实验、林区氮磷污染防治补贴的政策建议等)等领域的生态

补偿文献予以进一步剔除，最终共获得有效文献406篇，数据下载截止时间为2019年11月。

2. 森林生态效益补偿文献数量的基本特征

1994~2019年，森林生态补偿的核心论文总数为406篇，平均每年出版16篇，图1-5显示了其年度变化趋势。从生态补偿领域研究文献的变动趋势来看，可以划分为三个阶段，第一阶段为起步期（1994~2000年），总发文量为5篇，生态补偿最初的研究开始于1994年，其中有4个年份发文量是零；第二阶段为平稳发展期（2001~2011年），共发文138篇，占文献总数量的33.99%；第三阶段为波动上升期（2012~2019年），共发文263篇，占文献总数量的64.78%。综上可以看出，森林生态补偿论文的发文数量在初期进展缓慢，经过了平稳发展后呈现波动发展，达到一个小高峰后呈现波动下降的趋势，而后是稳定发展，体现了罗杰斯事物的“S”形特点。

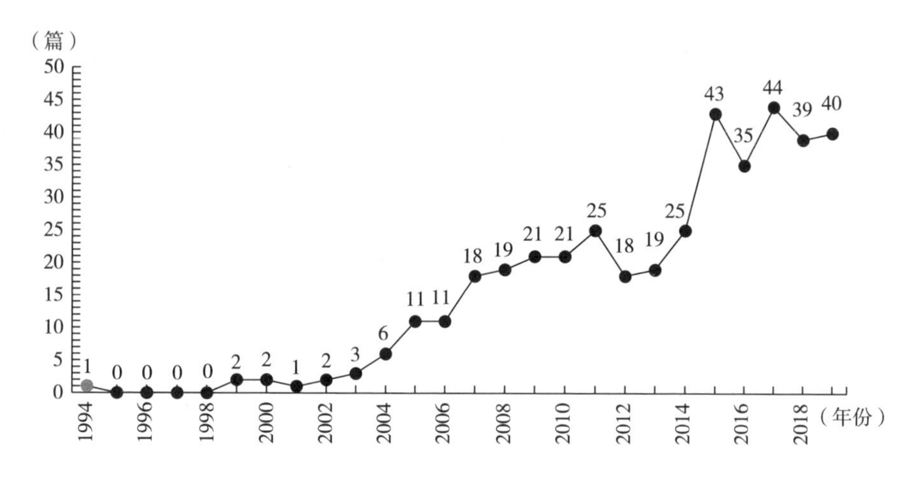

图1-5 1994~2019年森林生态补偿领域文献数量的分布

3. 森林生态补偿领域的研究热点及主题分析

由于森林生态补偿领域的文献数量较少，将数据筛选策略设置为Top50，时间切片设置为1998~2019年，时间段为1（slice length = 1），选择“Time zone”生成森林生态补偿研究的关键词时区图谱（见图1-6）。关键词的时区图谱能够考察不同时间节点热点词出现的情况，圆圈越大、连线越多说明该关键

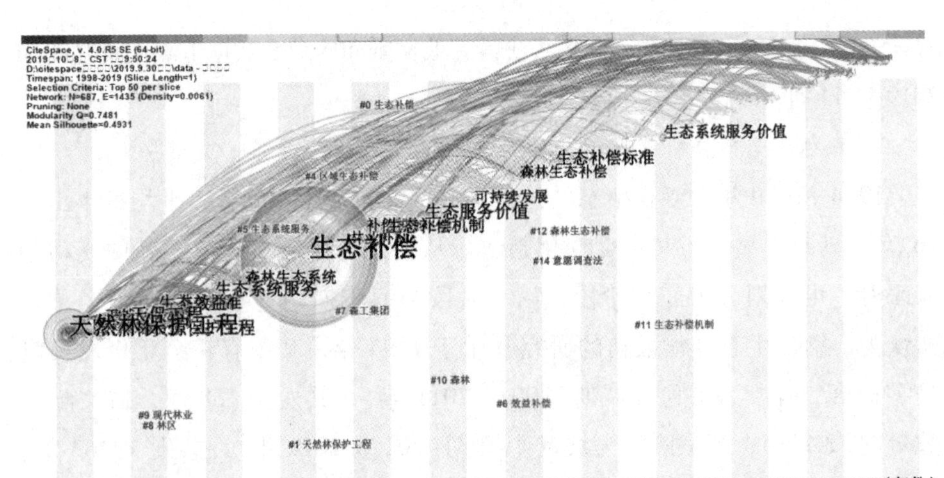

图 1-6　森林生态补偿领域的关键词分析可视化时序图谱

词是一段时间内的热点词。根据 CiteSpace 软件的统计分析，共得到热点词 477 个，利用对数似然比(LLR)共提取出 16 个聚类词，其中有 14 个聚类显示在时区图谱中，本书具体列举其中 5 个聚类的节点数、紧密度、平均年份和标签词(见表 1-6)。

表 1-6　森林生态补偿领域的关键词聚类统计

聚类编号	节点数	紧密度	平均年份	标签词
0	76	0.868	2010	生态补偿、生态税、税收差异化、生态补偿、环境服务付费、森林保护、退耕还林(草)、市场补偿
1	36	0.895	2002	天然林保护工程、效益补偿、营林投资、育林基金、林业税费、森林生态补偿制度、市场失灵、科斯定理、生态价格
2	68	0.92	2010	森林生态补偿、价值评估、生态系统管理、生态补偿自然保护区、森林生态系统服务功能
3	39	0.823	2009	效益补偿、补偿制度、公共物品理论、外部效益理论、农户决策权、益贫性、成本有效性
4	38	0.868	2013	区域生态补偿、机会成本、生态补偿标准、产业结构调整、生态补偿、估算模型

与国外研究相比，国内关于森林生态补偿的热点较少，研究主题较不明确。根据图1-6，随着时间的演变，森林生态补偿研究有几个明显的热点词，分别为“天然林保护工程”(1998年)“生态补偿”(2004年)、“生态服务价值”(2007年)、“森林生态补偿”(2010年)、“生态补偿标准”(2011年)。热点词结合关键词的聚类分析情况在一定程度上能够反映我国关于森林生态补偿主题研究的演进历程。20世纪90年代，我国森林生态补偿主要集中于天然林保护工程实践研究方面，主要围绕天然林保护工程的背景、项目影响及存在的问题(张佩昌,1999)，关于森林生态补偿的研究较分散，没有明确的研究主题。随着学术界及政府管理部门对森林生态系统修复、生态效益和生态服务的重视，生态补偿研究在21世纪初期被大量学者关注，如李文华等(2006)、孔凡斌和魏华(2004)等都是生态补偿研究的先驱学者，在生态服务价值、生态补偿理论框架及补偿机制方面做出了突出贡献，尤其是在森林生态补偿的概念、补偿途径及补偿方式等方面。经过了多年研究和发展，2010年以后学者更加关注各类生态补偿标准的量化研究，量化方法和评估技术成果较丰富。学者对全国及省际范围内的森林生态服务价值进行了评估，虽然评估结果不尽一致，但推动了森林生态效益补偿的研究进展，加强了社会公众和政府管理部门对森林生态效益的认知，深化了对森林生态补偿为什么补、补多少的理解。

(二) 国内研究现状综述

1. 森林生态效益价值评估及方法

自20世纪90年代以来，有关生态系统服务的研究不断发展，成为国内外学者关注的热点，对生态服务价值的研究也逐渐深入。对森林生态系统服务价值进行核算有利于提出森林生态补偿依据、界定资产权属关系、实现资源有偿使用，为生态资产资本化、市场化运营管理奠定基础，促进生态与经济的可持续发展。目前，国内学者在不同区域、利用不同方法量化森林生态服务价值(见表1-7)。

表 1–7　森林生态服务价值量化研究成果

作者	数据来源	研究方法	研究结论
吴强等（2019）	生态站观测数据	野外调查、实验室实验	马尾松生态服务价值为 10335.86 ~ 16358.06 元/（公顷·年），并基于皮尔生长曲线系数计算了补偿标准
王希义等（2015）	野外监测数据、遥感数据	物质量—价值量法	2000 年，胡杨单位面积平均生态服务价值为 78.96 元/公顷，2010 年为 177.14 元/公顷，2016 年为 313.55 元/公顷
杨青和刘耕源（2018）	遥感数据、统计年鉴、森林站实测数据	能值分析法、归一化植被指数	从区域来看，京津冀森林生态系统服务价值最大的地区为承德；从树种来看，落叶阔叶林的生态服务价值最大；从服务功能来看，调节气候服务功能的价值最大
谢高地等（2015）	生态遥感数据、年鉴数据	当量因子法	2010 年，中国森林生态系统服务总价值为 38.10 万亿元，森林生态服务价值量最高，占比 46%
王兵等（2011）	森林资源清查资料、EFERN 观测数据	功能价值法	2009 年，我国森林生态系统服务功能总价值为 10.01 万亿元，其中涵养水源价值最高
王景升等（2007）	2001 年西藏森林清查数据	产量价格法、直接市场法、影子工程法、机会成本法等	西藏森林生态系统服务中木材、生物多样性和碳库存量价值为 44543.5 亿元/年
肖强等（2014）	重庆市统计年鉴、环保局数据	市场价值法、生产成本法	从 2006 年到 2011 年，重庆市森林生态系统服务功能价值提高了 45.82%，价值量大小依次为：水源涵养>气候调节>景观旅游>生物多样性>土壤保持>碳固定
关海玲和梁哲（2016）	调查问卷数据	条件价值评估法	根据游客补偿费得出五台山国家森林公园森林旅游资源的总价值为 2.02 亿元/年
王尔大等（2015）	调查问卷数据	选择实验法	国家森林公园当前经济价值为 27.3 元/人次，随着植被覆盖率、水质清澈度和垃圾数量的改善，森林公园的经济价值将得到提高

2. 森林生态补偿主体与客体分析

森林生态资源具有公共资源和公共物品的特性，人们对生态资源的利用会产生个人边际成本和社会边际成本不相等的现象，生态补偿就是通过调节相关者的利益关系，将生态服务外部效应内化，体现公平公正的原则，因此从生态补偿利益相关者中识别出主体和客体，有利于明确森林生态服务供给主体和消

费主体，避免造成公共资源的“搭便车”行为(Sainsbury et al.,2015)。按照“受益者付费，破坏者恢复”原则，森林生态补偿主体一般是生态服务受益方或破坏方，补偿主体的确定主要是解决“谁来补”的问题；补偿客体是正外部性生态服务的生产者或负外部性生态服务的纠正者，补偿客体的确定是解决“补给谁”和“对什么补”的问题(刘春腊等,2019)。伏润民和缪小林(2015)研究发现，森林生态服务属于供给主体明确、消费主体不明确，因此生态补偿主体主要是中央政府和受益地区，客体是林区政府和居民(孙琳,2016)。刘某承等(2015)基于生态系统服务空间流动和消费的视角，运用物理学中的场强模型研究了包括森林资源在内的生态系统服务所惠及的范围，并明确了各补偿主体在补偿基金构建中的责任。蒋毓琪等(2018)认为流域森林生态补偿主客体界定应该依据流域地理位置和经济发展程度确定上游地区和下游地区。此外，还有学者从生态利益相关程度的视角，将补偿主体、客体划分为核心、次要及边缘利益相关者(孙开、孙琳,2015)。

3. 森林生态效益多元化补偿方面的研究

生态补偿模式有多种方式，包括政府补偿、市场补偿和社会补偿(潘鹤思、柳洪志,2019)。目前，我国生态补偿以政府纵向转移支付为主，如退耕还林工程、退耕还草工程、天然林保护工程和南水北调工程等都采用政府专项转移支付形式(宁静、赵旭杰,2019)。基于“政府+市场”的横向财政转移支付也是调整生态保护群体和受益群体间关系的重要经济激励政策，它是从区域协调发展的视角使游离在市场交易之外的生态服务实现部分经济价值(杨欣等,2017)。区域之间的横向转移支付在流域补偿(徐松鹤、韩传峰,2019)、污染治理补偿(姜珂、游达明,2019)、水权交易(许长新、杨李华,2019)等领域试点较多，在森林生态补偿领域很少涉猎。与横向转移支付相比，纵向转移支付资金具有稳定的供应渠道，但是缺乏市场竞争机制的激励，项目运营成本较高且效率有限(肖加元、潘安,2016)。此外，我国区域资源禀赋和经济发展水平的差异也决定了政府之间应该加强横向联系，更多地开展“政府+市场”的横向转移支付(王彬彬、李晓燕,2015)。自党的十九大报告提出建立“市场化、多元化生态保护补偿机制行动计划”以来，众多学者探索通过单纯政府和单纯市场以外的途径来解决生态服务外部效应内化的问题。例如，龚强等(2019)从不完全合约视角提出政府与社会资本融合能够有效解决“公共品”负担问题，但前提是政府要合理界定自身权利边界，减少地方政府政策的“时间不一致性”。郑云辰等(2019)从补偿主体视角分析流域多元化生态补偿机制框架，研究表明经济生态的协调发展能够通过“政府+市场+社会”有效协同运作去分担一个共同补偿量，显著提高生态补偿效率。巩芳(2015)提出构建草原生态复合型四元补偿主体模型，研究表明多元化主体补偿范式是一个循序渐进的过程，生态补偿模式将逐步沿着“政府主导补偿—市场主导补偿—自觉补偿”的途径演进。张捷和莫杨(2018)从生态服务产权交易和科斯定理的视角研究流域生态补偿的实施协议，发现基于“状态依存型的排污权初始分配”的谈判可以使流域上下游地区的水质标准达到内生均衡。张明凯等(2018)利用系统动力学模型及仿真方法，讨论五种流域生态补偿融资渠道的融资效果，研究发现在排污权交易市场存在的情况下，政府和社会资本共同融资的补偿效果和实施效率最好。

虽然森林生态服务的市场化、社会化、多元化补偿体系还不健全，但是很多学者从森林碳汇、旅游等方面探索分析市场化补偿模式和政府购买补偿模式。有学者研究表明林业碳汇是基于市场机制作用下多层次(国际、区域、国家和地方)生态补偿制度创新的产物，在减少温室气体排放、扶贫和减贫等方面发挥多重效益，被认为是一种新型的减贫模式(曾维忠等,2016;曾维忠等,2017)。何树臣等(2017)以具体林业碳汇项目为例，提出碳汇交易将生态造林与市场机制联系起来，不仅显著增加了林农造林的积极性，也提高了林农收入。高新才和王云峰(2010)基于生态服务交易视角提出生态补偿模式应该由政府转移支付向政府购买转变，即政府通过从企业购买服务的方式提供生态资源公共物品，实现以政府补偿为主、市场化补偿为辅的补偿模式，激励补偿客体提升生态服务的效率。徐秀美和郑言(2017)以拉萨次角林为例，从旅游生态承载力的视角提出以旅游生态足迹效率与本底生态足迹效率之差确定旅游生态补偿标准，以此平衡旅游地不同生态目标载体的利益诉求。韩锋等(2015)从自然保护区建设利弊认知的视角出发，提出保护区发展旅游收入不足以弥补社区农户的生态防护成本和物种资源保护成本，导致林农参与保护区森林经营的动力不足。从以上学者的研究可知森林生态服务市场还需不断完善，碳汇交

易量小，政府购买服务和旅游生态补偿还未见雏形。一些学者也从不同视角提出市场化补偿模式发展进程较慢的原因，如徐双明(2017)指出，我国生态补偿市场化机制的主要障碍是产权不明晰、交易成本高，导致政府作为补偿主体成为唯一选择。王杉杉和李晓燕(2015)的研究表明，在全球生态治理转型背景下，生态补偿呈现出市场与政府深度融合的趋势，融合的关键在于发展市场工具、构建分类融合和市场增进的制度框架、降低交易成本等。徐莉萍等(2016)指出，国外生态补偿政策的关键要素在于宏观层面注重协调并进和微观层面强调互通互补的策略选择，发达国家凸显统筹推进、协调发展的生态治理经验与治理策略，为当前中国在"整体性治理"方面的生态补偿实践提供了有益启示。

4. 生态补偿激励方面的研究

已有研究表明生态补偿是解决欠发达地区生态环境保护成本与生态服务效益错配的关键举措(BenDor et al.,2017)，也是外部性内化生态环境保护产生外溢效应的恰当工具，因此生态补偿、环境服务付费或转移支付对于保护地区而言本身就是一种经济激励的手段(Loft et al.,2017)，通过何种方式或办法将这种激励发挥到极致，是近年来学者较为关注的问题。王小龙(2004)基于双重委托代理模型分析退耕还林过程中面临的激励不相容问题，揭示了农户自利性经营行为偏离社会生态目标的过程，并利用激励相容的契约设计提高了退耕还林工程实施效率。张文彬和李国平(2015)以国家重点生态功能区转移支付实施为例，通过动态委托代理模型分析中央政府的最优激励支付比率、县级政府的最优努力程度和相应的生态效益产出水平，研究表明中央政府应该重视对县级政府生态环境保护的长效激励。李国平和李潇(2014)从生态转移支付资金视角解决生态保护与补偿的低效率问题，提出以改进"标准财政收支缺口"来有效提高国家重点生态功能区的生态环境质量与民生水平。祁毓等(2019)以国家重点生态功能区制度和转移支付制度为例，通过理论模型分析和实证研究生态功能区地方政府在面临经济激励和政治激励时的行为反应及其策略选择，结果表明两类制度在一定程度上保护了地区生态环境，但实现的前提是弱化工业发展激励。王清军(2018)认为支付条件是提高生态补偿实施效率的关键要素，支付条件包括投入支付和结果支付，其中投入支付是一种过程的激励，风险由生态补偿支付者承担；结果支付更关注期望激励，风险由生态服务提供者承担。

5. 生态补偿支付意愿及影响因素研究

生态系统具有统一性和完整性，其他生态系统，如流域、草原和农业等补偿支付意愿分析也能为森林生态补偿研究提供借鉴和参考。李青等(2016)利用条件价值评估法研究塔里木河流域居民生态认知及支付决策行为，研究表明上游居民比下游居民更愿意为流域生态服务进行支付，且家庭禀赋、生态认知和环境感知是影响支付行为的关键要素。王奕淇和李国平(2018)在研究渭河流域生态补偿支付意愿时也证实了社会特征变量和环境认知对补偿行为的重要影响。何可等(2013)基于 Binary Logistic 回归模型研究农户对农业废弃物资源化生态补偿的支付意愿及影响因素，70%以上的农户愿意为废弃物资源化利用增加外溢生态服务付费，其中健康价值认同、农业收入占比、农业经济规模及生态环境评价是重要的影响因素。张新华(2019)研究新疆城镇居民对草原生态补偿的支付意愿，根据意愿调查法得出每人每年的平均支付意愿为 154.74~186.20 元/年，影响支付意愿的主要因素包括文化程度、年收入、草原生态变化和草原生态价值认知等。张方圆等(2013)从社会资本的视角研究农户生态补偿参与意愿，农户社会资本网络、社会规范和信任是影响农户参与的关键要素。

从森林生态补偿支付意愿研究来看，文清等(2017)利用二元 Probit 模型研究农户对森林生态功能区的补偿意愿，研究表明大部分农户愿意付费，并且政策执行信任、生态补偿政策认知、生态满意度等对传统散户和种植大户付费意愿的影响存在差异性。冯晓明(2019)从需求侧探究京津冀城市森林生态服务供给途径，打破以政府供给为主导的政治逻辑，结果表明城市居民对良好生态环境需求具有刚性特征，90%以上的居民愿意为所偏好的生态服务付费，政府可信、信息透明和机制公平能够促进城市居民参与森林生态补偿。蒋毓琪等(2018)从森林生态服务功能空间转移及外溢的视角测算流域森林生态补偿标准，并将下游居民的森林生态补偿意愿作为生态补偿支付系数的重要因素。韩洪云和喻永红(2012)基于选择实验法从农民和城市居民受益者角度评估退耕还林的环境改善价值，并利用环境改善价值评估居民对

退耕还林的支付意愿，提出以环保捐赠方式从全社会筹措一定的环境保护资金具有理论和实际可行性。李英和曹玉昆(2006)利用条件价值评估法研究城市森林生态效益补偿支付意愿，结果表明文化程度和人均收入水平影响支付意愿。雷硕等(2017)研究北京市民对名木古树保护的支付意愿，认为市民的平均支付水平较低，受教育水平、收入、居住区域等对支付意愿有正向影响，而年龄、对名木古树保护的满意度对其有负向影响。苏红岩和李京梅(2016)从修复补偿的视角利用改进选择实验法研究居民对红树林修复的支付意愿，得出居民对红树林修复的边际支付意愿排序为改善水质、提高红树林面积、增加生物多样性。

三、国内外研究评述

通过对以上国内外文献的梳理，学者在生态补偿及森林生态补偿研究领域进行了大量探索，相关研究成果为森林生态效益多元化补偿研究提供了重要的理论指导和现实方法，也为本书奠定了坚实基础，结合森林生态效益补偿现状和黑龙江省林区发展现实诉求，本书认为在以下四个方面还有可拓展之处。

（一）森林生态效益多元化补偿主体与客体研究等方面的评述

森林生态效益多元化补偿研究的基础是识别多元化补偿主体。国内将森林生态效益补偿主体界定为受益人群，将生态补偿客体界定为保护森林人群，而国外将森林生态环境的保护者和受益者都称为生态补偿主体，将森林生态服务称为生态补偿客体。已有研究大多停留在“生态补偿利益相关者”的区分上，本书认为应该在“森林生态效益利益相关者”的识别与分析的基础上，结合经济学“受益者付费”原则和管理学“权、责、利”差异原则识别补偿主体，探索森林生态效益补偿主体的行为取向、利益损益、逻辑关联和补偿耦合模式，分析森林生态效益补偿主体的个人理性与集体理性的矛盾，解构森林生态保护群体与受益群体在政府规制和激励前后的行为逻辑，并探寻化解利益相关者冲突对抗、弥补森林生态补偿市场失灵的路径。

（二）森林生态效益多元化补偿研究方面的评述

本书从庇古税、科斯定理和集体行动理论视角梳理了国外解决森林生态效益外部性及补偿问题方面的相关研究，国内研究从不同补偿途径阐述多元化补偿研究。在政府补偿方面，大多数学者关注政府补偿模式、政府补偿的成本与收益、政府补偿效率等方面，对政府补偿条件性的研究并不多。基于此，本书利用演化博弈及仿真方法分析政府监管不足、补偿效率较低的原因，并从政府购买服务视角探寻改善政府补偿效率的途径。在市场化、多元化补偿方面，“创新体制机制，拓宽补偿资金渠道”是国内学术界对我国生态补偿机制未来发展的一致共识，已有学者从宏观补偿主体视角阐述森林碳交易补偿、旅游补偿、“政府+市场”融合补偿的积极作用和有益影响，主要以定性分析为主，缺少从微观补偿主体视角进行的实证研究。受益群体是否愿意参与及如何引导受益群体参与是市场化、多元化生态补偿实施的关键，也是需要解决的首要问题。因此，本书从受益企业和城镇居民微观个体出发，以微观调研数据为基础，研究受益群体是否愿意与政府协同参与森林生态建设，以及从哪些方面引导受益群体积极参与，建立补偿主体之间的联系，为多元化补偿体系及机制构建提供理论借鉴。

（三）森林生态效益补偿规制与激励研究方面的评述

从理论研究角度来看，森林生态效益补偿是协调森林生态环境服务提供者和需求者之间成本—利益分配关系重要的规制、激励制度。从补偿实践来看，目前的研究主要以政府转移支付补偿为主，补偿规制和激励研究对象仅在政府和资源保护者之间进行，如中央政府对地方政府的规制与激励、地方政府对资源管护者或农户的规制和激励，其最终目的是实现对森林生态环境的有效保护。本书在已有文献基础上拓展研究视域，不仅关注政府与森林生态环境服务提供者之间的规制、激励关系，更关心政府和森林生态环境服务需求者之间的规制、激励关系，促进受益群体参与森林生态建设，真正协调森林生态环境服务供给者和需求者之间的成本、利益错配关系。

（四）森林生态效益补偿支付意愿研究方面的评述

已有的生态效益补偿支付意愿的研究多利用条件价值评估法，除了用此方法评估补偿标准，还分析影响支付意愿的因素。其核心影响因素主要包括三个方面，第一，生态环境及相关政策感知，主要包括对生态环境的关注度、满意度和对生态补偿政策的认知；第二，物质资本，个体对某种商品的支付意愿将受到商品属性和个人收入水平的影响；第三，人力资本，很多研究表明受教育水平和生态补偿支付意愿有显著的正相关关系。在已有研究的基础上，本书拓展生态效益补偿支付意愿影响因素的研究范畴，除了传统影响因素，还要考虑社会信任因素对生态补偿支付意愿的影响。此外，本书核心目的不是衡量居民参与森林生态服务付费的金额，而是尝试从政府激励视角、社会信任视角探究鼓励城镇居民参与森林生态服务付费的途径。

第四节
研究设计

一、研究思路与内容

（一）研究思路

本书围绕研究目的依次展开，核心研究内容遵从“多元化补偿总体框架设计—政府补偿—受益企业补偿—城镇居民补偿—多元化补偿保障体系”的逻辑主线，基于多学科、多视角、多维度研究视域，从政府规制和激励的视角研究黑龙江省森林生态效益多元化补偿，为政府部门优化市场化、多元化生态补偿政策提供理论参考。具体而言，本书将遵循以下思路展开研究：首先，基于文献计量方法系统梳理森林生态补偿领域的国内外学术研究前沿和动态演进趋势，在此基础上对相关概念进行界定并构建理论体系；其次，以黑龙江省为例，提出黑龙江省森林生态效益多元化补偿的机理分析及框架设计，并明确补偿主体、补偿路径及补偿责任，并对多元主体参与森林生态效益补偿进行博弈分析；再次，从补偿主体视角出发实证探究政府补偿的条件性、受益企业补偿参与意愿和城镇居民补偿支付意愿，结合社会发展情况量化森林生态效益价值，并对目前开展的森林生态效益补偿实践进行评价及分析；最后，以实现多元主体协同参与森林生态效益补偿为初衷，从思想认知、配套支持和创新补偿途径方面构建对策保障体系。

（二）研究内容

根据以上研究思路，本书划分为五个部分，共九章内容。

第一部分：文献计量分析及基础理论体系构建。

第一章，绪论。从森林生态服务需求演进过程、生态服务价值定量技术和外部性理论、黑龙江省林区补偿现状方面提出本书的选题背景，揭示研究的缘起；在此基础上，从理论和实践双重维度阐述研究目的与意义，包括理论意义和现实意义；利用文献计量方法整合相关文献，指出现有研究中存在的理论缺口、本书的落脚点和未来发展方向；介绍研究思路及内容、研究方法、技术路线和创新之处，保证研究的合理性、科学性和可行性。

第二章，相关概念界定与理论基础。借鉴国内外生态补偿(环境服务付费)的理念和分析框架，结合本书的研究目的和特点，对森林生态效益、森林生态效益补偿和森林生态效益多元化补偿的相关概念及生态补偿类型、森林生态补偿逻辑进行科学界定和系统阐述，以确保研究的准确性；然后从生态价值理论、外部性理论、公共物品理论、利益相关者理论和计划行为理论方面构建本书的基础理论体系。

第二部分：森林生态效益多元化补偿框架及机理分析。

第三章，森林生态效益多元化补偿机理分析。首先，根据庇古税、科斯定理和集体行动理论确定多元主体参与森林生态效益补偿的理论依据；其次，从森林生态效益利益相关者视角，结合经济学中“受益者付费”、管理学中“权责利差异取向”原则，识别出黑龙江省森林生态效益多元化补偿主体，并阐述主体间补偿分阶段特征、耦合模式和逻辑关系，归纳出多元主体

参与森林生态效益补偿的框架；最后，基于演化博弈的方法，分别研究未引入政府“规制—激励”机制和引入政府“规制—激励”机制的多元补偿主体间的行为特征及影响因素，剖析不同情形下补偿主体间的博弈决策行为。本章研究有利于揭示从多元主体实现协同补偿的内在本质，为后文实证研究奠定了理论基础。

第三部分：森林生态效益多元化补偿分析。

第四章，政府补偿途径下的监管博弈分析与激励机制设计。本章主要探究补偿过程中的监管问题。从生态补偿条件性的视域出发，运用复制者动态方程构建政府群体行为与林场群体行为的演化博弈模型，分析两类群体在森林生态效益补偿实施过程中政府监管、林场管护的博弈关系；在此基础上运用 Matlab 仿真技术对不同情景下政府群体和林场群体的演化趋势进行仿真，探讨不同参数对补偿主体行为的影响机制；然后根据演化博弈的分析结果提出将森林生态效益补偿与政府购买服务融合来分析改善政府主体监管效率的途径。本章研究为如何更好满足政府补偿的条件性、提高已有补偿的效率提供了思路和启示。

第五章，“规制—激励”视角下的受益企业森林生态效益补偿参与意愿分析。本章主要探究受益企业补偿的参与意愿。从政府规制和激励的视角出发，构建基于计划行为理论的受益企业补偿参与意愿研究假设和框架。在此基础上，利用黑龙江省受益企业的问卷调查数据，运用 Double Hurdle 模型实证检验政府规制、政府激励、行为态度、主观规范和感知行为控制对受益企业森林生态效益补偿参与意愿的影响。本章的探究为如何引导受益企业参与森林生态效益多元化补偿提供了借鉴和参考。

第六章，“激励”视角下的城镇居民补偿支付意愿分析。本章主要探究黑龙江省城镇居民补偿的支付意愿。从政府激励的视域出发，采用条件价值评估法和支付卡式问卷引导技术，评估城镇居民补偿期望的支付区间；建立二元 Logistic 模型，探索社会信任、生态认知、个体特征和家庭禀赋对居民生态补偿支付意愿的影响及边际效应。本章研究重点不是衡量城镇居民参与森林生态效益补偿的程度，而是探究如何从社会信任的角度激励城镇居民参与森林生态服务付费。

第四部分：黑龙江省森林生态效益评估及补偿现状分析。

第七章，黑龙江省森林生态效益评估及生态补偿现状分析。首先，在系统阐述黑龙江省自然条件、森林资源和社会经济条件概况的基础上，结合黑龙江省二类资源清查数据，量化黑龙江省森林生态效益价值；其次，系统梳理森林生态效益补偿的演进历程，并从管护、抚育和造林、监管管理方面阐述黑龙江省森林生态效益补偿实践；最后，挖掘和归纳补偿过程中存在的问题，为森林生态效益多元化补偿机制研究提供现实基础。

第五部分：黑龙江省森林生态效益多元化补偿的对策保障体系。

第八章，黑龙江省多元主体森林生态效益补偿激励效应分析。本章主要基于委托—代理模型探究多元补偿主体的森林生态补偿激励效应，并构建多元补偿主体和林区管理部门的单任务“委托—代理”模型和双任务“委托—代理”模型，通过参数的求解，探索改进生态补偿激励效果的途径，以期提高政府管理部门对林区管理部门门转移支付的效率，解决森林生态保护成本和生态效益错配问题。

第九章，黑龙江省森林生态效益多元化补偿实施的对策建议。整合多元化补偿机理、政府补偿条件性、受益企业补偿参与意愿和城镇居民补偿支付意愿的分析结果，分别从思想认知、配套支持和补偿实施途径三方面提出驱动黑龙江省森林生态效益多元化补偿实施的对策，为实现多元主体协同参与森林生态建设提供有力依据。

二、研究方法

为有效解决关键科学问题，本书采用宏观分析与微观分析相统筹、定性分析与定量分析相结合、规范分析与实证分析相统一的研究手段，综合采用文献计量分析法、演化博弈分析法、仿真分析方法、计量经济学分析方法及问卷调查法，保证研究具有准确性、合理性、科学性和实践性。

（一）文献计量分析方法

将文献的宏观回顾与微观阐述相结合，系统整理国内外生态补偿与森林生态效益补偿的相关研究成果。利用 Web of science(核心数据库)和中国知网(CNKI)数据库的期刊论文，借助文献计量分析软件 CiteSpace，以可视化网络图谱的方式展示国内外文献数量、机构发文情况、研究机构合作情况、研究热点和研究前沿。通过文献分析发现，国外森林生态补偿研究持续时间长、热点较多，为本书提供了坚实的理论基础。此外，对通过 CiteSpace 软件得到的经典文献进行综述，为森林生态效益多元化补偿研究提供科学论证。

(二) 演化博弈及数值仿真分析方法

演化博弈建立在生物进化理论基础之上，以有限理性为前提，用参与人群来代替博弈中的参与者个人，决策者通过不断试错、学习、模仿和调整策略，最终达到一种稳定均衡状态。演化博弈理论的基本要素包括群体、支付函数、动态模型和均衡。数值仿真分析是一种包括计算、解析和试验三种手段的方法。演化博弈与数值仿真分析的结合有利于对群体演化路径进行深入探索和验证。第三章运用演化博弈模型厘清森林生态环境保护群体、受益群体和政府之间的博弈关系，有助于突破森林生态保护补偿困境，形成良好的行动机制。第四章将演化博弈与数值仿真分析方法相结合来分析政府补偿过程的监管问题，分析政府监管不足的影响因素，并基于 Matlab 仿真工具分析不同情形下的演化均衡状态及收敛趋势。

(三) 计量经济学分析方法

计量经济学分析法是将所构建的理论模型或定性分析以数理模型进行量化，描述客观事物与客观现象，是复杂问题清晰化的重要研究手段。根据研究内容和研究目的差异，本书各部分采用不同的计量经济学方法。在受益企业森林生态效益补偿参与意愿方面，基于拓展的计划行为理论，采用 Double Hurdle 模型分析政府规制、政府激励、行为态度、主观规范和感知行为控制对受益企业参与意愿与参与程度的影响；在城镇居民森林生态效益补偿支付意愿方面，基于条件价值评估法，采用二元 Logistic 模型从政府激励的视角分析社会信任对城镇居民支付意愿的影响。

（四）问卷调查法

为获得受益企业参与意愿和城镇居民支付意愿的调查数据，本书采用电子问卷、纸质问卷与访谈问卷方式从企业管理者和城镇居民视角展开问卷调查。

根据受益企业的研究范畴，调查通过电话沟通、电子问卷、实地走访与小型座谈的方式在黑龙江省 12 个地级市进行。在问卷正式收集前，采取小型访谈方式确定研究对象范畴，访谈对象主要为典型企业的高层管理者及相关专家学者，了解上述主体对受益企业范畴的认知及问卷内容的评价。在问卷数据获取方面，样本抽样方式按照黑龙江省工商企业名录，确定各个地区森林生态效益受益企业的分布情况，采用抽样调查的方式获取样本。样本企业确定后，按照管理者层级通过 E-mail、现场发放、问卷星发放、电话回访等方式进行自填式及代填式问卷调查，获取企业管理者对参与森林生态效益补偿的认知和评价。

在城镇居民支付意愿调查方面，以分层抽样方式产生样本，在黑龙江省 12 个地级市中，依据经济发展水平和森林资源禀赋，选择哈尔滨市、牡丹江市、伊春市、黑河市、齐齐哈尔市和佳木斯市 6 个有代表性的区域。在每个地级市随机选择四个市辖区（市、县），并在该市辖区（市、县）最繁华地段或居民区随机选择城镇居民进行面对面交流、访谈以获得问卷。此外，考虑到研究内容的专业性和学术性较强，为保证样本数据的科学有效，组织调查小组采取“面对面、一对一”的方式进行代填式问卷调查，以获取生态环境感知、补偿政策认知和森林生态效益补偿影响因素等方面的资料。

三、技术路线

基于上述研究思路、研究内容及研究方法的介绍，本书纵向按照“提出问题—分析问题—机理分析—解决问题—对策建议”，横向按照“研究内容—研究过程—研究方法”的逻辑演进过程设计了层次清晰、结构合理的技术路线，以便后续研究的顺利开展与逐级推进。具体技术路线如图 1-7 所示。

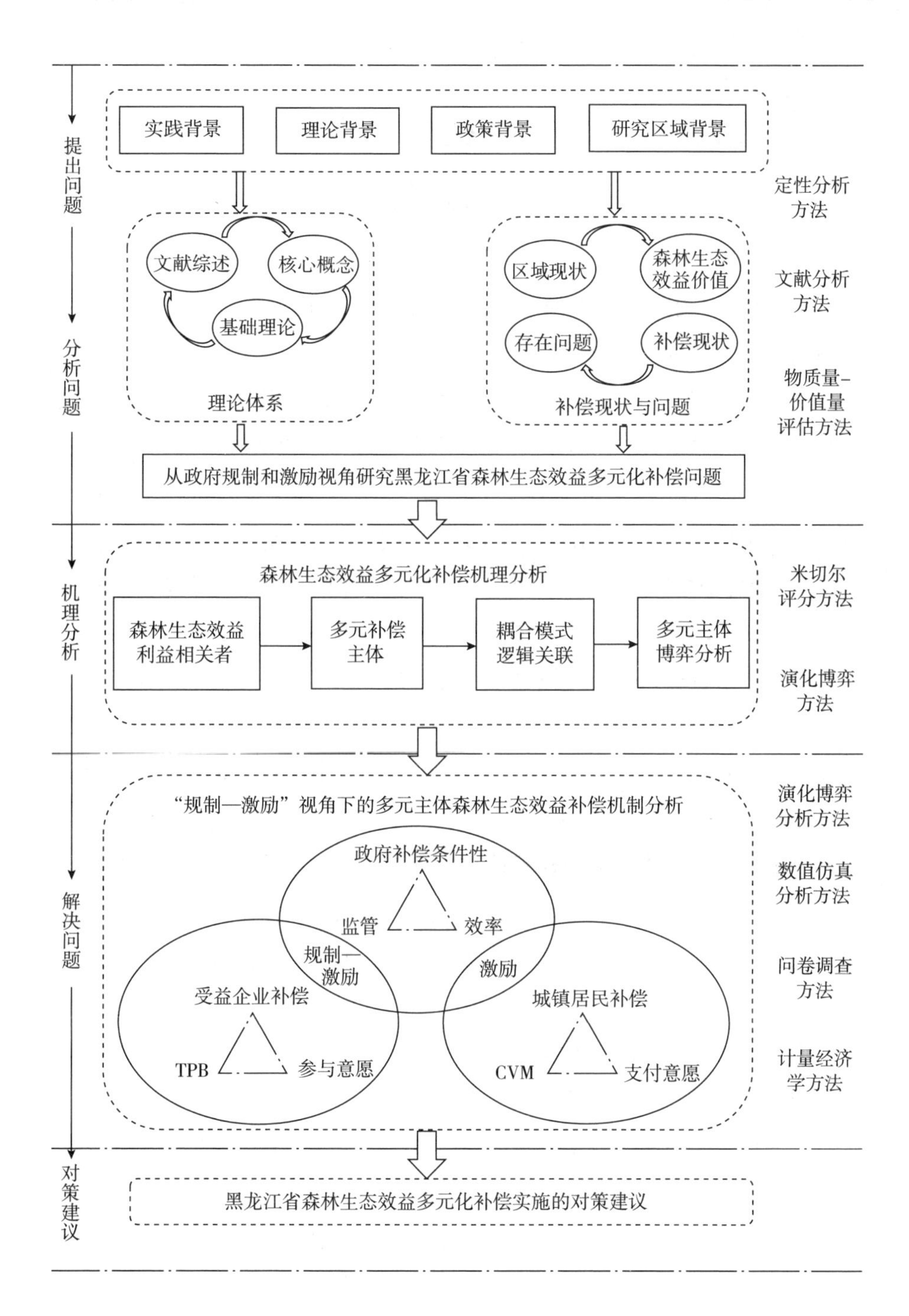
提出问题
实践背景
理论背景
政策背景
研究区域背景
定性分析方法
文献综述
核心概念
基础理论
理论体系
区域现状
森林生态效益价值
存在问题
补偿现状
补偿现状与问题
文献分析方法
分析问题
物质量-价值量评估方法
从政府规制和激励视角研究黑龙江省森林生态效益多元化补偿问题
机理分析
森林生态效益多元化补偿机理分析
森林生态效益利益相关者
多元补偿主体
耦合模式逻辑关联
多元主体博弈分析
米切尔评分方法
演化博弈方法
解决问题
"规制—激励"视角下的多元主体森林生态效益补偿机制分析
政府补偿条件性
监管
效率
规制—激励
激励
受益企业补偿
TPB
参与意愿
城镇居民补偿
CVM
支付意愿
演化博弈分析方法
数值仿真分析方法
问卷调查方法
计量经济学方法
对策建议
黑龙江省森林生态效益多元化补偿实施的对策建议

图 1-7 技术路线

第五节 创新之处

本书尝试从“受益者付费”和政府“规制—激励”视角来研究黑龙江省森林生态效益多元化补偿问题，其创新之处主要体现在以下三个方面。

第一，在研究视角方面，本书为生态补偿及森林生态效益补偿研究提供了新的研究范式。目前，学术界关于生态补偿的研究一般从机制构建视角切入，缺少政府“规制—激励”视角下多元化补偿理论研究和实证评价。本书基于庇古税、科斯定理和集体行动理论，将森林生态效益利益相关者与“受益者付费”原则相结合来甄别多元补偿主体，分析主体间的耦合模式及逻辑关联。本书将进一步展开政府补偿、受益企业补偿和城镇居民补偿的实证探索，不仅拓展了森林生态效益补偿的研究范畴，也为后续多元化生态补偿机制构建提供了参考。

第二，在研究内容方面，一是针对在以往研究中国内外研究现状部分文献选取随意性较强、文献质量参差不齐等弊端，本书借助 CiteSpace 软件，尝试从定性判断到定量分析、从图标统计到信息可视化，对森林生态效益补偿研究领域的知识结构、研究热点和合作网络进行深度挖掘，并就其中的经典文献进行综述；二是弥补目前国内生态补偿条件性研究中的不足，从补偿实施过程中的政府监管视角出发探究补偿效率较低的原因，创新性地结合森林生态效益补偿与政府购买服务提出激励机制设计，为满足补偿条件性、拓宽政府购买服务的研究适用范畴、解决政府补偿监管困境提供政策参考；三是创新性地将集体行动理论与社会资本相结合来分析城镇居民补偿的支付意愿。传统研究关于支付意愿影响因素的分析仅考虑居民生态认知、人力资本和物质资本等因素，本书在此基础上，从政府激励视角出发研究社会资本中公共信任和人际信任对支付意愿的影响，丰富和发展了支付意愿的研究范畴。

第三，在研究方法方面，为提高研究的信度与效度，本书按照“规范分析—理论框架—实证检验—推出结论”的研究范式，采用多种方法相互验证的研究模式来分析森林生态效益多元化补偿问题。一是政府补偿途径的监管博弈分析主要采用演化博弈模型和 Matlab 仿真技术对政府监管及林场管护的策略或行为进行分析，与单一演化博弈分析相比更能检验影响主体策略变动的因素；二是在受益企业补偿参与意愿分析方面，在计划行为理论框架下采用 Tobit 模型与 Double Hurdle 模型进行计量检验。与传统研究相比，除了能检验 Double Hurdle 模型的优越性，还能从“参与意愿”与“支付水平”角度分析受益企业参与补偿的影响因素。

第二章

相关概念界定与理论基础

第一章为本书主题研究提供了学术背景，在此基础上，本章借助已有研究成果，首先清晰界定研究范畴，其次剖析生态补偿、森林生态效益补偿和森林生态效益多元化补偿等核心概念，最后阐述研究过程中用到的生态价值理论、外部性理论和公共物品理论、演化博弈理论、利益相关者理论、计划行为理论，为后续深入研究奠定坚实的理论基础。

第一节 研究范畴界定

由于本书森林生态效益多元化补偿主体涉及政府、企业和居民，研究范畴将界定在黑龙江省下辖的 12 个地级市，即哈尔滨市、牡丹江市、齐齐哈尔市、佳木斯市、大庆市、鸡西市、双鸭山市、伊春市、七台河市、鹤岗市、黑河市和绥化市。对应的林业管理机构为黑龙江省林业和草原局，森林资源范围为整个黑龙江省林区森林资源。黑龙江省林业和草原局是黑龙江省机构改革后重新组建的单位，是黑龙江省人民政府的直属机构，负责原黑龙江省林业厅的全部职责，以及省森林工业总局的重点国有林区森林资源管理职责。

按照现行管理体制和管辖范围，黑龙江省林业和草原局的森林资源管理职能主要分布在黑龙江省地方林业系统和黑龙江省森工林业系统。黑龙江省地方林业系统由黑龙江省林业和草原局及各市林业和草原局管辖的地方国有林场构成，形成“林业和草原局—县林业和草原局—国有林场”管理体系，其中管辖范围内有商品型林场近 10 个、生态公益型国有林场近 400 个。其主要职责是

在地方国有林区执行营林、管护、造林、抚育等事业，以及经营浅山区的天然商品林。根据《国有林区改革指导意见》及《黑龙江省重点国有林区改革总体方案》的基本指示，森工林业系统进行管理体制改革以后，森林资源管理职能和企业经营职能被剥离，其中资源管理职能归黑龙江省林业和草原局执行，而企业经营管理职能由中国龙江森林工业集团有限公司执行，形成“林业和草原局—森工企业—国有林场”管理体系，基层单位共包括 40 个林业和草原局，627 个林场(所)，分布在全省 10 个地市、37 个县(市)。

根据上述分析，本书企业补偿和居民补偿的实地调研范围为黑龙江省 12 个地级市，对应的森林生态效益补偿实践范畴为黑龙江省林区，包括地方国有林区、重点国有林区及其他部分集体林区，虽然地方国有林区和重点国有林区由于管理体制差异，补偿资金来源和途径不同，但是落实森林管护、抚育和造林等责任的基层单位都是国有林场，尽管黑龙江省地方国有林区和重点国有林区的林场存在细微差别，但在本书中林场被共同视为专门从事营林、管护工作的基层管理单位。补偿资金覆盖管护、抚育和造林方面，且执行标准大体相同。因此，本书关于森林生态效益多元化补偿的研究成果适用于黑龙江省地方国有林区和重点国有林区。

第二节
相关概念界定

一、生态补偿内涵与类型

近年来，在国内外经济发展取得举世瞩目成就的同时，也面临着资源约束趋紧和环境污染严峻等挑战，生态系统退化、资源枯竭、环境污染严重等问题制约着经济、社会的进一步发展。生态系统保护的手段日益多样化，经济激励政策成为协调生态与社会两个系统之间矛盾的重要途径，生态补偿及环境服务付费作为一种新的政策工具和创新的环境管理手段在此背景下应运而生，迅速被用于全球范围(范明明、李文军,2017)。

（一）生态补偿内涵分析

国内生态补偿又称生态效益补偿，在国外研究中通常称为“Payment for Ecosystem Service”(PES)或“Payments for Environmental Services”(PES)，即生态系统服务/环境付费。根据国内研究语境，本书将不加区别地使用生态补偿、生态效益补偿和生态服务付费。国内外学者关于生态补偿的定义尚无统一定论，不同时期、不同学派的学者对生态补偿概念有不同的理解。较早且较有影响力的国际林业研究中心学者 Winder 提出了生态补偿的经典概念，生态补偿是基于某一清晰界定的生态系统服务之上的提供者和购买者之间的自由交易，主要包括四个方面(Wunder,2010)：①具有明确的生态系统服务或存在能保障这种服务的土地利用形式；②至少有一个生态服务购买者和生态服务提供者；③自由交易；④生态系统能够有效提供。这一生态补偿理念被认为是基于科斯解决外部性问题提出的，生态补偿实施应该将生态系统服务整合到市场中，强调生态补偿在市场机制下的激励作用。Wunder(2015)再次对生态补偿的定义进行补充，认为生态系统服务的使用者与提供者之间应该以双方商定的自然资源管理规则为条件，提出异地生态系统服务也可以作为市场交易标的，加强区域生态系统利益相关者之间的联系。

然而，在生态补偿项目操作过程中，众多学者发现主流的生态补偿科斯框架理论性太强，假定运行条件无法准确模拟，由于生态系统服务产生的复杂性和外部性，大多数生态系统服务不存在一个纯粹的市场，在实践中会面临诸多挑战(赵雪雁等,2012)。很多学者从不同角度对生态补偿概念进行重新阐述。从生态学角度来看，生态补偿被视为维护或还原生态的能力和手段，即在生物有机体、群落和种群等受到干扰时所表现出来的生态负荷调节能力，使自然生态系统得以维持(《环境科学大辞典》编委会,2008)。从经济学角度来看，生态补偿是按照“谁污染谁付费，谁受益谁补偿”的原则，通过政府或市场手段等制度安排实行生态环境效益外部性内化，防止生态资源配置不均衡和效率低下的经济手段。一方面，对环境破坏者进行收费，提高相关行为主体的成本，减少其损害行为带来的外部不经济。另一方面，让生态效益的消费者支付相应的

费用，使生态效益的生产者获得相应的报酬，激励其保护行为带来的外部经济性（毛显强等，2002）。从生态经济学角度来看，生态补偿是平衡生态和经济系统可持续发展的制度安排，由于自然生态系统的自净能力有限，需要人为的补偿活动和经济投入来实现资源价值和生态功能的修复，使资源进行转移和重新配置，以保证代际公平；不再强调经济的激励作用，补偿的最终目的是社会整体福利最大化，稳定和维持人类赖以生存的生命支持系统（Muradian et al.，2010）。从环境经济学的角度来看，生态补偿是控制环境污染和避免生态破坏的活动，通过资金和技术投入在环境污染者和受害者之间建立合作关系，针对环境污染损失和生态资产存量减少进行补偿，主要体现在跨区域系统范围内。

综上所述，无论从哪个视角出发，对于生态补偿实施设计来说，都会主要围绕以下几个方面展开：①生态补偿标的的确定，即清晰的生态系统服务；②生态补偿利益相关者的确定，即生态服务的提供者和购买者；③生态补偿标准及途径的确定，即生态资源和经济资源在生态服务提供者和购买者之间的转移。

已有研究从不同研究视角对生态补偿概念进行了阐述，虽然都暗含以激励换取生态系统服务的内容，但是不同定义方法强调了社会个体和组织在生态环境保护中的不同责任。森林资源是生态系统中的重要类别，森林生态效益补偿的概念源于生态补偿，因此本书关于森林生态效益补偿的界定主要借鉴经济学和生态经济学的观点。

（二）生态补偿类型分析

生态补偿实践有多种类型，与多个部门相关，纵横交错的体系在不同时间和空间范围内同时进行，存在不同的补偿主体和客体（李文华等，2007）。按照地域尺度，生态补偿可以分为两大类：国际生态补偿和国内生态补偿。国际生态补偿包括跨界污染治理、全球森林和生物多样性保护、污染转移（产业、产品和污染物）和跨界水体等（Thompson，2017）；国内生态补偿则包括森林生态补偿、草原生态补偿、湿地生态补偿、生态功能区补偿等方面（见表 2-1）。

表 2-1　生态补偿类型和政策路径

地区范围	补偿类型	补偿内容	补偿方式
国际补偿	全球、区域或国家间的生态和环境问题	全球森林和生物多样性保护、污染转移、温室气体排放、跨界河流等	多边协议下的全球购买 区域或双边协议下的协议补偿 全球、区域和国家之间的市场交易
国内补偿	流域补偿	大流域上下游间的补偿	财政转移支付
		跨省界的中型流域补偿	地方政府协调
		地方行政辖区的小流域补偿	市场交易
	生态系统服务补偿	森林生态补偿	中央政府财政转移支付
		草地生态补偿	地方政府配套资金
		湿地生态补偿	生态补偿基金
		自然保护区生态补偿	环境税与生态税
		海洋生态系统补偿	市场交易
		自然保护区补偿	企业与社区参与
		农业生态系统补偿	NGO 组织捐赠
		生态功能区补偿	
	资源开发补偿	房地产开发补偿	开发者负担
		矿产开发补偿	破坏者负担
		植被修复补偿	受益者付费

资料来源：李文华，李世东，李芬，等．森林生态补偿机制若干重点问题研究[J]．中国人口·资源与环境，2007，96(2)：13-18.

按照生态资源的产权责任及公共物品性质(Grima et al.,2016)，一般来说，纯公共物品由中央政府提供，准公共物品由中央政府联合地方政府共同提供，私人物品则由市场提供。从中国的生态补偿实践来看，中央政府重点负责解决森林、草地和生态功能区的补偿，多以中央政府对地方政府转移支付的形式，部分地区在森林和草原领域由地方政府给予配套。流域由于跨界的空间特征，以中央政府为主导并协助流域上游和下游政府共同补偿。矿产、房地产和植被等领域由于权责明确，多以“受益者付费、破坏者罚款”的原则实施补偿。

二、森林生态效益补偿相关概念

（一）森林生态效益内涵

自20世纪90年代以来，有关生态系统服务和生态效益的研究不断涌现，成为国内外学者关注的热点。最初的研究从生态学的视角提出生态系统服务是自然生态系统及其所属物种通过生态结构、过程和功能形成的人类赖以生存的自然环境条件与效用，可将其划分为供给服务、调节服务、文化服务和支持服务四大类(Daily,1997)。随着生态系统服务研究的深入，学者更加注重从生态经济学的视角展开研究，最突出的特点是将生态系统服务与人类福祉密切联系起来，认为生态系统服务是自然资本对人类福利的相对贡献，没有人类需求就无所谓服务(潘鹤思等,2018)。生态效益、环境效益、生态服务等概念都表述了相同的内容，"服务"和"效益"都表明了生态系统功能的有用性，因此本书将不加区别地使用生态服务、生态效益和环境效益这几个词。森林生态效益延伸于生态效益，同样具备这些属性。

就森林生态效益研究而言，学者基于不同视角给出不同的定义。米锋等(2003)从生态经济学视角提出，森林生态效益是指森林资源本身具有的生态功能和生态效用性被人类社会利用后产生的效益总和。郎奎建和李长胜(2000)在分析生态效益作用机理的基础上，从森林生态效益计量视角指出，森林资源是森林生态效益的载体，两者是松散的相关关系，在太阳辐射和大气环流的作用下，森林通过物理和化学作用产生对人类有益的公益效能，这些公益效能具有使用价值和公共物品的特征，如涵养水源效益、固碳释氧效益和保持水土效益等。聂华(2002)指出，森林生态效益是森林环境价值的重要组成部分，是森林生态功能在特定的时间和地点被其他部门利用后所产生的社会、经济效果。

上述学者对森林生态效益的内涵进行了充分界定，近10年来很少有学者重新阐述，间接体现了对森林生态效益定义认知的统一。本书根据总结，将森林生态效益理解为森林生态系统及其所属物种通过森林生态结构、过程和功能为人类经济社会提供有益的服务和福利，森林生态效益具体划分为六类(见表2-2)。本书认为森林生态效益具备三个特点：第一，森林生态效益不表现为直接的市场价值，而是通过一定的技术手段用市场价值来衡量；第二，森林生态效益是一种有益的效用，可以是现实的，也可以是潜在的；第三，森林生态效益是生态功能被利用后产生的效用，可以表现为经济效用、生态效用和社会效用。

表2-2 森林生态效益分类

森林生态效益类别	具体表现	对人类的效用
涵养水源	林冠层对降水的再分配 森林枯落物对降水的截留和贮存	净化水质、增加可利用水资源、防洪减灾、维护水利设施、调节径流、削洪补枯等
保育土壤	林木根系固持土壤 林中活地被物防止土壤侵蚀	固土保肥、减少泥沙输移量、维护水利设施
防风固沙	林木对风沙土的改良作用 改善小气候	垦复农田、促进农业生产、提高生态环境质量、促进菌类繁殖
固碳释氧	森林植被及微生物固定碳素 森林植被及土壤动物释放氧气	吸收温室气体、防止全球变暖
维持生物多样性	森林生态系统为生物提供栖息地与繁衍场所	科学研究、物种的保存及开发利用
净化大气环境	森林生态系统对大气污染物的吸收、过滤和分解	降低噪声、空气负离子提高、森林旅游、森林康养、消除疲劳

(二)森林生态效益补偿内涵

上述内容分别从生态学、经济学、生态经济学和环境经济学的视角阐述了生态补偿的内涵，本书主要将经济学和生态经济学视角的生态补偿内涵应用于特定的森林生态系统，即构成森林生态效益补偿(也称“森林生态补偿”)内涵。国内外关于森林生态补偿的概念和理论研究源于生态系统服务价值评估，自20世纪末期Costanza等(1989)评估全球生态系统服务价值以来，以货币化方式体现生态系统功能的非市场价值引起了社会公众和政策制定者对生态系统服务的重新认知。通过生态系统服务重构人与自然的关系，将生态系统服务功能与生态保护实践联系起来，为森林生态补偿概念的提出奠定理论基础。国外将

森林生态补偿称为"Payments for Forest Ecosystem Services"(PFES),即森林生态服务付费。国外森林资源管理体系和政策制度相对健全,更倾向于遵循市场导向和自由竞争原则引导受益者付费,利用经济手段激励林区居民保护森林资源,从经济学视角强调了森林生态补偿的市场激励作用(Phan et al.,2017)。

国内森林生态补偿又被称为"森林生态效益补偿"和"森林生态保护补偿",实践进展要早于理论研究。根据中国森林生态效益补偿相关法律来看,1998年修订的《中华人民共和国森林法》正式确立了国家对防护林和特殊用途林的森林生态效益补偿基金。然后以该森林法为准则,先后颁布了《森林生态效益补助资金管理办法(暂行)》(2001)、《中央森林生态效益补偿基金管理办法》(2004),并多次进行细微调整,但是补偿内容没有较大变化,森林生态效益补偿基金用于公益林的营造、抚育、保护和管理,中央财政是补偿基金的重要来源。

本书认为森林生态效益补助资金的补偿范围和补偿内容要小于森林生态效益补偿的理论范畴。森林生态效益以森林资源为载体,通过森林生态系统的结构和功能为人类经济社会提供产品、服务和福利。按照学术界对森林生态效益的定义,森林生态效益补偿应该补偿的是所受益的生态系统服务功能,即实现森林生态服务的价值补偿。但目前国内森林生态效益补偿的定价仅为管护成本,并不是严格意义上的森林生态效益补偿,而是森林生态保护补偿。森林生态保护是为了实现森林资源的可持续发展,而实施的资源管护、抚育、造林和经营等活动的总称,森林生态保护补偿是主要对于保护者而言的,利用经济手段为保护主体提供激励。

学术界对于森林生态补偿、森林生态效益补偿和森林生态保护补偿并没有做出严格的区分,本书认为森林生态补偿是广义的概念,包括森林生态效益补偿和森林生态保护补偿。森林生态效益补偿着重强调为森林生态服务功能及森林的外溢生态服务付费,更强调对"受益者付费"的激励;森林生态保护补偿是对区域和个人的具体生态环境保护行为做出的补偿,为"森林保护行为"付费,更加强调对保护者的激励,两个概念的补偿主体和补偿客体并没有严格的区别,只是激励对象的侧重点不同。

鉴于上述分析,本书从"受益者付费"的视角出发,基于经济学和生态经济学理论作出定义：森林生态效益补偿以森林生态系统服务为媒介，调节森林生态保护者与受益者之间的关系，激励“受益者付费”，是平衡“生态—经济—社会”系统可持续发展的公共制度安排。具体来说，森林生态效益补偿以保护森林生态资源为目的，基于森林生态服务将供给者和需求者以合约的形式联系起来，激励和约束受益者付费，运用政府和市场手段对具有重要环境价值的区域和对象以资金、技术和政策等形式进行保护性投入，使资源在转移和重新配置的过程中实现代际公平和整体社会福利最大化，可持续发挥森林的生态效益、经济效益和社会效益，稳定和维持人类赖以生存的生命支持系统，其本质是通过对受益群体和保护群体的有效激励，实现森林生态效益外部性内化。本书界定的森林生态效益补偿内涵，需要重点理解以下几点。

第一，森林生态效益补偿主体主要指具有生态成本支付能力的社会经济实体，一般来自生态服务的受益方，即享受外溢森林生态服务的政府、单位和个人，在本书中这类主体为政府、企业和居民；森林生态效益补偿客体主要指环境服务的提供者，也称受偿主体，是具体从事森林管护、抚育和经营的政府、单位和个人，在本书中主要指森林资源的基层管理单位（林场）。

第二，通过森林生态效益补偿制度设计解决森林生态服务公共物品消费的“搭便车”行为，从而达到协同保护资源的目的；通过合理的生态补偿制度创新安排，激励人们从事森林生态保护与投资事业，并解决好生态投资者的合理回报，最终实现生态资本增值（李文华等，2007）。

第三，森林生态效益补偿更强调社会公平，在利益补偿机制运行中，政府仍然处于核心地位，政府在提供补偿资金和监督管理的同时协同其他利益相关者参与森林生态建设。本书中的森林生态效益补偿主要从“受益者付费”的视角出发，希冀在成本补偿的基础上，更加注重生态价值补偿。

第四，人类社会对自然资源管理的改进包括两种方式，一种是帕累托改进，另一种是卡尔多—希克斯改进（赖力等，2008），本书所定义的森林生态效益补偿属于卡尔多—希克斯改进，即在资源重新配置的“支付—补偿”过程中有人受益，也有人受损，补偿效率体现在森林生态服务增加的利益可以弥补保护者损失的利益。

（三）森林生态效益补偿的基本逻辑

通过阐述森林生态效益补偿的概念，本书从森林资源经营和森林生态服务视角阐述森林生态效益补偿的基本逻辑（见图 2-1）。

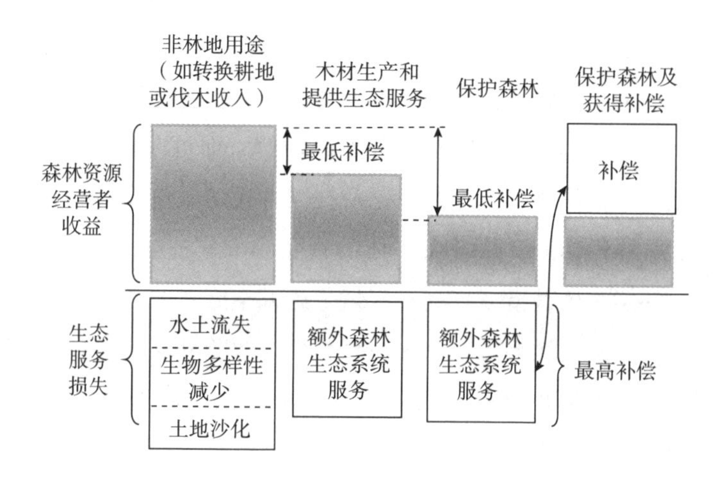

图 2-1　森林生态效益补偿的基本逻辑

我国森林资源按照权属，可以分为国家所有、集体所有和个人所有，国有林管理者拥有林木经营权，但不具备所有权和处置权；集体林和个体林管理者拥有林木所有处置权和经营权。无论哪种产权结构，森林资源管理者的采伐收入或者非林业用地（转化为耕地、农场等）收入都要远远大于提供森林生态服务的收益。如果森林资源管理者只注重短期收益，那么森林资源匮乏将会导致全球生态系统环境恶化，如水土流失、生物多样性减少、涵养水源能力下降和碳排放量增加等，片面追求经济增长的发展方式已经对生态系统、社会系统的平衡产生了巨大影响。因此，已有的一些政策，如采伐限额管理制度、天然林全面停伐政策有利于森林生态系统的休养生息，但是森林经营管理者将付出建设成本和机会成本，收益减少。

森林生态系统服务具有显著的公共物品特性，其他利益相关主体免费享受外溢生态服务，导致森林经营者提供生态服务的积极性不足，因此需要通过生态补偿来解决资源环境领域的外部性问题。补偿范围取决于森林管理者的成本及提供的生态服务价值，根据研究表明，当生态补偿金额介于机会成本和生态服务价值之间时，能够对生态服务提供者和受益者起到激励作用。

三、森林生态效益多元化补偿概念

多元化是对于单一化、专一化而言的，是指在某种环境或体制下有差异的元素组合在一起，相互融合，共同促进事物量变、质变及可持续发展。将多元化概念应用于生态补偿领域可以有多种不同理解，即可表达补偿主体多元化、补偿标准多元化、补偿融资渠道多元化及补偿方式多元化等。本书将多元化引入森林生态效益补偿领域，从补偿主体的视角出发解决生态补偿“谁来补”的问题。多元化补偿主体是指多个具有支付生态成本能力的社会经济实体共同参与补偿。本书将重点关注多元主体参与森林生态效益补偿的意愿行为特征，如何在政府“规制—激励”的基础上有效协同其他利益主体去分担区域内共同的补偿量，进而增加森林生态效益补偿融资渠道，提高生态补偿效率。因此，多元化的关键是补偿主体多元化。按照生态补偿提倡的“受益者付费”原则，以主体身份参与森林生态效益补偿的有中央政府、地方政府、企事业单位、社会组织和居民个人等(郑云辰等,2019)。森林生态系统的多种效益最终可以表现为人类获得生态效用、经济效用和社会效用。因此，将多元化主体与森林生态效用类型相对应，根据管理学“权、责、利”的分析范式，本书将森林生态效益多元化补偿主体划分为追求生态效用的政府群体、追求经济效用的企业群体和追求社会效用的居民群体。

基于此，森林生态效益多元化补偿是指为保障森林生态效益最大化，政府、市场和社会相关责任主体在相互协调、耦合过程中共同参与森林生态效益补偿的一种制度安排。其目的是弥补林区保护主体在保护森林资源过程中的实际发生成本、机会成本及发展成本，以平衡区域内利益结构关系，其中政府是首要责任主体，企业是辅助责任主体，公众是自愿责任主体。

森林生态效益多元化补偿的实质是发挥政府在森林生态补偿中的主导作用，以规制和激励的方式引导其他利益相关主体共同参与、有区别责任地分担部分森林生态效益补偿，推动中央财政单一化补偿模式向市场化、社会化补偿

模式转变，形成一种稳定的、包容的、长效的森林生态效益补偿机制。

第三节
理论基础

一、生态价值理论

森林作为“生态—经济—社会”复合生态系统，系统内部的结构、功能和过程为人类提供直接和间接的福利效用。森林生态服务的生态效用、经济效用和社会效用最终表现为森林生态服务价值，生态价值理论是制定生态补偿政策及标准的理论依据。

目前，关于生态价值学术界主要从两个方面寻找理论依据：劳动价值论和效用价值论，前者认为人类劳动参与是生态价值产生的源泉，后者认为能为人类带来效用的生态系统服务具有价值。本书分别从两方面阐述生态价值理论，为森林生态服务的有偿使用提供了理论依据。

（一）劳动价值论的观点

配第在《税赋论》中提出“自然价格”概念，首次表达了劳动是价值来源这一基本观点，他认为劳动是财富之父，土地是财富之母。随后，斯密在《国民财富的性质和原因的研究》一书中讨论交换价值时系统论述了劳动价值论，他认为商品价格围绕价值变动，商品的交换价值尺度由劳动度量，但劳动并不是唯一尺度，除劳动外，资本和土地也是价值的来源。有学者称斯密的劳动价值论不是劳动创造价值，而是劳动度量价值。李嘉图在此基础上提出至少优等的土地才是价值的来源之一，因此李嘉图的劳动价值论也不是劳动创造价值，而是将劳动作为一个度量异质商品数量的共同尺度，以确定不同商品之间的交换比例，这也被称为“劳动交换价值论”（于新，2010）。配第、斯密、李嘉图的论点共同表明劳动并不是产生物品使用价值的唯一源泉。

马克思在批判地吸收了古典政治经济学的劳动价值论以后，建立了更为科学的劳动价值论。他提出使用价值是商品的自然属性，它是由具体劳动创造的，价值是商品的社会属性，是由社会平均必要劳动时间决定的。商品的总价值量与耗费的总劳动量相当，简而言之就是劳动创造价值，这是更彻底的劳动价值论（李萍、王伟，2012）。马克思的劳动价值论在创立之初并没有对生态价值有充分的论证，也有学者持“生态无价值”的论点，因为生态环境没有凝结人类的劳动，但是随着全球生态系统退化、生态问题凸显，生态系统越来越表现出自然环境和人类相互作用的产物的属性，并认为生态服务价值是凝结在生态系统中的无差别的人类劳动，不仅包括人类为从生态系统中获取产品而投入劳动所形成的价值，还包括为实现生态系统与经济社会系统的协调发展而进行的修复、改造和补偿所形成的价值。

（二）效用价值论的观点

法国经济学家孔迪亚克被认为是效用价值论的开创者，其在《谈商业与政府关系》一书中提出效用价值理论，他认为商品的价值是由效用和稀缺性共同决定的。效用是消费者在消费商品时所获得的满足感，来自对商品属性的主观判断，效用决定价值内容；稀缺性衡量价值的大小，稀缺性是决定价值的充分条件，而效用是形成价值的必要条件。19 世纪 30 年代以后，西方经济学家提出边际效用价值理论，该理论的先驱劳埃德表示商品的价值取决于人的欲望及其对商品的估价，这种欲望和估价会随着消费商品的数量而产生变化。边际效用价值理论的主要观点包括：①价值起源于效用，并由边际效用量决定价值大小；②符合边际效用递减规律，即消费者从连续增加的物品消费中所得到的效用增量是减少的；③效用大小与需求强度呈正比例关系，而效用量是由供给和需求状况共同决定的（Loomes and O'Neill，2000）。

效用价值是从人与物的关系中抽象出来的，而不是从人与人的交换关系中抽象出来的，当人类面对不同稀缺程度的物质资源时，物品的用处或效用大小决定了其价值，本质是人对物品有用性和稀缺性的主观评价决定其价值。森林生态环境资源同时满足有用性和稀缺性两个条件，因此对于人类来说是有价值的。随着经济的快速发展，人类对资源的开发利用程度过高，生态系统退化严

重，导致资源的稀缺程度更加明显。有学者研究表明森林生态效益补偿标准以生态服务价值为依据正是效用价值理论（李芬等，2010）。

生态价值理论对本书的指导作用主要体现在三个方面，第一，在劳动价值理论视角下，政府需要为林区保护森林资源付出的劳动进行补偿；第二，在效用价值理论的视角下，受益于森林生态效用的利益相关者理应对所享用的森林生态服务付费；第三，在生态价值理论的指导下，利用一定的技术手段量化森林生态效益价值，为多元化生态补偿的有效实施提供科学依据和决策支撑。

二、外部性与公共物品理论

按照福利经济学第一定理，完全竞争市场机制在一定的制度安排下能够实现对资源的有效配置并达到帕累托最优状态。然而，完全竞争市场机制更多的是一种理论性分析，一旦这些制度安排难以满足，就会出现市场失灵的状况。在森林生态服务市场，满足资源配置的有效制度安排难以在任何一种经济中存在。导致森林生态服务市场资源难以有效配置的主要原因在于森林生态服务的外部性和公共物品的特性，这也是森林生态补偿的主要动因。

（一）外部性理论

外部性理论已成为生态经济学相关研究的重要理论支柱，学术界关于外部性的定义尚未达成统一共识，一般认为，外部性概念最早由新古典经济学派创始人马歇尔提出，其在经济学巨著《经济学原理》一书中分析了外部因素变化对企业本身的影响时，提出了“外部经济”概念，主要侧重于分析某类产业发展或扩展所导致的厂商成本曲线下降（马歇尔，2005）。随后，福利经济学创始人庇古和新制度经济学创始人科斯在马歇尔研究的基础上将外部性的概念拓展到企业生产行为对外部环境的影响领域，进一步完善了外部性理论（刘学敏，2004）。外部性是指一个消费者的福利或者一家企业的生产可能直接影响经济中另一个当事人的行为，但没有为这一行为付出成本或得到报酬。

外部性的影响方向和作用结果具有两面性，分为正外部性和负外部性。正外部性是指那些能为社会和其他个人带来收益或降低成本支出的外部影响，这类“社会和其他个人”可以免费享受这种福利，因此正外部性物品提供者的私人收益将小于其所产生的社会收益，导致提供正外部性物品的积极性不足；负外部性是指能够引起社会和其他个人成本增加或收益减少的外部影响，导致经济主体的生产成本一部分由社会承担，因此经济主体不会主动减少负外部性物品的提供。按照福利经济学和新制度经济学理论，无论是正外部性还是负外部性都会导致资源配置不当和社会福利减少。

森林生态系统具备既提供有形资源产品又提供无形生态服务的特性，决定了森林资源保护具有显著的外部性特征，尤其是涵养水源、保持水土、防风固沙和维持生物多样性等生态功能，不仅保障了国家生态安全，也为居民提供了优美舒适的生态环境等社会效益。如图 2-2 所示，MSR 为保护森林资源的社会边际收益，包括森林的经济产出收益、生态环境收益和社会收益；MPR 为私人边际收益，包括木材收益、林下经济收益和森林旅游收益等；MC 为边际成本，为了保证森林生态服务的可持续提供，社会最理想的森林资源保有量为 Q_2，条件为社会边际收益等于边际成本（MSR = MC）；在没有森林生态补偿的情况下，从营林部门来看最佳的森林资源保有量为 Q_1，条件为私人边际收益等于私人边际成本（MPR = MC）。森林资源正外部性的存在导致营林部门实际提供的森林资源数量低于社会所需的理想数量（$Q_1<Q_2$）。

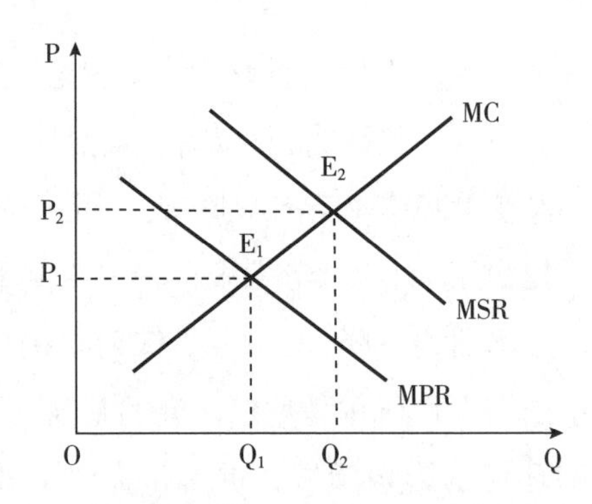

图 2-2　正外部性约束下森林保护的资源配置数量

森林的负外部性表现在林业用地转为耕地或森林资源遭受的破坏等方面，过度采伐森林将严重破坏生态系统服务功能，相应地森林资源的生态效益和社

会效益将全部转为经济效益。如图 2-3 所示，森林资源采伐的边际社会成本 MSC 包括营林部门私人成本和对社会产生生态服务损失的外部成本，大于营林部门边际私人成本 MPC。当不考虑对负外部性进行规制的情况下，在经济利益的驱使下，森林资源的营林部门将选择 Q_1 的采伐数量，而社会理想的采伐数量是 Q_2，因此在存在负外部性的情况下，森林资源实际的采伐数量将高于社会理想的采伐数量（$Q_1>Q_2$），导致资源配置无效率。

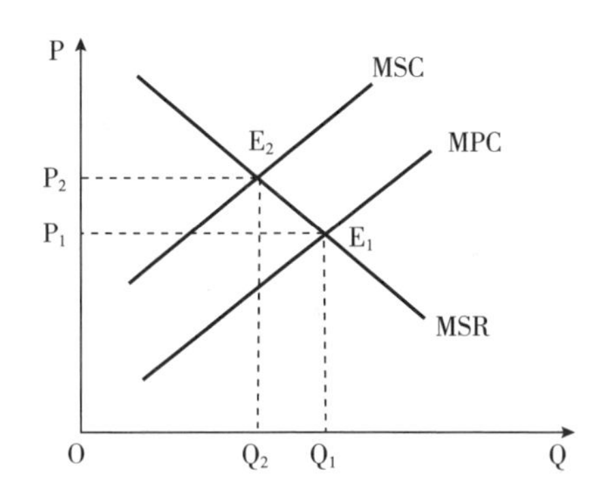

图 2-3　负外部性约束下森林资源的采伐数量

（二）公共物品理论

公共物品问题是导致市场失灵的理论根源之一。“公共物品”的严格定义是由新古典经济学家萨缪尔森提出的，他认为公共物品是指每个人消费这种物品不会导致其他人对该物品的消费减少，即无法排除他人参与共享的一种商品，且效用扩展至他人的成本为零。与之相反，私人物品是指可以分割并供不同的人消费，并且一个人消费对其他人能够产生外部影响（秦颖，2006）。由此可见，公共物品有两种属性：消费的非竞争性和非排他性。具体来说，消费的非竞争性是指一个人对某种公共物品的消费并不会影响其他人从中获得效用，增加额外消费者的边际成本为零（周小平等，2010）；消费的非排他性是指一个人在消费某种公共物品的同时，不能排斥他人对该公共物品消费的可能性（张筱风，2003）。同时具有非排他性和非竞争性的物品也称“纯公共物品”。

后来，很多学者对萨缪尔森的定义及公共物品的双重属性提出质疑，

Margolis(1955)认为，生活中很难寻找到萨缪尔森所定义的公共物品，在现实中许多物品都是介于纯公共物品和私人物品之间的，被称为“准公共物品”，如布坎南提出了俱乐部物品概念，奥尔森提出了公共产品概念。综上所述，按照经济物品的分类(沈满洪、谢惠明,2009)，公共物品有狭义和广义之分，狭义的公共物品是指纯公共物品(兼具非竞争性和非排他性)；广义的公共物品是指准公共物品(具有非排他性或非竞争性)，包括私人物品、俱乐部物品与公共资源。

根据联合国《千年生态系统服务评估报告》(Daily,1997)，森林生态系统服务可以分为供给服务、调节服务、文化服务和支持服务四大类。其中供给服务具有私人物品的特性，而调节服务、文化服务和支持服务具有公共物品的特性，因此不同类别的服务其基本属性存在差异性。森林生态系统服务产品按照竞争性和排他性组合也表现出不同特征(见表 2-3)。然而，这种属性特征都是程度问题，可能因制度、产权和技术等的变化发生改变，如通过修改财产权的政策措施或通过适当的营销措施可能对某项森林生态服务的竞争性和排他性特征产生影响。

表 2-3 不同森林生态服务的竞争性和排他性关系

属性类别	排他性	非排他性
竞争性	私人物品(如木材、薪材、私有林林下产品等)	公共资源(如野生蘑菇菌类、浆果、坚果、具有拥挤效应的森林康养资源等)
非竞争性	俱乐部物品(如保护区生态旅游、狩猎俱乐部等)	纯公共物品(如森林固碳释氧、涵养水源、生态多样性等)

本书中的黑龙江省森林生态系统所产生的森林生态服务具有公共物品的性质。因此，外部性及公共物品理论的指导作用将贯穿全书。按照广义公共物品的定义，森林生态服务公共物品具有非竞争性或非排他性，包括公共资源、俱乐部物品和纯公共物品。森林生态服务具有非排他性，不能排除所谓的“搭便车”者，即不能阻止未参加森林保护的居民免费享受森林生态服务所带来的各种福利增进，包括客观上无法排除的和因成本较高而不值得排除的。这种性质将导致森林资源配置效率低下，市场价格不能有效调节消费者与保护者对森林

生态服务福利增进的分配，森林资源保护者积极性不足，最终将导致森林生态服务供给不足。森林生态服务具有非竞争性，即森林生长所提供的森林生态服务功能被消费，其他人享用或消费这一福利的边际成本为零。例如，森林提供的清新空气、涵养水源及保持水土等生态服务功能，其他人不用支付任何额外费用就可享受这些福利。

综合以上分析，黑龙江省森林资源所产生的森林生态服务功能具有典型公共物品的性质，目前多数生态补偿项目均由国家运行、政府主导，很少包含市场交易的成分。尤其是在生态服务产权权属不明晰或交易成本很高时，只能由政府作为代表通过转移支付形式为生态服务付费。然而，随着经济的发展和人口数量的上涨，社会对森林生态服务的占用和需求增加，若林区职工或者森林资源所有者保护森林资源没有获得应有的收益，则将导致森林生态服务供给不足。因此，为了保证该类公共物品的可持续供给，需要按照“受益者付费，保护者得到补偿”的原则，一方面政府需要提供补偿并改善补偿效率；另一方面受益于森林生态系统服务的群体需要补偿，解决社会收益与私人收益偏离所导致的外部性问题。森林生态服务功能的公共物品属性可以帮助回答保护森林资源为什么需要补偿的问题，是构建森林生态效益多元化补偿的经济学基础，此外，从正外部性理论的视角有助于确定多元补偿主体。

三、演化博弈理论

演化博弈的基本思想最初开始于20世纪60年代，一些生物学家将博弈论引入生物进化理论，用于揭示生物进化的规律，在达尔文主义的推动下，演化经济学获得了进一步发展（黄凯南，2009）。演化博弈被认为是新古典经济学和演化经济学的交流和结合，调和了演化理论和均衡理论研究范式的冲突，体现了主流经济学对演化经济学的吸收和接纳（Schmidt，2004）。相对于经典博弈理论，演化博弈是动态博弈的一种，建立在生物进化理论基础之上，以有限理性为前提，用参与人群来代替博弈中参与者个人，决策者通过不断试错、学习、模仿和调整策略，最终达到一种稳定的均衡状态。

演化博弈理论的基本要素包括群体、支付函数、动态模型和均衡，相对于传统博弈论，演化博弈主要在参与人互动和均衡方面有很大的不同。在参与人互动方面，演化博弈以随机匹配的概念来取代经典博弈论中的一次博弈和重复博弈。传统博弈参与人的策略来自以前的博弈，而演化博弈策略来自群体的基因组。在均衡方面，演化稳定策略取代了传统博弈中的纳什均衡概念，反映了演化的稳定收敛稳定状态，即采取该策略的整个群体不会被基因突变的小群体入侵。此外，演化博弈的每个严格的纳什均衡都是演化稳定策略。演化稳定策略既包括静态演化策略又包括动态演化策略。

演化博弈理论对本书的指导体现在两个方面，一是森林生态保护群体与受益群体的“保护—补偿”行为特征分析，二是政府群体与林场群体的“监督—管护”行为特征分析。具体来说，在整个森林生态系统中，森林生态服务作为中间媒介将保护群体和受益群体联系了起来，形成了动态的有机整体。在森林生态环境利用过程中，产权信息的不完备性使很多受益群体未支付相应报酬便享受外溢生态服务，这种“搭便车”的行为偏好会使森林生态环境保护陷入“囚徒困境”。在区域范围内，政府群体和林场群体属于信息不对称的委托代理关系，政府监管情况与林场执行情况对森林生态补偿效率有重要影响。因此，鉴于森林生态环境公共物品的特性，演化博弈模型将博弈理论分析与动态演化分析相结合，解释现实中生态补偿信息不完备、个体到群体作用机制复杂等问题，为多元主体的行动策略分析提供理论依据。

四、利益相关者理论

利益相关者理论是管理学中非常重要的理论，主要指工厂中专门从事“下注”的人或某些特定活动。当时“股东权益至上”的治理模式在实践中屡遭质疑以后，不少学者认为利益相关者治理模式更具优势，更受资本市场欢迎（沈费伟、刘祖云,2016）。经过众多学者的努力，1963 美国斯坦福研究院正式提出利益相关者的概念，认为利益相关者是支持组织发展的一类团体，没有利益相关者的支持，组织便无从发展。尽管该概念仅片面地强调了利益相关者对组织的助推作用，但利益相关者理论的应用和完善获得了开拓性进展。在此之后，许多重量级学者不断地为利益相关者理论“添砖加瓦”，将

其不断深化，补充了组织对利益相关者的作用(陈晓宏等,2011)。尤其是1984年美国哲学家Freeman的学术贡献，使利益相关者理论趋于成熟，他的著作*Strategic Management：A Stakeholder Approach*明确提出了利益相关者及利益相关者管理理论(林曦,2010)。从广义视角来看，利益相关者的定义为“对企业生产目标和生产过程起到重要作用的个人和群体”；利益相关者管理理论是指“企业的经营管理者在综合平衡各个利益相关者利益诉求的基础上，为实现公司整体利益最大化而进行的管理活动”。

与传统的企业管理理论相比较，利益相关者理论认为在社会环境中任何组织的行为活动和管理过程都不能单独存在，企业的经营发展离不开利益相关者的投入和协同参与，企业倾向于通过资源整合和优化配置来实现整体利益和效用最大化，而不是仅仅关注个人利益(王爱敏等,2015)。企业管理的核心在于合理协调多个利益主体的利益分配以实现企业组织目标，任何利益相关者，尤其是为企业发展做出贡献的利益相关者能够分享企业的剩余权利。利益相关者理论不仅关注组织内部成员的利益关系和地位，更关注各个利益相关者之间的利益诉求和逻辑关系，阐述了利益相关者理论从“影响”到“参与”，再到“协同治理”的变迁过程。

基于此，本书希冀将利益相关者理论拓展到生态补偿领域，利用经济学、管理学分析范式为森林生态资源环境的共建、共享、共治提供一个合理的分析框架，将森林生态效益的利益相关者筛选出来，进而通过分析各类利益相关者之间的逻辑关系识别出多元化生态补偿主体，减少“搭便车”的行为，帮助实现森林生态环境的协同治理。

五、计划行为理论

计划行为理论(TPB)是由多属性态度理论和理性行为理论结合发展起来的，其从心理学的视角研究个体行为的形成机理，已被广泛应用于多个行为研究领域。多属性态度理论描述了行为态度对行为意向的影响，而行为结果又反过来对行为态度产生影响。随后，1997年，Fishbein和Middlestadt(1997)在该理论基础上提出了理性行为理论，该理论认为行为态度与主观规范是行为意向的函数，个人的行为决策不受外部环境的影响，完全由个人意向决定。理性行为理论由于其开放性与简洁性，尤其是"预测行为结果和行为态度产生的原因"在实践应用中饱受诟病，很多学者对其予以深化。Ajzen 和 Driver(1991)在理性行为理论基础上进行扩展，加入个人对行为的控制能力后提出计划行为理论。

计划行为理论的分析框架包括五个要素，分别为行为态度、主观规范、感知行为控制、行为意愿和实际行为(见图 2-4)。该理论认为"知识—信念—行为"是相互联系与相互影响的体系，通过知识积累和信念驱动会形成目标行为。具体而言，一方面，个人所拥有的信息和知识经过人的思维沉淀会形成某方面的认知，而认知将直接影响人的行为态度；另一方面，个人对获得的知识和信息进行处理后会形成信念，包括行为信念、规范信念和控制信念，这些信念将进一步决定行为态度、主观规范和知觉行为控制，而行为态度、主观规范和感知行为控制三者之间相互影响并共同作用于行为意向和实际行为。实践研究证明，计划行为理论能极大地提高行为的解释力。

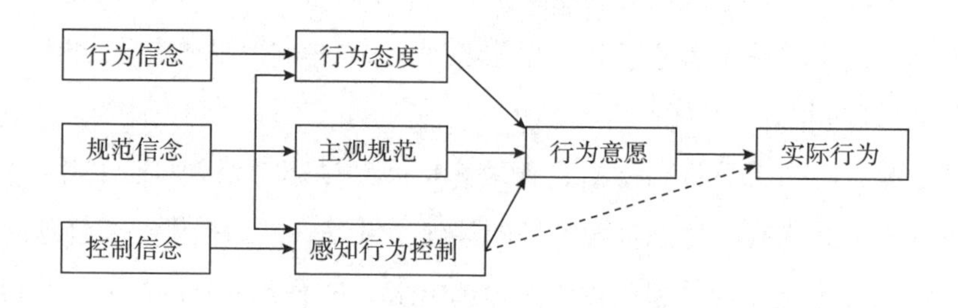

图 2-4　计划行为理论的分析框架

计划行为理论在本书中用于构建受益企业补偿的参与意愿分析框架。计划行为理论研究人的行为意愿和实际行为，虽然森林生态效益的受益企业不具备人的特征，但是任何一个受益企业都是由管理者、投资者、技术人员和基层员工等组成的智能体，并且这个智能体在投资生产过程中能够与生态环境进行交流。同时，受益企业是否参与森林生态效益补偿的行为意愿由企业决策主体决定，尤其是由高层管理者组成的决策群基于自身条件和外部环境因素做出的理性决策行为，决策过程符合自发性、适应性、多样性和融合性等基本特征(Derasari et al.,2017)。

第四节
本章小结

本章主要对本书的研究范畴、相关概念和理论基础进行了清晰的界定，先界定本书的研究范畴，然后界定生态补偿概念及类型、森林生态效益补偿相关概念及补偿逻辑、森林生态效益多元化补偿机制。本书从“受益者付费”原则及补偿主体视角应用森林生态效益多元化补偿概念，并将森林生态效益补偿定义为以森林生态系统服务为媒介，调节森林生态保护与森林生态服务利益相关之间的利益关系，是平衡“生态—经济—社会”系统可持续发展的公共制度安排。森林生态效益多元化补偿是指为保障森林生态效益最大化，政府、市场和社会相关责任主体在相互协调、耦合过程中共同参与森林生态效益补偿的一种系统运行方式。本章对研究的基础理论体系进行了详细阐述，包括生态价值理论、外部性理论、公共物品理论、利益相关者理论及计划行为理论，为解决森林生态效益多元化补偿问题及后续研究提供了理论指导。

第三章

森林生态效益多元化补偿机理分析

黑龙江省森林生态效益有着极高的潜在价值，尤其表现在净化大气环境、涵养水源和保育土壤方面，为黑龙江省区域发展提供生态产品和服务。本章将对森林生态效益多元化补偿机理进行具体分析。基于黑龙江省森林生态效益多元化补偿理论，从受益者付费和森林生态效益利益相关者的视角识别森林生态效益多元化补偿主体，然后分析森林生态效益补偿主体的逻辑关系及耦合模式。构建保护群体和受益群体的演化博弈模型，分别研究未引入政府"规制—激励"机制和引入"规制—激励"机制下的主体行为特征及其影响因素，剖析不同情形下补偿主体间的博弈决策行为。

第一节 多元主体参与森林生态效益补偿的理论依据

众所周知，大部分生态服务具有公共资源和公共物品的特性，以及因产权界定困难造成的非排他性，引发了私人边际成本和社会边际成本、私人边际收益与社会边际收益不一致的问题(Jones et al.,2016)。负外部性带来了对生态服务的过度使用，产生了"公地悲剧"；正外部性难以区分"搭便车"者而带来了生态服务供给不足。生态效益补偿正是要补偿生态服务的外部性，按照生态补偿和外部性治理途径，主流经济学家主要提出了三种不同的实施范式：庇古税、科斯的产权交易、公共池塘资源自行管理的集体行动机制。生态补偿实践与三种治理范式的演进历程相对应。生态补偿从最初的通过污染者付费实现外部性内化，到通过污染者付费和受益者付费实现外部性内化，再到主要通过受益者付费实现外部性内化，进而到只通过受益者付费实现外部性内化的演变过程，与庇古税、科斯定理和集体行动理论的发展阶段相呼应。本章将对三种理论分别进行阐述，为多元化补偿主体识别寻找理论依据，为多元化补偿机理的分析奠定基础。

一、庇古税视角下的政府主体

早期的生态补偿政策设计遵循“庇古税”的理论路线。庇古税是由福利经济学之父、英国经济学家庇古提出的，是用来控制环境污染的经济手段。庇古首次从福利经济学的视角研究外部性问题，他认为帕累托最优仅考虑了私人成本和私人受益，没有考虑资源配置过程中的外部性问题，即边际私人成本与边际社会成本、边际私人收益与边际社会收益不一致的状况。庇古认为外部性是单向的，并且外部性会导致市场失灵，只有政府通过对正外部性制造者给予补贴、对负外部性制造者征税的方式纠正外部性，才能使社会福利最大化。20 世纪 60 年代初，《寂静的春天》《增长的极限》《我们共同的未来》等一批反思经济增长代价的著作问世，引起了各国对环境的重视，为应对环境危机，经济合作与发展组织（OECD）大力倡导通过“庇古税”的方案解决生态环境的外部性内化问题。理由是私人部门不愿意为环境治理付费，许多生态补偿需要政府运作，运用强制性征税或补贴的方式进行融资，说明在生态补偿的最初阶段主要通过“污染者付费”实现外部性成本内化。

庇古税解决外部性问题引起了众多学者的极大关注，批评和完善的文献可谓车载斗量，其缺陷包括：第一，庇古税高估了政府的能力和意愿，政府无法获知私人边际成本与社会边际成本、私人边际收益和社会边际收益的差额，比如在生态补偿领域，政府主导分配式的“间接”补偿不能准确获知生态服务供给者和需求者信息；第二，庇古认为外部性是由市场失灵导致的，忽视了政府失灵，政府在提供生态服务公共物品时存在低效率、权力寻租、资源配置扭曲等问题；第三，早期的生态补偿实践是以“污染者付费”原则实施的，政府向污染者征税，但生态服务提供者并没有得到任何经济补偿。

二、科斯定理视角下的市场主体

20 世纪 60 年代以前，经济理论界沿袭庇古的传统，认为处理外部性问题应该引入政府干预，这一传统被诺贝尔经济学奖获得者科斯于 1960 年发表的《社会成本问题》所打破，其后人在该论著的基础上提出了著名的科斯第一定理、科斯第二定理和科斯第三定理。科斯认为外部性问题从来不是单向的，而是相互的，他将生态环境资源配置的市场失灵归因为市场本身的不完善，外部性源于产权的不清晰，其核心观点是利用市场机制能够完全解决生态环境外部性问题。科斯定理为生态补偿提供了以市场信号纠正外部性问题的方案，即初始产权的合理配置。生态环境利益主体基于谈判和交易的竞争性议价政策使资源配置达到帕累托最优，科斯更倾向于把政府的作用限定在配置初始产权上，即由政府决定外部性的责任主体，剩下的由市场主体交易解决。

基于科斯定理的生态补偿方式又称为自由市场环境主义补偿方式，在科斯方案下，生态服务的受益者与需求者可以像购买商品一样，通过市场谈判、签订合同、确定付款条件等一系列程序获得固定生态服务。然而这一理论的现实问题就是生态服务的量化及商品化问题，直至目前仍是困扰生态补偿市场化的核心问题之一。虽然科斯定理存在诸多的限制条件（如假设条件苛刻、交易成本较高、忽视收入分配效应等），但是国外生态服务付费理念就建立在此理论基础上，其实践也获得了广泛发展。从理论上讲，只要通过一定的制度安排使交易成本降到足够低，无论初始产权如何配置，生态资源配置最优解的福利水平都将高于庇古税的均衡解。科斯型生态环境外部性内化的兴起使生态补偿由“污染者付费”原则向“受益者付费”原则转变，国外补偿模式一般同时兼容两种原则；生态补偿研究视角也由环境经济学转向生态经济学。

三、集体行动理论视角下的社会主体

集体行动理论的代表人物分别为美国经济学家奥尔森、美国公共选择学派创始人奥斯特罗姆，其中奥斯特罗姆在 2009 年因公共治理方面的分析获得了

诺贝尔经济学奖。奥尔森在1965年出版的《集体行动的逻辑》一书中从个人理性假设和个人主义方法论出发，提出理性的、追求自身利益的个人将不会为实现他们共同的群体利益而采取行动(奥尔森,1995)。奥尔森提出集体行动逻辑困境的根源在于集体成员的“搭便车”行为，需要设计强制和选择性激励的组织策略来解决集体行动困境。奥尔森集体行动理论的贡献体现在两个方面：①将公共物品理论纳入集体行为分析之中，构建了集体行动理论；②基于利益群体、政府和市场关系的视角，深入研究政府与市场融合的治理路径，为外部性治理提供新的思路。

奥斯特罗姆对奥尔森集体行动理论进行修正，将制度分析融入集体行动之中，在研究了大量用户自行管理公共池塘资源后，提出互惠、声誉和信任等社会资本能够驱动有共同利益的群体自行组织起来进行自我治理，以解决集体行动困境(奥斯特罗姆,2000)。集体行动理论解决外部性的方案既不是依靠强制的政府干预，也不是市场私有化方案，而是依靠社区内部有效的自我组织和治理。因此，在区域范围内存在“搭便车”、规避责任或其他机会主义行为时，采取社区自治机制可以取得持久的共同收益。奥斯特罗姆从分析影响人的行为因素入手，指出由于环境的不确定性因素存在，人们表现出的是有限理性，而非完全理性。个体虽然重视个人利益，但在内部规范和外部激励的引导下，集体成员并不只追求经济利益，同样重视与群体内部其他成员的社会关系，并尽量不违背集体的共同准则，以保证个体在群体的荣誉和地位。

奥尔森和奥斯特罗姆提出了有别于庇古和科斯的第三种外部性治理机制，两者虽然对集体行动分别抱有悲观态度和乐观态度，但是通过一定的强制和选择性激励、新制度供给、可信承诺、相互监督，集体社会成员能够参与到生态环境治理当中，为社会主体参与生态补偿提供理论基础。

第二节
森林生态效益多元化补偿主体识别

森林生态服务也称森林生态效益，是森林生态系统功能对人类的有益效用，如森林的涵养水源、保持水土、维持生物多样性和固碳释氧等功能。生态服务功能对人类产生服务效用的最终类型可以具体分为生态效用、经济效用、社会效用。本章基于外部性和公共物品理论的视角，借鉴 Freeman 和 Liedtka（1997）的观点，将森林生态服务利益相关者界定为与森林生态服务功能价值相关，且能够在森林生态补偿项目实施过程中获得经济、生态、社会等方面福利增进的个人、群体和机构等。本节在森林生态服务利益相关者分析的基础上，按照经济学分析范式下的"受益者付费"原则及管理学分析范式下的"权、责、利"取向差异原则来甄别森林生态效益多元化补偿主体。

一、森林生态效益利益相关者分析

黑龙江省林区历经半个多世纪的管理体制改革，从产权角度来看，林区的森林资源归国家所有，中央政府代表全社会为黑龙江省国家公益林资源保护和管理提供财政补贴，委托黑龙江省政府（包括各级林业管理部门）具体执行森林资源的经营和管理，为黑龙江省乃至全国提供森林生态产品及无形生态服务。因此，本章从外部性理论的视角，在综合考量森林生态服务供给和需求的基础上，采取罗列法列出森林生态效益利益相关者的备选名单，然后利用专家打分法进一步提取主要利益相关者并判断他们的属性分类，进一步结合森林生态效益多元化补偿主体的理论依据识别本章研究中的补偿主体，分析他们的利益取向。

根据森林生态服务外部性及公共物品的性质，从生态服务供给和需求的视角将黑龙江省森林生态效益的利益相关者划分为三类（见表 3-1）：一是森林资源管护及生态补偿项目实施所需的人力、物力、财力等供给方，为森林资源管护提供直接力量，如中央政府、地方政府、林场和林区职工等，统称为保护群体。二是森林生态服务功能所影响的地区、企业和个人，如河流下游地区的企业、居民等，由于森林生态服务受益范围难以界定，因此这部分人群免费享受外溢生态服务，统称为受益群体。在受益群体的备选方面，本章主要从社会群体和市场群体中选择核心代表类型，居民是社会群体中最主要的一部分，因此应该包含在内。此外，受益于森林生态系统的市场群体可能包含多种类型，

本章仅选择受益程度较明显、与森林生态环境直接相关的旅游企业、林下经济企业、用水企业等。三是以宣传报道、舆论和知识等影响森林生态补偿项目实施的团体及个人，被统称为影响群体，包含新闻媒体、科研院所和WGO组织。

表3-1　黑龙江省森林生态服务利益相关者备选名单

保护群体		受益群体		影响群体	
供给主体	供给内容	需求主体	需求内容	影响主体	影响方式
中央政府	提供规划、财政	城镇居民	受益优美环境	新闻媒体	宣传报道
地方政府	提供规划、配套财政	农村居民	受益林下产品	科研院所	引领新科技
林场	森林管护、抚育和造林等	受益企业	各类森林生态服务	NGO组织	舆论

二、森林生态效益利益相关者的属性分类

（一）利益相关者“三维评价体系”

利益相关者可以从多个维度进行分类，Mitchel和Wood(1997)开创性地提出构建“合法性—权力性—紧急性”三维评价体系(称为“米切尔评分法”)，对这三个属性进行评分，将利益相关者划分为潜在类利益相关者、预期类利益相关者和确定类利益相关者，为利益相关者分类创造了量化工具。本章借鉴Mitchel和Wood的思想，从“影响性—积极性—紧密性”三个维度构建利益相关者评价体系，将三维体系设计成五分量表进行打分。

影响性：该利益相关者是否具有影响森林生态效益产生的能力及手段，或森林生态效益对该利益相关者的影响程度。

积极性：该利益相关者积极保护森林生态环境，以使其产生更多生态效益的积极程度和主动程度。

紧密性：该利益相关者与森林生态效益的紧密程度。

根据利益相关者在“影响性—积极性—紧密性”三维体系中的得分，将其划分为核心利益相关者(同时具备影响性、积极性和紧密性，得分4分及以上)、

次级利益相关者(具备影响性、积极性和紧密性 3 个特征中的 2 个,得分 3 分及以上)、边缘利益相关者(具备影响性、积极性和紧密性 3 个特征中的 1 个,得分 2 分及以上)。

(二) 评分结果与分析

本书设计了黑龙江省森林生态效益利益相关者调查问卷(见附录 2),利用专家打分法对森林生态效益利益相关者进行筛选及属性分类,要求专家从森林生态系统的整体角度出发,结合当前森林生态服务及生态补偿现状,基于森林生态系统服务功能所发挥的生态效用、经济效用和社会效用,结合自身专业和知识判断各类别利益相关者的相关程度。在专家的选择上,主要在林业经济管理、生态经济学和环境经济学领域寻找 30 位专家学者,这些学者大多来自东北林业大学、南京林业大学、东北农业大学、哈尔滨工业大学、哈尔滨商业大学、黑龙江省林业科学院等高校。表 3-2 报告了利益相关者的影响性、积极性和紧密性平均得分。

表 3-2 利益相关者专家打分结果

备选利益相关者	影响性	积极性	紧密性	备选利益相关者	影响性	积极性	紧密性
中央政府	4.52	4.31	4.26	受益企业	4.34	3.92	4.62
地方政府	4.36	4.01	4.12	新闻媒体	2.01	2.97	2.59
林场	4.25	4.22	4.05	科研院所	3.31	2.58	2.67
城镇居民	4.05	3.85	4.14	NGO 组织	2.96	2.47	2.84
农村居民	4.83	1.23	2.13				

根据利益相关者在“影响性—积极性—紧密性”三维评价体系中的得分,中央政府、地方政府和林场在影响性、积极性和紧密性方面的平均得分都在 4 分以上,因此中央政府、地方政府和林场是核心利益相关者。黑龙江省森林生态效益补偿由中央政府和地方政府出资,在森林生态效益可持续供应方面发挥主体地位。林场直接从事营林和管护,是森林生态服务的提供者,与森林生态效益有直接的相关关系。城镇居民和受益企业在影响性和紧密性方面的平均得分在 4 分以上,积极性得分不足 4 分,因此城镇居民和受益企业是次级利益

相关者。城镇居民和受益企业唯一表现不足的就是“积极性”方面，变相证明了这类群体是森林生态服务的“搭便车”者。农村居民、新闻媒体、科研院所和NGO组织具备影响性、积极性和紧密性中的一个特征，且平均得分都在2分以上，故此类群体为边缘利益相关者。

三、多元化补偿主体识别及利益取向分析

（一）森林生态效益多元化补偿主体识别分析

经过十几年的发展，生态补偿逐渐演变成激励机制而不是惩罚机制，强调按照以“受益者付费”原则实施，而不是“污染者付费”原则，因此受益者付费也将成为森林生态效益补偿发展的主流。在黑龙江省森林生态效益补偿实施过程中，由中央政府和地方政府承担恢复森林生态建设的责任，代表受益群体为森林生态效益付费，其他利益相关主体在没有任何生态投入的情况下享受外溢生态服务。按照多元化补偿主体的理论依据，参与森林生态效益补偿的应该有政府主体、市场主体和社会主体，政府主体是已经确定的补偿主体，因此亟须市场主体和社会主体参与。根据上一节森林生态效益利益相关者分析发现，受益企业和城镇居民在森林生态效益影响性和积极性方面平均得分较高，在众多受益者中，微观企业是经济发展程度较高的一部分群体，而城镇居民是社会群体中收入水平较高的一部分群体，因此按照受益程度、支付能力应该将其纳入森林生态效益补偿主体中，也正好对应多元化补偿主体中的市场主体和社会主体。

此外，本章仅选择受益企业作为补偿主体主要有两点原因：一方面，我国森林生态效益补偿政策在最初设计时提出两个基金筹措方案，其中一个就是要求从受益企业中提取，但鉴于成本较高没有实施。目前，随着经济发展和互联网、区块链技术的成熟，成本问题显然能够得到解决，因此受益企业参与森林生态效益补偿的其他影响因素值得分析。另一方面，在国家提倡企业降税减负的大背景下，本章优先考虑森林生态系统受益程度较明显、有直接利益关系的企业。

基于此，本章筛选出政府、受益企业和城镇居民作为森林生态效益多元化

补偿主体，林场基层管理部门是补偿客体，也被称为受偿主体或保护主体。政府、受益企业和城镇居民在森林生态效益补偿过程中的行为、意愿特征及政府发挥的规制和激励作用将是本书研究主题。

（二）森林生态效益多元化补偿主体利益取向分析

在森林生态效益补偿实施过程中，多元主体所处的角色地位、责任和目标任务不同，其利益取向存在较大的差异。森林生态系统服务可以发挥生态效用、经济效用和社会效用，对应不同的需求主体（见图 3-1）。具体分析如下。

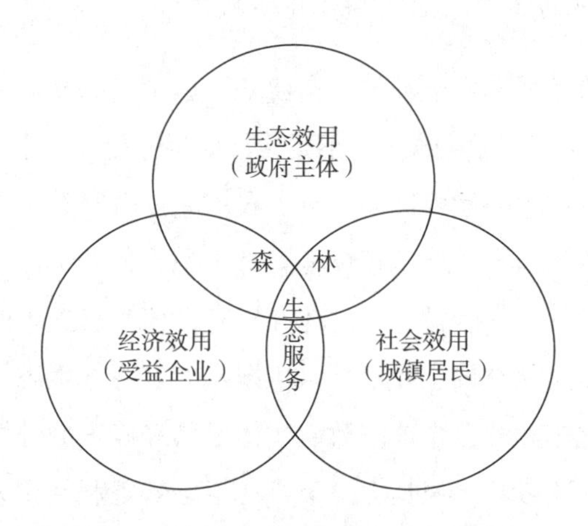

图 3-1　森林生态服务的不同效用及对应的需求主体

1. 政府主体的利益取向

按照公共选择学派的理论，政府是社会公共机构，理应代表全社会的公共福利，其行为目标是表达社会公众的利益诉求，价值取向的内生动力来自其所承担的"多元责任"。森林生态效益补偿中的政府包括中央政府和地方政府，其中地方政府包括林业的各级管理部门。中央政府处于森林生态效益补偿项目实施的最高层次，是项目实施的提出者和总体规划者，制定相关法律法规。实施森林生态效益补偿项目不仅取决于资源环境压力，而且与国家经济发展阶段和公众利益诉求密切相关，因此中央政府在重视全国经济发展的同时，更强调提高发展的可持续性和包容性，平衡短期利益和长期利益，实现生态利益与经济利益的统一。因此，中央政府具有"社会代理人和公仆人"的行为特征，追求森林生态效益最大化，更加注重森林的涵养水源、保持水土、固碳释氧和维

持生物多样性等功能。地方政府作为中央政府的代理者，其职能是保护森林生态系统和维持生物多样性，贯彻执行中央政府的法律法规。中央政府的目标及区域资源禀赋决定了地方政府的行为逻辑，因此地方政府的利益取向在多数情况下与中央政府保持一致，故在森林生态效益补偿中政府主体追求的是森林生态服务的生态效用。

2. 受益企业的利益取向

企业作为市场的微观主体主要以营利为目的，具有“经济人”的行为特征，追求经济利益最大化。依托森林生态服务的受益企业包括生产经营用水企业，林下采集、种植和养殖企业，旅行社、旅游公司和旅游景区等。这些企业依托森林生态系统涵养水源、固碳释氧和维持生物多样性等功能获得经济收益，却没有额外产生成本。从系统论、环境公平理论角度来看，企业作为区域经济发展的重要载体，理应在保护森林生态环境、优化区域生态建设方面承担社会责任。然而，现实情况却不尽如人意，受益企业在经济目标的驱使下，存在忽视环境责任和道德伦理的现象。因此，整体来看，受益企业的利益取向依然为森林生态功能的经济效用。

3. 城镇居民的利益取向

社会群体包括各类环保 NGO 组织、社会团体、研究机构、居民、社区组织等，通过利益相关者量化调查，城镇居民在森林生态效益补偿实施中表现出较强的付费积极性。如果 NGO 组织是发展环境公益事业的重要力量，那么城镇居民就是其中的重要参与力量。随着经济的发展，城镇居民收入水平的提高，按照马斯洛层次需求理论，当基本需求得到维持和满足后，环境服务需求会成为新的激励因素。因此，城镇居民具有“生态人”的行为特征，更加需要森林的游憩、娱乐、良好生态环境、文化教育等精神生活功能，这类功能促进人的身心健康，改善人类社会结构和精神文明状态，故城镇居民的利益取向为森林生态系统的社会效用。

综上所述，从广义视角将森林生态效益补偿涉及的多元补偿主体抽象为追求生态效用的政府、追求经济效用的受益企业和追求社会效用的城镇居民。政府具有“社会代理人和公仆人”的行为特征，追求的是森林生态服务的生态效用最大化；受益企业具有“经济人”的行为特征，追求的是森林生态服务的经济效用最大化；城镇居民具有“生态人”的行为特征，追求的是森林生态服务的社会效用最大化。虽然三元主体的利益取向不同，但他们都通过森林生态服务获得效用，因此保护森林生态环境，促进森林生态服务功能的恢复和改善需要各类主体的共同参与，这也是维持多元主体共同利益的有效途径。

第三节 森林生态效益多元化补偿耦合模式及逻辑框架

一、森林生态效益多元化补偿分阶段实施特征分析

森林生态效益的利益相关者包括核心利益相关者、次级利益相关者和边缘利益相关者，根据“受益者付费”及“权责利差异取向”原则，识别出多元森林生态效益补偿主体，包括政府主体、受益企业主体和城镇居民主体。集合多元力量参与森林生态补偿的核心目的在于依靠多元融资方式、多种筹资渠道、多方利益主体去分担一个共同的补偿量，通过协同运作，提高生态补偿的效率。黑龙江省森林生态效益补偿实践可以分为三个阶段实施（见图3-2），具体分析如下。

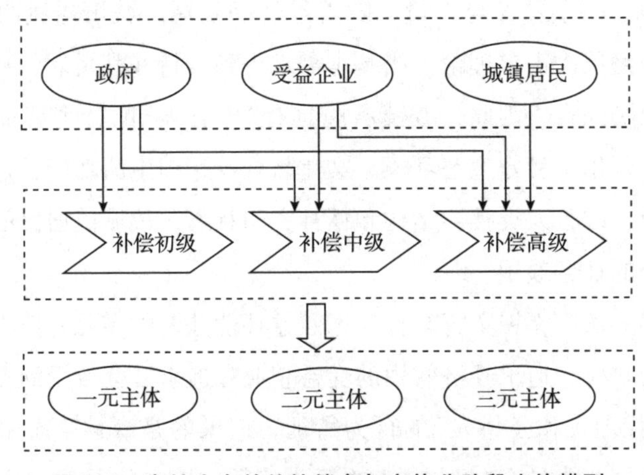

图3-2 森林生态效益补偿参与主体分阶段实施模型

补偿机制初级阶段：政府作为一元主体承担补偿责任，根据林区的直接成本进行补偿，如目前正在实施的森林生态效益补偿、天保工程、退耕还林工程、重点生态功能区转移支付等都是由政府主导的“百亿级”生态补偿项目。

补偿机制中级阶段：政府协同市场承担补偿责任，随着森林生态环境恶化，全球气候变暖，二氧化碳排放量增加，采取有效措施控制碳排放成为人类社会发展的共同抉择，依托市场交易的林业碳汇应运而生，为控排企业纳入市场补偿范畴提供了途径，开启了森林生态效益市场化补偿模式。此外，按照“受益者付费”原则，受益企业也应加入补偿主体，此时进入中级补偿阶段，实施政府主导、市场配合的补偿模式，二元主体的参与扩大了森林生态效益补偿的融资范畴，以直接成本和机会成本为依据确定补偿标准。在补偿中级阶段，企业为自然资源和超额的环境服务付费，能够在森林生态服务的供给侧和需求侧建立联系，在企业履行社会责任的同时，也能增加林区管理者保护森林生态环境的积极性，减轻政府补偿负担。

补偿机制高级阶段：政府协同企业和居民承担补偿责任，随着经济发展水平的提高，社会公众对森林生态产品的需求增加，森林不仅保障了国家生态安全，也为居民提供了优美舒适的生态环境和独特美景。已有研究表明，城镇居民和农村居民愿意为森林生态建设提供一份力量，成为生态补偿支付主体（郑云辰,2019）。因此，随着森林产业结构的调整完善，受偿区域经济发展水平的提高，补偿机制理应从社会公平和区域协调发展的角度进入森林生态补偿的高级阶段。按照“受益者付费”原则，政府、市场和社会组织承担补偿金额；按照“能力结构和收益结构”确定企业和居民的承担系数，各个主体按照“共同但有区别的责任”的方式充分发挥市场、社会组织的自力补偿和自愿补偿作用。森林生态效益多元补偿采取分阶段和动态责任分担的实施机制。

二、森林生态效益多元化补偿耦合模式

多元化、市场化的生态补偿体系的最终建立取决于政府、受益企业和城镇居民在补偿实践中相互交融耦合的结果，政府补偿依靠中央政府和地方政府的专项资金、转移支付和工程项目形式，政府补偿以追求生态效益为主；受益企

业补偿是在符合国家法律规定的情况下，企业主体通过碳排放交易、森林生态认证或森林旅游等形式对补偿标的进行有条件的支付，企业补偿以追求经济效益为主；城镇居民补偿是在政府的激励下，通过社会组织或居民以协议或市场方式参与补偿，如国际上实施的非政府组织社会捐赠、旅游、购买生态彩票等，城镇居民补偿以追求社会效益为主。由此可见，政府补偿、受益企业补偿和城镇居民补偿可以在森林生态补偿中发挥不同作用，分别从“生态—经济—社会”角度追求各自效用的最大化，通过三种模式的相互耦合，拓宽生态补偿筹资渠道，增加生态补偿资金，提高生态补偿效率。推动公共财政补偿向社会化、市场化方式转变，由“造血式”补偿替代“输血式”补偿，构建“三位一体”的多元化生态补偿体系，发挥政府的主导作用、市场在资源配置中的基础作用、社会组织的协同作用，即形成政府主导、受益企业配合、城镇居民辅助的生态补偿运作机制（见图 3-3）。

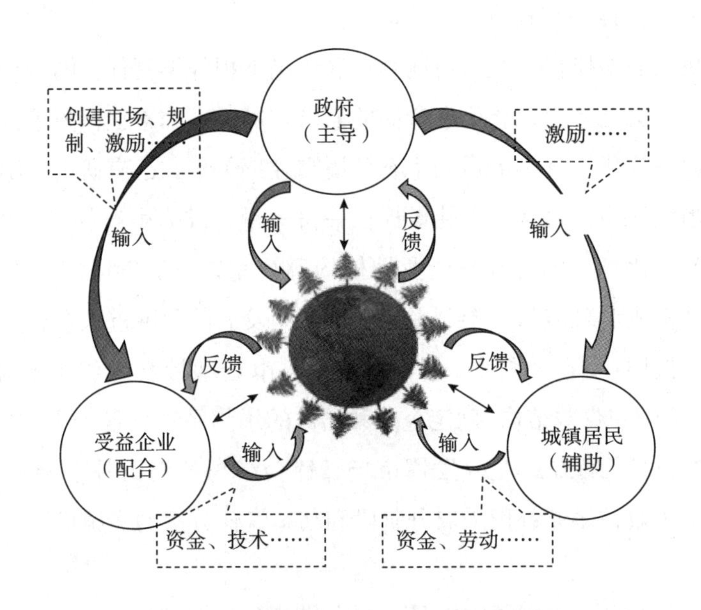

图 3-3　森林生态效益多元化补偿耦合模式

政府、受益企业和城镇居民来自三个不同的群体，形成三个子系统，生态补偿机制的耦合运作取决于政府系统的自循环，以及政府与另外两个群体构建横向协同关系的外循环。在政府系统的内循环方面，目前政府向林区提供各项

投入以获得生态效用。在政府同受益企业和城镇居民的外循环方面，政府需要在区域范围内建立横向协作网络，一是向受益企业输入相关制度法规或激励措施，并积极建立生态市场，引导受益企业参与补偿，而受益企业在政府的规制和激励作用下向森林生态系统提供资金和技术等支持，配合政府落实森林生态效益补偿，履行社会责任，同时森林生态系统反馈给受益企业经济效用；二是以激励的方式或优惠的政策调动城镇居民参与森林生态建设的积极性，在居民群体中建立自愿补偿机制，城镇居民成为森林生态效益补偿的辅助主体，同时森林生态系统反馈给居民生态和社会效用。市场资本和社会资本参与森林生态效益补偿的实质是在落实政府生态补偿主导责任的同时，有效吸纳其他受益群体通过合理渠道积极参与林区建设。通过形成耦合关系进而实现耦合效用和耦合目标，真正实现"受益者补偿"原则，形成一种稳定、包容的森林生态效益补偿机制。

三、森林生态效益多元化补偿逻辑框架

在黑龙江省区域范围内，由于资源禀赋及各部门职能差异，一些群体承担着保护森林生态环境的责任，一些群体承担着经济发展的责任。目前，保护森林生态环境的资金投入不足以弥补林区生态环境的治理成本和放弃生态开发的机会成本，导致森林资源保护的积极性不足。因此，需要在森林生态系统服务供给和需求间建立反馈级联，讨论森林生态效益多元化补偿主体间的逻辑关系，以拓宽生态补偿融资渠道(见图 3-4)。

森林生态系统服务是人类社会资本与自然生态系统结构、过程和功能共同作用的产物(Jones et al.,2016)。千年生态系统评估将森林生态系统服务分为供给服务、调节服务、支持服务和文化服务，其中供给服务中木材和林副产品可以通过市场交易实现价值，而森林生态系统的调节服务、支持服务和文化服务中的大部分功能属于纯公共物品或准公共物品(Bösch et al.,2018)，如森林涵养水源、保持水土、调节气候和维持生物多样性等，这些功能由于不存在价格信号，无法通过市场机制实现资源配置，森林生态服务提供者也没有获取相应的市场收益。但这些外溢的生态服务能够满足受益群体对物质、健康和安全

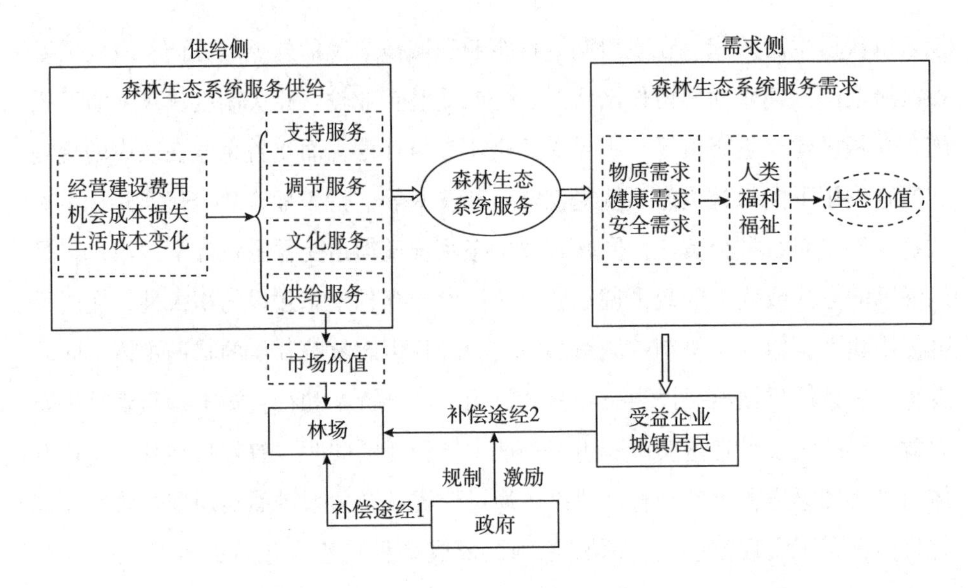

图 3-4　森林生态系统服务供求及多元补偿主体间的逻辑关联

等方面的需求，人类通过对森林生态服务的消费和占用提高自身福祉，最终实现森林生态系统的生态价值。

生态补偿常用的补偿手段包括政府补偿、市场化补偿和社会补偿，现有的森林生态补偿主要以政府间的转移支付为主，只有部分森林旅游、碳汇实现了市场化补偿(温薇、田国双,2017)。根据森林生态效益补偿主体的概念、森林生态效益的利益相关者及补偿主体的识别分析，森林生态效益补偿主体是指受益群体，包括受益企业和城镇居民；森林生态效益补偿客体是指保护群体，即具体实施森林资源管护、抚育的集体和个人，本章以林场为森林生态效益补偿客体代表。

此外，有研究表明政府是区域社会公众的中性代理人(尹振东、汤玉刚,2016)，能够更有效率地按照区域资源禀赋和各个区域的条件提供公共物品(李涛、刘思玥,2018)，因此政府既作为保护群体为保护地区提供转移支付，也作为受益群体，提供转移支付的最终目的是追求更多生态效益，故而本章将政府从受益群体和保护群体中独立出来。在保护群体(林场)、受益群体(受益企业和城镇居民)和政府间建立逻辑框架。林场作为保护群体，通过付出各项成本恢复森林生态系统，提供森林生态服务，满足人类对物质、健康和安全的

需求，转换成人类的福利与福祉。因此，由于生态环境保护带来的机会成本与生态服务的外溢性特征，为避免人类社会的“搭便车”行为，一方面需要政府给予保护群体转移支付形式的垂直生态补偿(补偿途径1)；另一方面受益企业和城镇居民需要自觉或在政府的规制和激励下参与森林生态效益补偿，实现森林生态环境的协同共治(补偿途径2)。

森林生态效益多元化补偿逻辑框架将贯穿全书，接下来，本章将从理论视角验证补偿途径2实现的可能性，并于第五章分析现有补偿途径1的政府监管和效率问题，最后第六章和第七章分别实证检验补偿途径2实现的重要影响因素。

第四节 受益企业和城镇居民自愿参与森林生态效益补偿的博弈分析

一、应用演化博弈论进行分析的可行性

森林生态资源具有公共资源和公共物品的特性，人们对森林资源的利用会造成个人边际成本和社会边际成本不相等的现象，生态补偿机制就是通过调节相关方的利益关系，将生态服务外部效应内化，体现公平公正的原则。然而由于森林生态服务供给主体明确，消费主体不明确，被消费的生态服务难以量化，不可避免地出现了公共资源的“搭便车”行为。另外，由于欠发达地区生存发展的需求，部分地方可能会通过牺牲资源环境质量来换取经济利益。由此可见，森林生态效益补偿不仅是技术难题，更是复杂利益相关者的不同利益诉求和行为导向冲突下的现实困境(许玲燕等,2017)。鉴于此，演化博弈理论被国内外学者广泛用于揭示多边主体的利益与行动冲突问题。

演化博弈将有限理性纳入经典博弈中，假定参与者不拥有博弈形式或博弈规则的完全知识，研究参与者在既定博弈形式下对均衡策略的学习(黄凯南，

2009)。(Sheng et al. ,2017)构建了发展中国家和发达国家之间的森林生态补偿的演化博弈模型，分析不同情形下REDD+项目的实施者和受益者的演化稳定策略。Li等(2017)基于非对称演化博弈模型，研究中国扬子江流域跨界利益主体的演化相位图和进化稳定策略，结果表明地方政府引导、企业和公众的共同参与能避免非合作的"囚徒困境"。胡振华等(2016)以漓江流域为例，利用演化博弈模型探究跨界流域上下游政府之间的利益均衡及生态补偿机制，并指出只有在引入中央政府的约束机制下才能实现最优稳定均衡策略。李昌峰等(2014)同样基于演化博弈理论研究流域政府之间的生态补偿问题，得出中央政府约束机制是实现稳定均衡的条件。宗鑫等(2016)将第三方NGO组织的约束机制纳入演化博弈模型中，研究黄河流域上游青藏高原区的生态补偿问题。

综合以上分析，演化博弈模型将博弈理论分析与动态演化分析相结合，不要求参与人完全理性和拥有完全信息，有利于从学习和变异过程中寻求动态均衡。基于此，本章将基于森林生态效益补偿利益主体间的逻辑关系(见图3-4)，探究补偿途径2实现的可能性。由于演化博弈局中的参与人是以群体代替个人，为便于分析，将林场作为保护群体，将受益企业和城镇居民统称为受益群体，对比引入政府"规制—激励"机制前、后的演化稳定均衡策略，以此揭示我国森林生态效益补偿中多边主体决策行为的演化特征，为完善森林生态效益补偿提供理论参考。

二、演化博弈情景设定

(一) 问题描述与研究假设

森林生态环境治理不仅是保护地区政府的责任，还需要各方利益相关者间的联动协作，应确定相关利益主体的责权利，平衡相关主体的利益，从而促进森林生态环境的可持续发展。因此，基于"谁提供服务谁获补偿，谁受益谁补偿"的原则，演化博弈模型主要考虑保护群体(林场)和受益群体(受益企业和城镇居民)两类群体的行为决策。为进一步明晰相关问题，本章结合现实情况提出如下假设：

假设1：保护群体和受益群体均为有限理性行为主体，博弈方始终追求自身利益最大化。

假设2：博弈方分别来自不同的群体，博弈成员间随机配对和相互学习，并进行动态重复博弈，其策略选择的过程可以用博弈主体的复制动态方程来模拟。

假设3：反复在保护群体和受益群体两个群体中分别随机抽取一个参与者进行博弈，保护群体的策略空间为{保护，不保护}；受益群体的策略空间为{补偿，不补偿}。“保护—补偿”策略是社会所期盼的最优策略。

（二）博弈模型设计

构建森林生态效益多元化补偿演化博弈模型，支付矩阵符号假定为：L表示保护群体选择、保护森林策略时全区获得的生态收益；C表示保护群体为保护森林生态环境而损失的机会成本；R_1 表示保护群体保护森林生态环境时受益群体获得的收益；R_2 表示保护群体不保护森林生态环境时受益群体获得的收益；P表示受益群体支付的生态补偿费用。保护群体和受益群体的博弈支付矩阵如表3-3所示。

表3-3 保护群体与受益群体的博弈支付矩阵

保护群体	受益群体	
	补偿	不补偿
保护	$(L+P-C, R_1-P)$	$(L-C, R_1)$
不保护	$(P+C-L, R_2-P)$	$(C-L, R_2)$

三、森林生态效益补偿演化稳定策略及均衡点分析

（一）生态补偿演化稳定策略

假设保护群体采取“保护”策略的概率为x，则采取“不保护”策略的概率为1-x，当x=1时，保护群体全部采取保护策略；当x=0时，保护群体全部

采取不保护策略。假设受益群体采取“补偿”策略的概率为 y，采取“不补偿”策略的概率为 1-y，当 y=1 时，受益群体全部采取补偿策略；当 y=0 时，受益群体全部采取不补偿策略。x、y 均是关于时间 t 的函数。

构建保护群体的复制动态方程，保护群体选择“保护”和“不保护”策略的期望收益与平均期望收益分别为 μ_1、μ_2、$\overline{\mu}_{12}$，具体公式如下：

$$\mu_1 = y(L+P-C)+(1-y)(L-C)$$

$$\mu_2 = y(P+C-L)+(1-y)(C-L)$$

$$\overline{\mu}_{12} = x\mu_1+(1-x)\mu_2$$

因此，保护群体采取“保护”策略的复制动态方程为

$$F(x)=\frac{dx}{dt}=x(\mu_1-\overline{\mu}_{12})=x(1-x)(2L-2C)$$

同理，构建受益群体的复制动态方程。受益群体选择“补偿”和“不补偿”策略的期望收益与平均期望收益分别为 μ_3、μ_4、$\overline{\mu}_{34}$，具体公式如下：

$$\mu_3 = x(R_1-P)+(1-x)(R_2-P)$$

$$\mu_4 = xR_1+(1-x)R_2$$

$$\overline{\mu}_{34} = y\mu_3+(1-y)\mu_4$$

因此，受益群体“补偿”策略的复制动态方程为

$$F(y)=\frac{dy}{dt}=y(\mu_3-\overline{\mu}_{34})=y(1-y)(-P)$$

由保护群体和受益群体的复制动态方程构成的生态补偿利益关系主体的复制动态系统为

$$\begin{cases}\dfrac{dx}{dt}=x(\mu_1-\overline{\mu}_{12})=x(1-x)(2L-2C)\\[2ex]\dfrac{dy}{dt}=y(\mu_3-\overline{\mu}_{34})=y(1-y)(-P)\end{cases}$$

该系统的局部均衡点构成演化博弈均衡策略，保护群体和受益群体都是决策者，相对于个体决策，保护群体的保护策略和受益群体的补偿策略都随时间发生变化，通过不断地改变他们的策略而获得最大的目标收益。当复制动态方程组 F(x)=0，F(y)=0 时，保护群体和受益群体达到均衡，得到 4 个局部均衡点：A(0,0)、B(1,0)、C(0,1)、D(1,1)。

为确定生态补偿利益群体关系演变的最终结果，需要对该系统各局部均衡点进行稳定性分析。根据 Friedman（黄凯南，2009）提出的雅克比矩阵进行局部均衡点稳定性分析，可以检验该博弈系统的稳定状态，对于该博弈的动态系统，其雅克比矩阵及对应的行列式和迹表达式分别为

$$J_1=\begin{pmatrix}\frac{\partial F(x)}{\partial x} & \frac{\partial F(x)}{\partial y}\\ \frac{\partial F(y)}{\partial x} & \frac{\partial F(y)}{\partial y}\end{pmatrix}=\begin{pmatrix}(1-2x)(2L-2C) & 0\\ 0 & -(1-2y)P\end{pmatrix}$$

$$\det(J_1)=\frac{\partial F(x)}{\partial x}\cdot\frac{\partial F(y)}{\partial y}-\frac{\partial F(y)}{\partial x}\cdot\frac{\partial F(x)}{\partial y}$$

$$=-(1-2x)(1-2y)(2L-2C)P$$

$$tr(J_1)=\frac{\partial F(x)}{\partial x}+\frac{\partial F(y)}{\partial y}=(1-2x)(2L-2C)-(1-2y)P$$

根据雅克比矩阵的局部分析，对 4 个均衡点进行稳定性分析，如表 3-4 所示。

表 3-4　局部稳定性分析

局部均衡点	$Det(J_1)$	$Tr(J_1)$
(0,0)	$-(2L-2C)\cdot P$	$2L-2C-P$
(1,0)	$(2L-2C)\cdot P$	$-2L+2C-P$
(0,1)	$(2L-2C)\cdot P$	$2L-2C+P$
(1,1)	$-(2L-2C)\cdot P$	$-(2L-2C-P)$

注：Det 为行列式；Tr 为迹表达式；J 为雅克比式。

从表 3-4 可以看出，动态复制系统均衡点的行列式值和迹的正负性与受益群体的收益无关，仅与保护群体保护森林生态环境的收益和机会成本相关，因此保护群体的决策对系统的均衡点起关键作用。

（二）演化稳定均衡的参数讨论

根据 Fridman 的思想，若策略（x，y）为稳定的均衡策略，则相应的有

$Det(J_1)>0$，$Tr(J_1)<0$。由以上分析可知，系统稳定的均衡点取决于保护群体的收益和机会成本的大小，故分为以下两种情形。

情形1：如表3-5所示，当L>C时，2L-2C>0，根据雅克比矩阵的均衡条件，可知点B(1,0)是演化博弈的均衡点，其余各点A(0,0)、C(0,1)和D(1,1)都不符合均衡的条件。由此可知，当保护群体保护森林环境的收益大于机会成本时，无论受益群体采取何种策略，最终两类群体的稳定均衡点为(保护,不补偿)。这表明当保护群体从环境中获得的收益足够高时，即使没有政府的管制和约束、受益群体的补偿，仍然可以实现保护森林资源的目的。

表3-5 均衡点的稳定性分析

局部均衡点	2L-2C>0			2L-2C<0		
	$Det(J_1)$	$Tr(J_1)$	稳定性	$Det(J_1)$	$Tr(J_1)$	稳定性
(0,0)	-	+/-	不稳定	+	-	ESS
(1,0)	+	-	ESS	-	+/-	不稳定
(0,1)	+	+	不稳定	-	+/-	不稳定
(1,1)	-	+/-	不稳定	+	+	不稳定

注：ESS为演化稳定策略。

情形2：当L<C时，2L-2C<0，根据雅克比矩阵的均衡条件，点A(0,0)为演化稳定的均衡点。当保护群体保护森林资源的收益小于机会成本时，无论保护群体与受益群体最初采取什么策略，最终的稳定均衡点为(不保护,不补偿)。这说明社会期盼的最优稳定均衡策略(保护,补偿)无法通过保护群体与受益群体的自身演化实现，表明若想实现最优策略，需要政府的规制、激励等适当干预，使保护群体和受益群体在动态演化过程中发生策略调整。

第五节 引入“规制—激励”机制的森林生态效益多元化补偿博弈分析

一、演化博弈情景设定

从前文研究可以看出，当保护群体保护森林生态环境的收益大于机会成本时，即受益群体不支付补偿，保护群体有足够的激励保护森林资源；当保护森林生态环境的机会成本大于收益时，保护群体和受益群体就会陷入“囚徒困境”，即“不保护，不补偿”策略为演化均衡策略，因此为避免双方陷入非合作博弈，必须引入政府的“规制—激励”机制进行限制。

在以往的研究中，很多学者只关注中央政府的约束机制（潘峰等，2014），而对激励机制鲜有说明。本章假设当保护群体对森林资源进行保护，而受益群体进行补偿时，中央政府对两者进行一定的奖励，用 B 表示；当保护群体与受益群体有一方采取“不保护/不补偿”策略时，中央政府对违规行为进行经济制裁（罚款、税金或碳排放收费等形式），用 F(>P)表示。此时，保护群体与受益群体的博弈支付矩阵如表 3-6 所示。

表 3-6　引入“规制—激励”机制下的保护群体与受益群体的博弈支付矩阵

保护群体	受益群体	
	补偿	不补偿
保护	$(L+P-C+A, R_1-P+B)$	$(L-C+B, R_1-F)$
不保护	$(P+C-L-F, R_2-P+B)$	$(C-L, R_2)$

二、演化稳定策略分析

（一）保护群体的演化稳定策略分析

在政府的“规制—激励”机制下，保护群体采取保护策略的复制动态方程，具体为

$$G(x)=\frac{dy}{dt}=x(1-x)[yF+2L-2C+B]$$

令 $G(x)=0$，可知 $x^*=0$ 和 $x^*=1$ 是复制动态方程的两个稳定状态点。

(1)如果 $y=y^*=(2C-2L-B)/F$，$0\leqslant(2C-2L-B)/F\leqslant1$ 成立，那么 $G(x)$ 始终为0，这意味着当受益群体以 $y=y^*$ 的水平选择“补偿”策略时，保护群体选择两种策略的收益并没有区别。

(2)当 $y>y^*=(2C-2L-B)/F$ 时，$x^*=0$，$x^*=1$ 是两个可能的稳定状态点，对方程 $G(x)$ 求导，得 $G'(1)<1$，故 $x=1$ 是演化稳定策略。当受益群体以高于 $(2C-2L-B)/F$ 的水平选择“补偿”策略时，保护群体从“不保护”策略逐渐趋向于“保护”策略，即“保护”策略是演化稳定均衡策略，从上式中可以看出F越大时，$y>y^*$ 的条件越容易满足，即当政府制定的罚款越高时，越容易实现最优稳定均衡策略。

(3)当 $y<y^*=(2C-2L-B)/F$ 时，$x^*=0$，$x^*=1$ 是x可能的两个稳定状态，对方程 $G(x)$ 求导，得 $G(0)<1$，故 $x=0$ 是演化稳定策略。当受益群体以低于 $(2C-2L-B)/F$ 的水平选择“补偿”策略时，保护群体从“保护”策略逐渐趋向于“不保护”策略，即“不保护”策略是演化稳定均衡策略。

（二）受益群体的演化稳定策略分析

受益群体采取“补偿”策略的复制动态方程为

$$G(y)=\frac{dy}{dt}=y(1-y)(xF+B-P)$$

令 $G(y)=0$，根据复制动态方程，得出 $y^*=0$，$y^*=1$ 两个可能的稳定状态点。

（1）当 $x=x^*=(P-B)/F$ 时，总有 $G(y)=0$，即对于所有的 y 水平都有稳定状态。在这种情况下，当保护群体以 $(P-B)/F$ 水平选择保护策略时，受益群体选择两种策略的收益没有区别。

（2）当 $x>x^*=(P-B)/F$ 时，$y^*=0$，$y^*=1$ 是两个可能的稳定状态点，对 $G(y)$ 求导，得 $G'(1)<0$，故 $y=1$ 是演化稳定策略。当保护群体以高于 $(P-B)/F$ 的水平选择保护策略时，受益群体逐渐由"不补偿"向"补偿"策略转移，即"补偿"策略为演化稳定均衡策略。

（3）当 $x<x^*=(P-B)/F$ 时，$y^*=0$，$y^*=1$ 是两个可能的稳定状态点，对 $G(y)$ 求导，得 $G'(0)<0$，故 $y=0$ 是演化稳定策略。当保护群体以低于 $(P-B)/F$ 的水平选择保护策略时，受益群体逐渐由"补偿"策略向"不补偿"策略转移，即"不补偿"策略为演化稳定均衡策略。

三、关联主体演化策略的讨论及结论

（一）关联主体稳定策略讨论

基于以上分析，可得保护群体与受益群体的生态补偿复制动态系统为

$$\begin{cases} \dfrac{dx}{dt}=x(1-x)[yF+2L-2C+B] \\ \dfrac{dy}{dt}=y(1-y)(xF+B-P) \end{cases}$$

在政府"规制—激励"机制下，森林生态效益补偿演化博弈模型的均衡点有 5 个，即 $A(0,0)$、$B(0,1)$、$C(1,0)$、$D(1,1)$、$E(x^*,y^*)$。为确定相关主体在生态补偿过程中演化稳定的均衡条件，依据 $G(x)$ 与 $G(y)$ 构建博弈复制动态系统。黄凯南（2009）根据 Friedman 的思想，得到的雅克比矩阵及对应的行列式和迹分别为

$$J_2=\begin{pmatrix} \dfrac{\partial G(x)}{\partial x} & \dfrac{\partial G(x)}{\partial y} \\ \dfrac{\partial G(y)}{\partial x} & \dfrac{\partial G(y)}{\partial y} \end{pmatrix}=\begin{pmatrix} (1-2x)(yF+2L-2C+B) & x(1-x)F \\ y(1-y)F & (1-2y)(xF+B-P) \end{pmatrix}$$

$$\det \cdot J_2 = \frac{\partial F(x)}{\partial x}\cdot\frac{\partial F(y)}{\partial y}-\frac{\partial F(y)}{\partial x}\cdot\frac{\partial F(x)}{\partial y}$$

$$=(1-2x)(1-2y)(yF+2L-2C+B)(xF+B-P)-xy(1-x)(1-y)F^2$$

$$trJ_2=\frac{\partial F(x)}{\partial x}+\frac{\partial F(y)}{\partial y}=(1-2x)(yF+2L-2C+B)+(1-2y)(xF+B-P)$$

表 3-7 局部稳定性分析

局部均衡点	$Det(J_2)$	$Tr(J_2)$
(0,0)	$(2L-2C+B)\cdot(B-P)$	$2L-2C+2B-P$
(1,0)	$-(2L-2C+B)\cdot(F+B-P)$	$2C-2L+F-P$
(0,1)	$-(2L-2C+F+B)\cdot(B-P)$	$2L-2C+F+P$
(1,1)	$(2L-2C+B+F)\cdot(F+B-P)$	$-(2F+2B+2L-2C-P)$
(x^*,y^*)	$[(B-P)(2C-2L-B)(F-P-B)(F-2C+2L+B)]/F^2$	0

注：*表示演化稳定策略点。

根据局部均衡点分析可知，该演化博弈的稳定性与受益群体的收益(R_1、R_2)无关，需要根据保护群体的收益参数值及政府的“规制—激励”参数大小判断演化博弈的均衡点。由此可知，保护群体与政府的决策是该演化博弈均衡点的关键。根据上一节的研究可知，当 $L>C$ 时，$2L-2C>0$，即当保护群体保护森林资源的收益大于机会成本时，即使受益群体不补偿，仍能够实现保护森林生态环境的最终目标，演化稳定策略是(保护,不补偿)，因此这里只需要考虑 $2L-2C<0$ 的情况。根据表 3-8 可知，若 D(1,1)为唯一稳定策略，其稳定性的参数可以分为以下四种情况。

$$\text{情况一：}\begin{cases}B+F>2C-2L\\B>2C-2L\\B+F>P\\B>P\end{cases}$$

$$\text{情况二：}\begin{cases}B+F>2C-2L\\B<2C-2L\\B+F>P\\B>P\end{cases}$$

情况三：$\begin{cases} B+F>2C-2L \\ B>2C-2L \\ B+F>P \\ B<P \end{cases}$

情况四：$\begin{cases} B+F>2C-2L \\ B<2C-2L \\ B+F>P \\ B<P \end{cases}$

（二）研究结论

由局部稳定性分析结果可知，在前三种情况下 D(1,1)为唯一稳定策略，在第四种情况下 A(0,0)和 D(1,1)同时为该博弈的均衡点(见表 3-8 和图 3-5)。因此，根据复制动态相位图显示只有满足情形 1、情形 2 和情形 3 时，多元化森林生态补偿的演化博弈才存在唯一的稳定策略(保护,补偿)，可得出在此条件下，中央政府“规制—激励”机制的参数(惩罚金额 F,奖励金额 B)范围为$\begin{cases} F+B>2C-2L \\ F>P \end{cases}$。

表 3-8　四种情况下局部稳定性分析结果

均衡点	情况一			情况二			情况三			情况四		
	Det(J_2)	Tr(J_2)	稳定性	Det(J_2)	Tr(J_2)	稳定性	Det(J_2)	Tr(J_2)	稳定性	Det(J_2)	Tr(J_2)	稳定性
(0,0)	+	+	不稳定	-	+/-	不稳定	-	+	不稳定	+	-	ESS
(1,0)	-	+	不稳定	-	+	不稳定	-	+	不稳定	+	+	不稳定
(0,1)	-	+/-	不稳定	-	+	不稳定	+	+/-	不稳定	+	+/-	不稳定
(1,1)	+	-	ESS	-	+/-	ESS	+	-	ESS	+	-	ESS
(x^*,y^*)	+/-	0	鞍点	+	-	鞍点	+/-	0	鞍点	+/-	0	鞍点

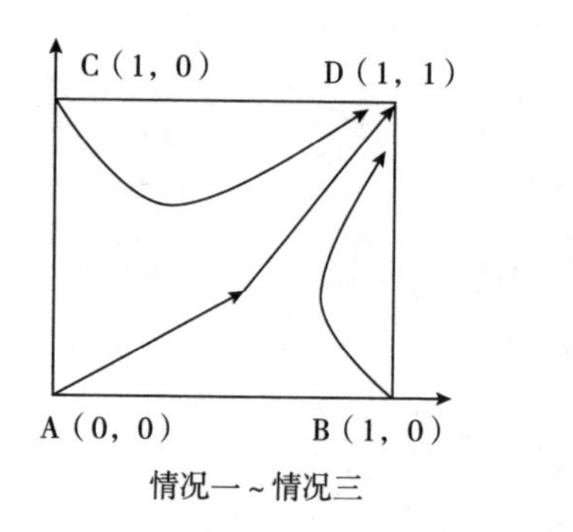

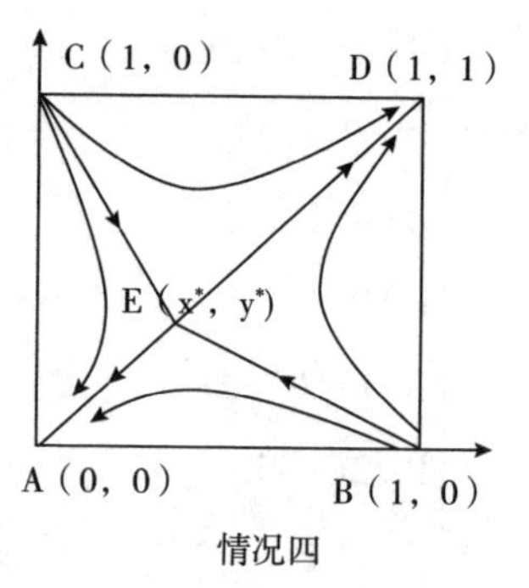

图 3-5　复制动态相位图

通过上述研究发现，受益群体不会自愿参与森林生态建设，保护群体管护资源的动力取决于其自身付出成本与收益的差额，当保护群体保护森林生态环境的收益大于机会成本时，双方演化最终策略为(保护,不补偿)。然而引入政府的规制和激励以后，受益群体的策略会发生调整，当政府惩罚和奖励的金额之和大于保护群体保护森林资源的损失，且惩罚金额大于受益群体的补偿金额时，社会所期盼的最优稳定均衡策略(保护,补偿)能够实现。这是本章从博弈理论层面得出的结果，在第六章和第七章中将通过实证检验进一步分析。

第六节
本章小结

森林生态效益多元化补偿是保护森林生态环境、均衡各方群体利益的有效制度安排，本章着重分析了森林生态效益多元化补偿主体识别、逻辑关系、耦合模式及主体间的利益博弈。具体来说，在补偿主体识别方面，森林生态效益多元化补偿应以庇古税、科斯定理与集体行动理论依据，通过米切尔评分法从“受益者付费”和“权责利差异取向”视角识别出森林生态效益补偿主体，包括政府、受益企业和城镇居民。在补偿主体逻辑关系及耦合模式分析方面，补偿通过两种路径实现，第一种是政府对林场的补偿；第二种是受益企业和城镇居民对林场的补偿，其中政府补偿处于主导地位，是补偿的第一阶段，受益企业

是补偿的第二阶段，城镇居民是补偿的第三阶段。在利益博弈分析方面，林场作为保护群体，受益企业和城镇居民作为受益群体，在未引入政府“规制—激励”机制的情况下，理想的均衡状态是(保护,不补偿)，此时保护群体的补偿收益要大于机会成本；引入政府“规制—激励”机制后，可以实现理想的均衡状态(保护,补偿)，此时政府惩罚和奖励的金额之和大于保护群体保护森林资源的总损失的2倍，且惩罚要大于受益群体的补偿金额。

第四章

政府补偿途径下的监管博弈分析与激励机制设计

根据森林生态效益补偿主体逻辑分析可知，政府是目前森林生态效益补偿的重要主体，黑龙江省森林生态效益补偿由中央政府拨款到地方政府，再由地方政府根据各个林场的管护、抚育和造林情况进行具体补偿。“中央政府—地方政府”“地方政府—林场”都存在着委托与代理的关系，本章从黑龙江省区域内协调发展与补偿条件性的视角出发，着重分析地方政府与林场补偿过程中的监管问题。地方政府既是森林生态效益的补偿主体，也是补偿过程中的监管主体；林场是森林生态效益补偿项目的执行主体（落实森林管护、抚育、造林等责任）。从微观主体的收益函数出发，构建地方政府与林场的演化博弈模型，探究两类主体的行为特征及其影响因素。利用复制动态方程分析两类主体的演化规律，采用 Matlab 仿真工具分析不同情形下的演化均衡状态及收敛趋势。针对政府监管效率损失问题，将森林生态效益补偿与政府购买服务相结合提出可行的激励机制设计。

第一节 森林生态效益补偿条件性的理论分析

生态补偿在国际上被称为环境服务付费，根据 Wunder 提出的经典概念，环境服务付费包含了三个重要的属性：自愿性、额外性和条件性，其中条件性是生态付费概念范畴的核心要素，至少在工具设计中应该始终存在（Wunder, 2015）。条件性又称有条件支付、补偿支付条件，是指在生态补偿概念框架下，对生态服务提供者和受益者间设置一系列规定，尤其是对生态服务提供者

而言，只有提供了环境服务、采取了特定的土地利用方式或按照资源管理协议完成了规定内容才付费，条件性直接影响生态补偿目的和功能的实现（张晏，2016）。此外，条件性也是激励生态服务供给的核心办法，且科学有序的支付条件能够保障生态补偿机制有效运行。为确保环境服务提供者遵守约定，需要适当的监督、绩效考核及相应的处罚，执行起来可能花费巨大的成本，导致条件性在政治上和实践上都不容易实施（Wunder et al.,2008）。

生态补偿的条件性有两种支付方式：一种是基于投入的支付，另一种是基于结果的支付（王清军,2018）。基于投入的支付又称为基于活动类型的支付（简称投入支付），是我国目前最主要的支付形式，如基于林地面积的森林生态效益补偿支付，天然林保护工程支付，退耕还林、还草等支付。投入支付依托具体的活动类型，生态环境服务提供者通过改变土地利用方式、投入时间、劳动等可以量化的指标体系，给予其相应生态补偿支付。基于结果的支付又称为基于绩效支付、基于环境服务支付（以下简称结果支付），这种支付形式将风险转移给生态环境服务提供者，首先要确定环境服务的存在，并建立基线来衡量环境服务的额外性；其次要了解服务的空间分布，利用可检测、可识别和精确的指数来量化生态环境服务；最后要根据量化服务的实际结果提供支付（胡振通,2016）。目前，国内外一些城市的环境质量用此标准提供转移支付，如环境效益指数、生态环境质量指数、空气污染指数等。由于环境服务产生具有不确定性，环境服务提供者需要承担环境服务产生的外部风险，在结果支付的提供者偏向于风险规避时，提高补偿标准，降低补偿效率。因此，在现实补偿过程中环境服务提供者更倾向于利用投入支付的条件性，活动类型能够被监督者清晰的认知。根据研究现状，目前黑龙江省森林生态效益补偿就是采取投入支付的条件性，但由于环境服务提供者和监督者的信息不对称，将大幅度增加监管成本。

森林生态效益补偿实施过程中存在着信息不对称的委托代理关系（陈真玲、王文举,2017），如中央政府与地方政府之间、地方政府与林场之间。从目前黑龙江省森林资源监督管理体系的现状来看，无论是森林资源质量监督核查，还是补偿资金支付管理，都以地方政府为核心形成监督管理体系。森林生态效益补偿监管对于保证森林生态补偿支付条件，进而提高补偿效率、实现生态保护目标具有重要意义。基于此，本章以“地方政府—林场”为研究视域，基于博弈论的分析框架系统阐述森林生态效益补偿的监管问题。

森林生态环境问题具有长期性、信息不完备性和政策复杂性等特征，以有限理性代替完全理性进行演化博弈分析，从利益群体出发有利于在学习和变异过程中寻求最优决策，然而已有研究构建的演化博弈模型参数设计难以反映主体决策行为的演化特征。为拓展研究范围，本章以森林生态效益补偿条件性为理论背景，运用演化博弈方法建立地方政府群体和林场群体（以下简称“政府和林场”）的博弈模型，从动态演化的角度考察主体间的行为互动机制及其影响因素，以期为森林生态补偿有效监管提供理论依据。

第二节 森林生态效益补偿的监管博弈模型构建

一、问题描述与情景假设

政府是区域森林生态效益补偿的监管主体，林场是森林生态效益补偿中落实相关政策的责任主体，政府属于信息劣势的委托方，林场属于信息优势的代理方，森林生态环境能否有效改善，取决于政府与林场的行为偏好。在有限理性假设下，政府和林场是博弈中的两个参与群体，在群体中随机配对进行重复博弈，双方也会相互学习、策略调整。政府的策略是严格监管和表面监管，监管各个林场是否遵守政策规定，核查林场的森林资源保护和管理情况，如林场是否按照要求进行资源管护、抚育、造林等。由于森林生态效益补偿涉及森林资源保护和管理的条目较复杂，本章以落实管护责任为例具体分析政府和林场的策略选择。

当政府要求林场严格按照森林生态效益补偿政策的规定加强对森林资源的保护和管理时，林场可以选择严格遵守补偿政策规定，落实森林生态管护责任，加大对森林的生态环境投入和生态技术研发，改善辖区内森林生态环境短

期内需要付出高额的执行成本和经济增长受阻的机会成本。林场也可以选择表面实施森林管护，辖区内生态环境恶化，几乎可以不付出任何成本，林场的策略空间为{严格管护，表面管护}。针对林场的森林管护情况，政府可以选择进行严格监管，如考察各个地区森林管护执行情况，对违规行为实施经济制裁。政府也可以选择表面监管，政府的策略空间为{严格监管，表面监管}。本章所讨论的政府与林场在森林生态效益补偿项目实施过程中的监管博弈支付矩阵如表 4-1 所示。

表 4-1 政府—林场演化博弈支付矩阵

林场	政府	
	严格监管	表面监管
严格管护	$-C_1-\delta_2 I_1+\delta_1 I_3$	$-C_1-\delta_2 I_1+\delta_1 I_3$
	$-C_2-\alpha I_1+\beta I_3$	$-\lambda_2 C_2-\alpha I_1+\beta I_3$
表面管护	$-\lambda_1 C_1-F-\lambda_1\delta_2 I_2$	$-\lambda_1 C_1-\lambda_2 F-\lambda_1\delta_2 I_2$
	$-C_2+F-\lambda_1\alpha I_1-\lambda_1\beta I_2$	$-\lambda_2 C_2+\lambda_2 F-\lambda_1\alpha I_1-\lambda_1\beta I_2$

在支付矩阵中，C_1 表示林场严格管护时付出的成本；I_1 表示林场严格管护时的经济损失，即付出的机会成本；I_2 表示林场表面管护时带来的森林生态破坏损失；I_3 表示林场严格管护时获得的森林生态补偿资金，属于满足条件的支付；F 表示政府严格监管情形下，林场表面管护时的经济制裁；C_2 表示政府付出的监管成本。$\delta_1(0<\delta_1<1)$表示某林场所在区域官员政绩考核中生态指标的权重系数；$\delta_2(0<\delta_2<1)$表示某林场所在区域官员绩效考核中经济指标的权重系数；$\alpha(0<\alpha<1)$表示经济外部效应系数，即某林场所在区域经济发展水平对黑龙江省经济发展水平的影响；$\beta(0<\beta<1)$表示生态外部效应系数，即某林场所在区域生态质量对黑龙江省生态质量的影响系数。此外，在 2×2 非对称重复博弈中，林场可以随机独立地选择“严格管护”和“表面管护”策略，将林场部门落实管护责任的力度记作 $\lambda_1(0\leqslant\lambda_1\leqslant1)$，$\lambda_1$ 越小表示林场执行程度越低，在支付水平方面表现为森林管护成本下降，生态建设投入减少；将政府的监管力度记为 $\lambda_2(0\leqslant\lambda_2\leqslant1)$，$\lambda_2$ 越小表示政府的监管程度越不严格，倾向于表面监管。

二、演化博弈模型建立

令林场选择“严格管护”的概率为 x，“表面管护”的概率为 1-x；政府选择“严格监管”的概率为 y，“表面监管”的概率为 1-y，x 和 y 都是关于时间 t 的函数。

构建林场群体的复制动态方程。林场选择“严格管护”和“表面管护”的期望收益与平均收益分别为 μ_{11}，μ_{12}，$\overline{\mu}_1$，具体公式如下：

$$\mu_{11}=y(-C_1-\delta_2 I_1+\delta_1 I_3)+(1-y)(-C_1-\delta_2 I_1+\delta_1 I_3)$$

$$\mu_{12}=y(-\lambda_1 C_1-F-\lambda_1\delta_2 I_2)+(1-y)(-\lambda_1 C_1-\lambda_2 F-\lambda_1\delta_2 I_2)$$

$$\overline{\mu}_1=x\mu_{11}+(1-x)\mu_{12}$$

因此，林场“严格管护”策略的复制动态方程为

$$\begin{aligned}F(x)=\frac{dx}{dt}&=x(\mu_1-\overline{\mu}_{12})\\&=x(1-x)[yF(1-\lambda_2)-C_1(1-\lambda_1)+\lambda_2 F+\lambda_1\delta_2 I_2-\delta_2 I_1+\delta_1 I_3]\end{aligned} \tag{4-1}$$

同理，构建政府群体的复制动态方程。政府选择“严格监管”和“表面监管”的期望收益与平均收益分别为 μ_{21}，μ_{22}，$\overline{\mu}_2$，具体公式如下：

$$\mu_{21}=x(-C_2-\alpha I_1+\beta I_3)+(1-x)(-C_2+F-\lambda_1\alpha I_1-\lambda_1\beta I_2)$$

$$\mu_{22}=x(-\lambda_2 C_2-\alpha I_1+\beta I_3)+(1-x)(-\lambda_2 C_2+\lambda_2 F-\lambda_1\alpha I_1-\lambda_1\beta I_2)$$

$$\overline{\mu}_2=x\mu_{21}+(1-x)\mu_{22}$$

因此，政府群体“严格监管”策略的复制动态方程为

$$F(y)=\frac{dy}{dt}=y(\mu_{21}-\overline{\mu}_2)=y(1-y)(1-\lambda_2)(-C_2+F-xF) \tag{4-2}$$

由式(4-1)和式(4-2)构成的林场与政府策略的复制动态系统为

$$\begin{cases}\dfrac{dx}{dt}=x(1-x)[yF(1-\lambda_2)-C_1(1-\lambda_1)+\lambda_2 F+\lambda_1\delta_2 I_2-\delta_2 I_1+\delta_1 I_3]\\[2ex]\dfrac{dy}{dt}=y(1-y)(1-\lambda_2)(-C_2+F-xF)\end{cases} \tag{4-3}$$

第三节 基于非对称视角的监管博弈分析

一、林场管护策略的演化稳定性分析

根据林场的复制动态方程，当 $y=\frac{C_1(1-\lambda_1)-\lambda_2F-\lambda_1\delta_2I_2+\delta_2I_1-\delta_1I_3}{F(1-\lambda_2)}$，$0\leqslant\frac{C_1(1-\lambda_1)-\lambda_2F-\lambda_1\delta_2I_2+\delta_2I_1-\delta_1I_3}{F(1-\lambda_2)}\leqslant1$ 成立时，$F(x)\equiv0$，意味着所有的 x 都是平衡状态。当 $y\neq\frac{C_1(1-\lambda_1)-\lambda_2F-\lambda_1\delta_2I_2+\delta_2I_1-\delta_1I_3}{F(1-\lambda_2)}$时，令 $F(x)=0$，得 $x=0$、$x=1$ 是 $F(x)$的两个平衡点，对林场森林生态补偿实施的复制动态方程(4-1)求导得 $F'(x)=(1-2x)[yF(1-\lambda_2)-C_1(1-\lambda_1)+\lambda_2F+\lambda_1\delta_2I_2-\delta_2I_1+\delta_1I_3]$。演化稳定策略要求 $F'(x)<0$，下面分两种情况讨论。

（1）当 $C_1(1-\lambda_1)-\lambda_2F-\lambda_1\delta_2I_2+\delta_2I_1-\delta_1I_3<0$ 时，恒有 $y>\frac{C_1(1-\lambda_1)-\lambda_2F-\lambda_1\delta_2I_2+\delta_2I_1-\delta_1I_3}{F(1-\lambda_2)}$，$F'(1)<0$，则 $x=1$ 是演化稳定策略。由 $C_1(1-\lambda_1)-\lambda_2F-\lambda_1\delta_2I_2+\delta_2I_1-\delta_1I_3<0$ 可知 $C_1(1-\lambda_1)-\lambda_2F-\lambda_1\delta_2I_2+\delta_2I_1<\delta_1I_3$，表示林场严格管护的生态补偿资金大于总成本，即政府以高于$\frac{C_1(1-\lambda_1)-\lambda_2F-\lambda_1\delta_2I_2+\delta_2I_1-\delta_1I_3}{F(1-\lambda_2)}$的水平选择“严格监管”策略时，林场的“严格管护”策略为演化稳定均衡策略。

（2）当 $C_1(1-\lambda_1)-\lambda_2F-\lambda_1\delta_2I_2+\delta_2I_1-\delta_1I_3>0$ 时，林场严格管护的生态补偿资金小于付出的总成本，分为两种情况讨论：

若$\frac{C_1(1-\lambda_1)-\lambda_2F-\lambda_1\delta_2I_2+\delta_2I_1-\delta_1I_3}{F(1-\lambda_2)}>1$，恒有 $y<\frac{C_1(1-\lambda_1)-\lambda_2F-\lambda_1\delta_2I_2+\delta_2I_1-\delta_1I_3}{F(1-\lambda_2)}$，

得 $F'(0)<0$，即 $x=0$ 是演化稳定策略，即政府以低于 $\frac{C_1(1-\lambda_1)-\lambda_2 F-\lambda_1\delta_2 I_2+\delta_2 I_1-\delta_1 I_3}{F(1-\lambda_2)}$ 的水平选择“严格监管”策略时，林场的“表面管护”策略为演化稳定均衡策略。

若 $0<\frac{C_1(1-\lambda_1)-\lambda_2 F-\lambda_1\delta_2 I_2+\delta_2 I_1-\delta_1 I_3}{F(1-\lambda_2)}<1$，分两种情况讨论，当 $y>\frac{C_1(1-\lambda_1)-\lambda_2 F-\lambda_1\delta_2 I_2+\delta_2 I_1-\delta_1 I_3}{F(1-\lambda_2)}$ 时，$x=1$ 是稳定均衡策略；当 $y<\frac{C_1(1-\lambda_1)-\lambda_2 F-\lambda_1\delta_2 I_2+\delta_2 I_1-\delta_1 I_3}{F(1-\lambda_2)}$ 时，$x=0$ 是稳定均衡策略。

二、政府监管策略的演化稳定性分析

根据政府的复制动态方程，当 $x=\frac{F-C_2}{F}$ 时，$0\leqslant\frac{F-C_2}{F}\leqslant 1$ 成立，$F(y)\equiv 0$ 意味着所有的 y 都是平衡状态。当 $x\neq\frac{F-C_2}{F}$ 时，令 $F(y)=0$，$F-C_2<0$，得 $y=0$、$y=1$ 是 $F(y)$ 的两个平衡点，对政府生态补偿监管行动的复制动态方程(4-2)求导得 $F'(y)=(1-2y)(1-\lambda_2)(-C_2+F-xF)$，演化稳定策略要求 $F'(y)<0$，分两种情况讨论。

(1) 当 $F-C_2<0$ 时，恒有 $x>\frac{F-C_2}{F}$，$F'(0)<0$，则 $y=0$ 是演化稳定策略。由 $F-C_2<0$ 可知 $F<C_2$，表示政府严格监管策略的收益小于付出成本，即林场以高于 $\frac{F-C_2}{F}$ 的水平选择“严格管护”策略时，政府“表面监管”策略为演化稳定均衡策略。

(2) 当 $F-C_2>0$ 时，$0<x<\frac{F-C_2}{F}<1$，$F'(1)<0$，则 $y=1$ 是演化稳定策略。由 $F-C_2>0$ 可知 $F>C_2$，表示政府严格监管策略的收益大于付出成本，即林场以低于 $\frac{F-C_2}{F}$ 的水平选择“严格管护”策略时，政府“严格监管”策略为演化稳定

均衡策略。

三、政府—林场系统策略的演化稳定性分析

根据“政府—林场”复制动态系统方程式(4-3)，令$\frac{dx}{dt}=0$、$\frac{dy}{dt}=0$，解方程组，在平面$P\{(x,y)\mid 0\leqslant x, y\leqslant 1\}$上可得有五个复制动态平衡点：$E_1(0,0)$、$E_2(1,0)$、$E_3(1,1)$、$E_4(0,1)$和$E_5(x^*,y^*)$，其中$x^*=\frac{F-C_2}{F}$，$y^*=\frac{C_1(1-\lambda_1)-\lambda_2F-\lambda_1\delta_2I_2+\delta_2I_1-\delta_1I_3}{F(1-\lambda_2)}$。

根据Friedman(黄凯南,2009)的研究，利用雅克比矩阵局部渐进稳定性可以探讨这个五个复制动态平衡点的邻域稳定性，对F(x)和F(y)分别求关于和的偏导，可得系统雅克比矩阵为

$$\mathbf{J}=\begin{bmatrix}(1-2x)[yF(1-\lambda_2)-C_1(1-\lambda_1)+\lambda_2F+\lambda_1\delta_2I_2-\delta_2I_1+\delta_1I_3] & F(1-\lambda_2)x(1-x)\\ F(1-\lambda_2)(y-1)y & (1-2y)[-C_2(1-\lambda_2)-xF(1-\lambda_2)+F(1-\lambda_2)]\end{bmatrix}$$

其中矩阵**J**的行列式为

$$\det\mathbf{J}=(1-2x)[yF(1-\lambda_2)-C_1(1-\lambda_1)+\lambda_2F+\lambda_1\delta_2I_2-\delta_2I_1+\delta_1I_3](1-2y)[-C_2(1-\lambda_2)-xF(1-\lambda_2)]-F^2(1-\lambda_2)^2x(1-x)y(y-1)$$

矩阵**J**的迹为

$$\mathrm{tr}\mathbf{J}=(1-2x)[yF(1-\lambda_2)-C_1(1-\lambda_1)+\lambda_2F+\lambda_1\delta_2I_2-\delta_2I_1+\delta_1I_3]+(1-2y)[-C_2(1-\lambda_2)-xF(1-\lambda_2)+F(1-\lambda_2)]$$

根据演化博弈理论，复制动态方程求出的平衡点不一定是演化稳定策略点，系统演化动态过程中渐进稳定的充要条件是，雅克比矩阵行列式$Det(\mathbf{J})>0$和迹$Tr(\mathbf{J})<0$。将系统的平衡点(0,0)、(1,0)、(0,1)、(1,1)代入矩阵的行列式和迹表达式中，如表4-2所示。

表 4-2 系统均衡点对应的矩阵行列式和迹表达式

均衡点 E(x,y)	类型	等式结果
$E_1(0,0)$	Det(**J**)	$[-C_1(1-\lambda_1)+\lambda_2F+\lambda_1\delta_2I_2-\delta_2I_1+\delta_1I_3](F-C_2)(1-\lambda_2)$
	Tr(**J**)	$[-C_1(1-\lambda_1)+\lambda_2F+\lambda_1\delta_2I_2-\delta_2I_1+\delta_1I_3]+(F-C_2)(1-\lambda_2)$
$E_2(0,1)$	Det(**J**)	$-[F-C_1(1-\lambda_1)+\lambda_1\delta_2I_2-\delta_2I_1+\delta_1I_3](F-C_2)(1-\lambda_2)$
	Tr(**J**)	$[F-C_1(1-\lambda_1)+\lambda_1\delta_2I_2-\delta_2I_1+\delta_1I_3]-(F-C_2)(1-\lambda_2)$
$E_3(1,0)$	Det(**J**)	$[-C_1(1-\lambda_1)+\lambda_2F+\lambda_1\delta_2I_2-\delta_2I_1+\delta_1I_3]C_2(1-\lambda_2)$
	Tr(**J**)	$-[-C_1(1-\lambda_1)+\lambda_2F+\lambda_1\delta_2I_2-\delta_2I_1+\delta_1I_3]+C_2(1-\lambda_2)$
$E_4(1,1)$	Det(**J**)	$[F-C_1(1-\lambda_1)+\lambda_1\delta_2I_2-\delta_2I_1+\delta_1I_3](-C_2)(1-\lambda_2)$
	Tr(**J**)	$-[F-C_1(1-\lambda_1)+\lambda_1\delta_2I_2-\delta_2I_1+\delta_1I_3]+C_2(1-\lambda_2)$

注：Det 为行列式；Tr 为迹；**J** 为雅克比式。

在上述矩阵行列式和迹表达式中，$-C_1(1-\lambda_1)+\lambda_2F+\lambda_1\delta_2I_2-\delta_2I_1+\delta_1I_3$ 为政府表面监管、林场严格管护的净收益；$F-C_1(1-\lambda_1)+\lambda_2F+\lambda_1\delta_2I_2-\delta_2I_1+\delta_1I_3$ 为政府严格监管、林场严格管护的净收益；$(F-C_2)(1-\lambda_2)$ 为政府选择“严格监管”策略的净收益。由表达式得出，$-C_1(1-\lambda_1)+\lambda_2F+\lambda_1\delta_2I_2-\delta_2I_1+\delta_1I_3<F-C_1(1-\lambda_1)+\lambda_2F+\lambda_1\delta_2I_2-\delta_2I_1+\delta_1I_3$。依据雅克比矩阵的局部稳定性分析法，本章将对不同情形的演化稳定策略进行讨论，并进行相应的数值模拟仿真。

第四节
政府—林场稳定策略讨论及数值仿真

为了探究森林生态效益补偿“监管—管护”博弈模型中不同管护力度、监管强度、惩罚金额及绩效考核指标下政府与林场策略的渐进稳定性运行轨迹，利用 Matlab 仿真软件，对不同情形下的策略主体动态演化过程进行仿真分析。假设在情形 1~6 中，系统演化的初始点(x,y)为[0.4, 0.6]，横轴代表时间 t，纵轴代表 x 和 y 的演化轨迹。

一、不同演化情形的分析结果

情形 1：$-C_1(1-\lambda_1)+\lambda_2F+\lambda_1\delta_2I_2-\delta_2I_1+\delta_1I_3>0, (F-C_2)(1-\lambda_1)>0$

当政府实行表面监管时林场严格管护的净收益为正，政府严格监管的净收益为正。结合表 4-3 和图 4-1 可以看出，系统演化稳定均衡策略为点 $E_3(1,0)$。经过动态博弈后，在政府表面监管、林场严格管护的净收益为正的情况下，林场会自发投入生态建设，通过植树造林、生态技术研发等行动改善生态环境。另外，虽然严格监管的净收益为正，但是考虑到严格监管情形下的成本及林场较高的管护力度，政府严格监管的积极性逐渐降低，进一步增强表面监管的意愿。由数值仿真分析可知，系统演化的初始点为[0.4，0.6]，从参数假定来看，当政府的罚款较高，生态绩效考核指标大于经济绩效考核指标时，更容易促使林场加强管护力度，主动承担森林生态保护和管理的责任，但政府为了节约大量的监管成本，逐渐倾向于放松对林场的监管。

表 4-3 系统局部稳定性分析（情形 1）

均衡点	Det(**J**)	Tr(**J**)	稳定性
$E_1(0,0)$	+	+	不稳定
$E_2(0,1)$	-	不定	鞍点
$E_3(1,0)$	+	-	ESS
$E_4(1,1)$	-	不定	鞍点

注：ESS 为演化稳定策略。

情形 2：$-C_1(1-\lambda_1)+\lambda_2F+\lambda_1\delta_2I_2-\delta_2I_1+\delta_1I_3>0, (F-C_2)(1-\lambda_1)<0$

当政府实行表面监管时林场严格管护的净收益为正，政府严格监管的净收益为负。从表 4-4 和图 4-2 可以看出，演化稳定均衡策略是点 $E_3(1,0)$。这种情况发生在林场严格落实森林管护责任的收益较高时，如通过改善生态环境，

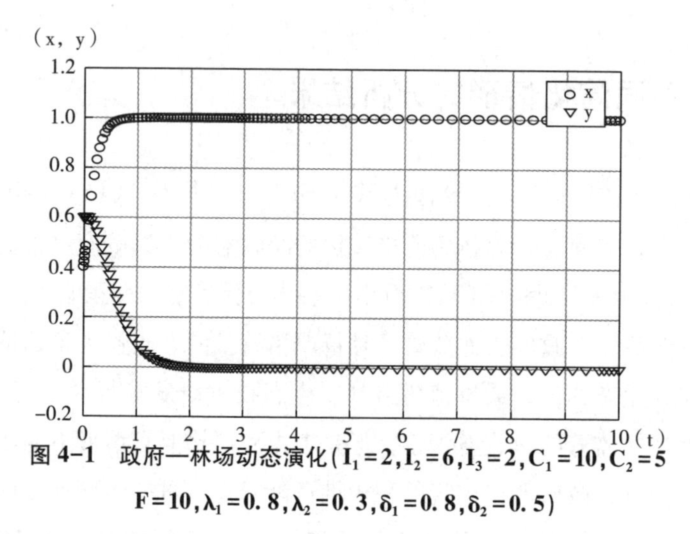

图 4-1　政府—林场动态演化($I_1=2, I_2=6, I_3=2, C_1=10, C_2=5$ $F=10, \lambda_1=0.8, \lambda_2=0.3, \delta_1=0.8, \delta_2=0.5$)

注：x 代表林场运行轨迹；y 代表政府运行轨迹。

林下经济收入及旅游收入增加，林场所在区域积极发展生态产业，对黑龙江省经济发展贡献度较高，此时即使没有政府的严格监管，林场也会自发加大对生态建设的投入。此外，基于“理性经济人”假设，当政府严格监管的成本较高，净收益较低时，可能会适当放弃对林场的经济制裁，不会那么严格地监管林场管护行为。从数值仿真分析可以看出在林场所在区域的政绩考核指标中，生态指标权重系数大于经济指标权重系数，且严格管护力度较高；政府的严格监管成本要略高于惩罚金额，且监管力度较低。

表 4-4　系统局部稳定性分析(情形 2)

均衡点	Det(**J**)	Tr(**J**)	稳定性
$E_1(0,0)$	−	不定	鞍点
$E_2(0,1)$	+	+	不稳定
$E_3(1,0)$	+	−	ESS
$E_4(1,1)$	−	不定	鞍点

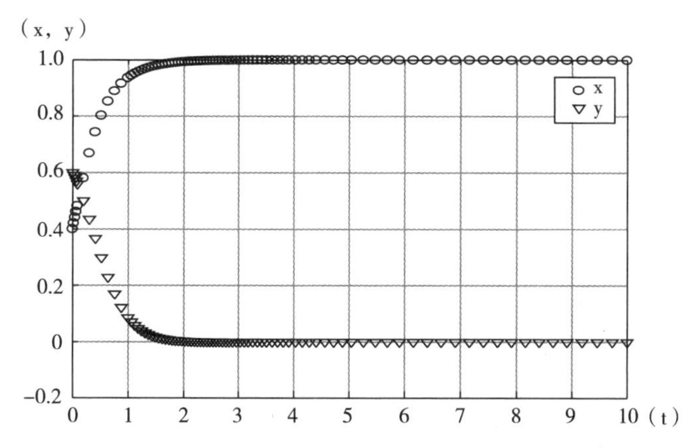

图 4-2 政府—林场动态演化($I_1=2, I_2=6, I_3=2, C_1=10, C_2=5, F=4, \lambda_1=0.8, \lambda_2=0.3, \delta_1=0.8, \delta_2=0.5$)

情形 3：$-C_1(1-\lambda_1)+\lambda_2 F+\lambda_1\delta_2 I_2-\delta_2 I_1+\delta_1 I_3<0$，$(F-C_2)(1-\lambda_1)<0$，$F-C_1(1-\lambda_1)+\lambda_2 F+\lambda_1\delta_2 I_2-\delta_2 I_1+\delta_1 I_3<0$

当政府实行表面监管时林场严格管护的净收益为负，政府严格监管的净收益为负；当政府实行严格监管时林场严格管护的净收益为负。从表 4-5 和图 4-3 可知，系统演化均衡策略是点 $E_1(0,0)$。在这种情况下，政府森林生态补偿的监管成本较高，当林场表面管护的经济制裁较弱时，政府为避免森林生态保护和管理责任会倾向于放松监管林场管护行为。此外，林场严格管护的净收益低于罚款后表面管护的净收益，故形成林场在森林生态保护和管理过程中不作为的态度。由系统仿真分析可知，政府的罚款金额低于监管成本，导致政府生态监管流于形式，当林场所在区域面临较低的生态绩效考核指标、较高的经济绩效考核指标时，更注重发展生产建设，从而忽视对森林生态环境的投入，经过持续的演化过程，政府—林场最终陷入森林生态保护和管理的“囚徒困境”。

表 4-5 系统局部稳定性分析(情形 3)

均衡点	Det(**J**)	Tr(**J**)	稳定性
$E_1(0,0)$	+	-	ESS
$E_2(0,1)$	-	不定	鞍点
$E_3(1,0)$	-	不定	鞍点
$E_4(1,1)$	+	+	不稳定

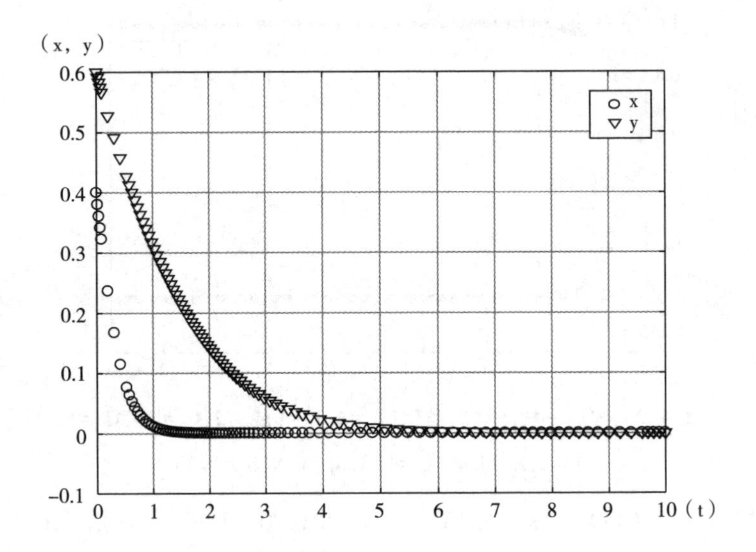

图 4-3　政府—林场动态演化($I_1=2, I_2=6, I_3=2, C_1=10, C_2=5, F=3, \lambda_1=0.3, \lambda_2=0.5, \delta_1=0.5, \delta_2=0.8$)

情形 4：$-C_1(1-\lambda_1)+\lambda_2 F+\lambda_1\delta_2 I_2-\delta_2 I_1+\delta_1 I_3<0$，$(F-C_2)(1-\lambda_1)>0$，$F-C_1(1-\lambda_1)+\lambda_2 F+\lambda_1\delta_2 I_2-\delta_2 I_1+\delta_1 I_3<0$

当政府实行表面监管时林场严格管护的净收益为负，政府严格监管的净收益为正；当政府实行严格监管时林场严格管护的净收益为负。经过动态演化博弈后，结合表4-6和图4-4可知，演化稳定均衡策略是点 $E_2(0,1)$。这种情况发生在政府由于监管成本较低，而生态收益较高，或者基于社会福利最大化考虑，更加倾向于严格落实森林生态建设责任。此时，林场选择表面管护的收益要大于严格管护的收益，林场作为理性经济人，在持续的演化过程中会继续选择表面管护策略，这将进一步激发政府的监管力度。由数值仿真分析可知，林场所在区域的经济绩效考核指标高于生态绩效考核指标，政府对林场的经济制裁要高于监管成本，故政府监管的积极性要高于林场管护的积极性。

情形 5：$-C_1(1-\lambda_1)+\lambda_2 F+\lambda_1\delta_2 I_2-\delta_2 I_1+\delta_1 I_3<0$，$(F-C_2)(1-\lambda_2)<0$，$F-C_1(1-\lambda_1)+\lambda_2 F+\lambda_1\delta_2 I_2-\delta_2 I_1+\delta_1 I_3>0$

表 4-6　系统局部稳定性分析（情形 4）

均衡点	Det(**J**)	Tr(**J**)	稳定性
$E_1(0,0)$	-	不定	鞍点
$E_2(0,1)$	+	-	ESS
$E_3(1,0)$	-	不定	鞍点
$E_4(1,1)$	+	+	不稳定

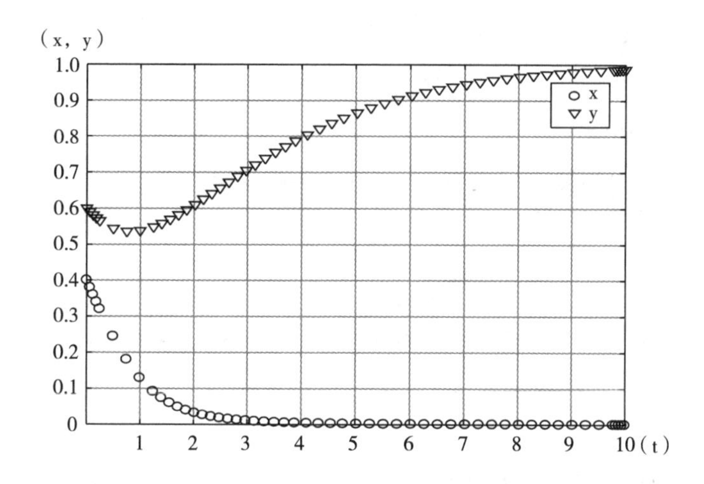

图 4-4　央地两级政府动态演化（$I_1=2, I_2=6, I_3=2, C_1=10, C_2=5, F=6, \lambda_1=0.3, \lambda_2=0.5, \delta_1=0.5, \delta_2=0.8$）

当政府实行表面监管时林场严格管护的净收益为负，政府严格监管的净收益为负；当政府实行严格监管时林场严格管护的净收益为正。经过动态演化博弈后，结合表 4-7 和图 4-5 可知，演化稳定均衡策略是点 $E_1(0,0)$。这种情况发生在政府实行严格监管的经济收益不足以弥补高额的监管成本时，基于自身利益最大化考虑森林生态保护和管理逐渐趋向于表面监管策略。林场相对于严格管护，表面管护获得的收益更高。此外，由仿真分析可知较高的经济绩效考核激励促使林场所在辖区更加热衷于建设其他生产性领域。因此，森林生态保护和管理系统必定演化至糟糕状态，森林生态环境持续退化。

表 4-7　系统局部稳定性分析（情形 5）

均衡点	Det(**J**)	tr(**J**)	稳定性
$E_1(0,0)$	+	-	ESS
$E_2(0,1)$	+	+	不稳定
$E_3(1,0)$	-	不定	鞍点
$E_4(1,1)$	+	+	不稳定

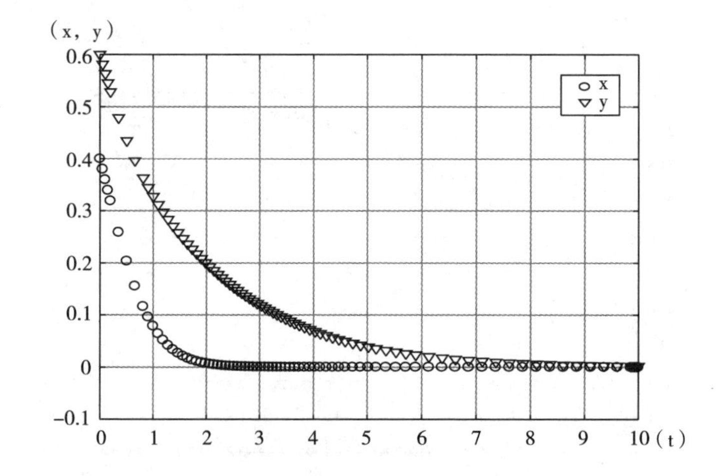

图 4-5　政府—林场动态演化（$I_1=2, I_2=6, I_3=2, C_1=10, C_2=5, F=4, \lambda_1=0.4, \lambda_2=0.4, \delta_1=0.5, \delta_2=0.7$）

情形 6：$-C_1(1-\lambda_1)+\lambda_2 F+\lambda_1\delta_2 I_2-\delta_2 I_1+\delta_1 I_3<0$，$(F-C_2)(1-\lambda_2)>0$，$F-C_1(1-\lambda_1)+\lambda_2 F+\lambda_1\delta_2 I_2-\delta_2 I_1+\delta_1 I_3>0$

当政府实行表面监管时林场严格管护的净收益为负，政府严格监管的净收益为正；当政府实行严格监管时林场严格管护的净收益为正。由表 4-8 和图 4-6 可知，博弈的所有均衡点都是鞍点，双方不存在演化稳定均衡策略。根据非对称演化博弈分析，若林场复制动态方程 $F(x)=0$，可以得到 $x=0$，$x=1$ 两个平衡点，当初始状态水平 $y<y^*$ 时，$x=0$ 是稳定点；当初始状态水平 $y>y^*$ 时，$x=1$ 是稳定点。同理，若政府复制动态方程 $F(y)=0$，则可以得到 $y=0$，$y=1$ 两个平衡点，当初始状态水平 $x<x^*$ 时，$y=1$ 是稳定点；当初始状态水平 $x>x^*$ 时，$y=0$ 是稳定点。此时，政府—林场采取混合策略，其最终的

稳定均衡点取决于初始状态水平及临界值(x^*,y^*)的位置。这种情况发生在政府实行严格监管的森林生态保护和管理成本较低时，其监管的积极性增强；林场虽然严格遵守政策规定行为无利可图，但是面临政府高额的经济制裁，不得不改善森林生态环境。经过长期的演化，当政府鉴于林场良好的管护态度和监管成本，逐渐放松对林场的监管，且林场发现政府监管力度降低，不遵守政策规定收益较高时，也将逐渐降低管护力度。如此循环反复构成“政府—林场”的混合动态策略。

表 4-8 系统局部稳定性分析(情形 6)

均衡点	Det(**J**)	tr(**J**)	稳定性
$E_1(0,0)$	-	不定	鞍点
$E_2(0,1)$	-	不定	鞍点
$E_3(1,0)$	-	不定	鞍点
$E_4(1,1)$	-	不定	鞍点
$E_5(x^*,y^*)$	+	0	中心点

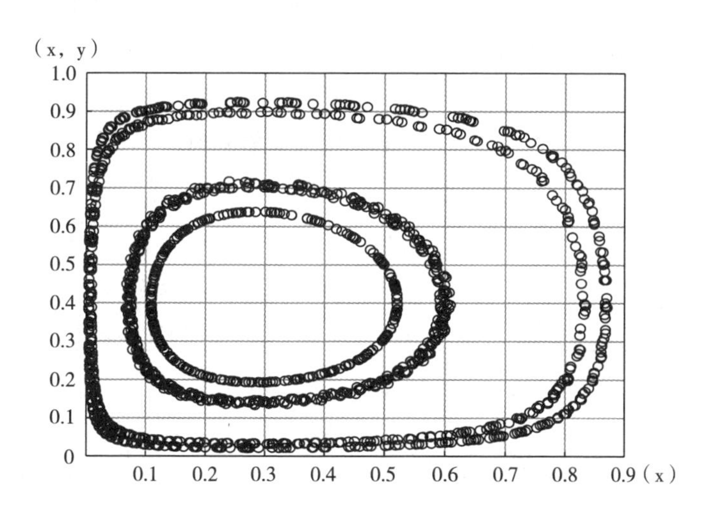

图 4-6 政府—林场动态演化($I_1=2,I_2=6,I_3=2,C_1=10,C_2=5,$ $F=7,\lambda_1=0.4,\lambda_2=0.6,\delta_1=0.4,\delta_2=0.6$)

为验证上述分析，将 x 和 y 的初始值分别设定为(0.8,0.2)、(0.6,0.4)、(0.5,0.5)、(0.3,0.7)、(0.1,0.9)，横轴代表林场“严格管护”策略的动态轨迹，纵轴代表政府“严格监管”策略的动态轨迹。经过数值仿真分析可知，“政府—林场”形成循环周期式演化轨迹。此时，临界值 x^* 和 y^* 约为(0.28,0.27)，可得当初始点 $y<0.27$ 时，x 的轨迹趋近于 0；当 $y>0.27$ 时，x 的轨迹趋近于 1；当初始点 $x>0.28$ 时，y 的轨迹趋近于 0；当 $x<0.28$ 时，y 的轨迹趋近于 1。

二、监管博弈仿真分析结果的讨论及结论

（一）分析结果讨论

综上所述，为总结不同情形下政府与林场的演化稳定策略，令 v_1、v_2、v_3 分别代表 $-C_1(1-\lambda_1)+\lambda_2F+\lambda_1\delta_2I_2-\delta_2I_1+\delta_1I_3$、$(F-C_2)(1-\lambda_2)$ 和 $F-C_1(1-\lambda_1)+\lambda_2F+\lambda_1\delta_2I_2-\delta_2I_1+\delta_1I_3$。当 $v_1>0$ 时(情形 1、情形 2)，政府实行表面监管时林场严格管护的净收益为正，林场倾向于严格遵守补偿政策规定；当 $v_1<0$ 时(情形 3、情形 4、情形 5、情形 6)，林场倾向于表面管护，只有在初始条件下，政府的监管水平高于临界值 y^* 时，林场才会严格落实管护责任(见表 4-9)。

表 4-9　不同情形下的演化稳定策略

情形	v_1	v_2	v_3	演化稳定策略
1	+	+	+	(严格执行,表面监管)
2	+	+	−	(严格执行,表面监管)
3	−	−	−	(表面执行,表面监管)
4	−	−	+	(表面执行,严格监管)
5	−	+	−	(表面执行,表面监管)
6	−	+	+	无 ESS

因此，在“政府—林场”森林生态效益补偿实施策略博弈中，最理想的演化结果取决于表达式 v_1 和 y^* 的值。提高林场所在区域政绩考核中生态指标的权重系数 δ_1，降低经济指标的权重系数 δ_2，增加政府严格监管的惩罚金额 F，

提高森林生态补偿标准 I_3，降低森林生态保护的执行成本 C_1，可以使 v_1 值增加，y^* 值下降，能够实现森林生态效益补偿的最终目的。此时，林场的策略是严格执行，政府的策略是表面监管，从前述的情形分析可以看出一旦林场群体发现政府是表面监管策略，其管护的积极性将在下个周期大打折扣，因此在森林生态效益补偿过程中政府的监管至关重要。

在森林生态效益补偿过程中，政府监管存在两种情况，一种是严格监管，另一种是表面监管。在表面监管情形下，林场群体倾向于违反政策规定，除非管护补偿标准能够大于付出的机会成本；在严格监管情形下，林场群体遵守政策规定的程度也取决于违约成本。由结果分析可见，政府监管积极性不足，监管效率低下，无论林场选择何种策略，政府都基于自身“成本—收益”的视角选择监管程度。基于此，森林生态效益补偿表面监管表现为林场管护森林积极性不足、违反政策规定等。从演化博弈仿真分析可以发现，政府表面监管的根源主要有四点：①森林管护监管成本较高，政府监管积极性不足；②森林生态效益补偿标准偏低，林场群体缺乏自愿性；③在符合林场群体自愿性情况下，违约成本较低会导致林场群体倾向于不遵守规定；④区域范围内经济绩效考核指标大于生态绩效考核指标会导致监管困难。

（二）分析结论

森林生态效益补偿是协调区域生态效益与成本错配的关键举措。为分析森林生态效益补偿的监管效率，以生态补偿条件性为理论视角构建“政府—林场”森林生态补偿监管和森林管护行动的演化博弈模型，系统考察参与主体的策略行为及关键影响因素，从研究设计、参数选取等方面进行拓展和改进。主要结论有以下三点。

第一，根据森林生态效益补偿监管博弈分析可知，政府主体监督管理积极性不足，效率低下，使林场群体普遍倾向于不严格遵守政策规定。政府表面监管的根源主要来自四个方面，分别为监管成本较高、森林生态效益补偿标准偏低、违约成本较低、区域范围内经济绩效考核指标大于生态绩效考核指标，导致森林生态效益补偿效率不足，没有严格按照补偿条件性进行落实。

第二，通过对均衡点的稳定性分析，得出森林生态效益补偿政策的落实情况取决于政府和林场森林生态保护和管理的净收益。对于林场而言，当严格管护森林资源获得的生态补偿大于表面管护获得的收益时，无论政府是否严格监管，林场都倾向于加强森林生态环境保护；对于政府而言，当严格监管的净收益不足以弥补监管成本时，政府倾向于选择表面监管。这在一定程度上验证了政府和林场都是“理性经济人”，因此森林生态效益补偿实施的效率取决于发展过程中政府采取的政策、制度和管理是否科学合理。

第三，从长期来看，政府与林场的策略选择处于动态变化中，是政绩考核指标、经济制裁、执行力度及执行成本等内外部因素共同作用的结果，稳定均衡点取决于两类种群的初始状态及相互“激励—约束”的关系，因此需要不断进行动态调整和优化，以实现森林生态环境保护与管理的协同共治。

第五节 改善政府主体监管效率的激励机制设计

一、提高政府主体监管效率的视角——政府购买服务

森林生态系统的退化主要归结于粗放型经济发展模式，而这种经济发展模式很大程度上是因为政府长期以来的“重增长、轻生态”的发展行为（左翔、李明，2016）。各地政府进行着激烈的经济竞争和赶超，特别是“锦标赛晋升模式”和“GDP 挂帅考评体制”（陈诗一、陈登科，2018），使理性的政府倾向于投入边际经济效益较高的基础建设领域。这样政府通过生态补偿转移支付改善森林生态环境的初衷，完全可能因为转移支付存在“粘蝇纸效应”而失效（缪小林等，2017）。尤其生态脆弱的欠发达地区更容易诱发政府的财政道德风险，促使政府故意压低森林生态建设投入，以此为信号争取更多的上级生态补偿转移支付（尹振东、汤玉刚，2016）。此外，在经济激励作用下，部分政府与企业过度利用森林生态资源，在资源供给和环境标准上降低门槛，导致资源环境的“逐底竞争”（蔡嘉瑶、张建华，2018）。因此，为提高公共服务供给和森林生态效

益补偿效率，中共中央、国务院于2015年印发了《国有林场改革方案》和《国有林区改革指导意见》，提出要实现森林管护以"购买服务和资源监管分级实施"的形式加强林场管理体制创新，即实现管护方式创新和监管体制创新，确保政府资金投入可持续、监督管理高效率、林场发展有后劲。政府购买服务是现代国家行政治理体系创新和管理模式创新，是我国服务型政府建设的必然要求。

政府向社会力量购买公共服务在世界范围内日益成为政府提供公共服务的基本手段。我国于20世纪90年代开始尝试政府购买服务，2013年正式提出《关于政府向社会力量购买服务的指导意见》，标志着"政府购买公共服务"的顶层设计日渐完善。政府购买服务的实质是事务性管理服务通过引入竞争机制，以合同、委托、招标等方式向社会购买（韩清颖、孙涛，2019），有效动员社会力量，构建多元化的公共服务供给体系，提供更加方便、快捷和高效的公共服务。此外，也有学者研究表明，政府购买服务体系的建立需要一个包括政府、社会组织、服务对象和评估单位的四方市场，重新塑造这四方市场在公共服务管理领域的地位、角色和功能，改变公共服务的传输方式，这在一定程度上能够同时规避"市场失灵"和"政府失灵"的双重困境（吴帆等，2016）。目前，学术界一致认为政府购买服务既能降低行政执行成本和服务成本，又能提高公共服务的供给效率（Dahlstr et al.，2018）。

然而，政府购买服务在我国仍然处于探索阶段，尚未形成统一的发展模式，也未确定一致的发展路径，尤其是在森林生态环境领域还未见实施。森林生态环境服务属于特殊的公共服务，受益对象较广且难以界定，服务评估技术不完善。在政府购买服务涉及的四类主体[服务购买主体（政府）、服务承接主体、服务使用主体、服务评估主体]中，森林生态环境服务缺少准确的使用主体和评估主体，是实施政府购买服务需要解决的关键问题。因此，本章从森林管护、抚育和造林等实际的森林保护行动视角提出构建森林生态效益补偿与政府购买服务有效融合的框架及实现机制。

二、森林生态效益补偿与政府购买服务有效融合的机制设计

目前，黑龙江省森林生态效益补偿主体为中央政府和地方政府，补偿方式

比较单一，以中央政府的财政转移支付为主。资金分散在各个地区，使用效率低下，政府在生态效益补偿中的寻租行为和缺乏有效监管的问题难以避免。因此，为了解决现行森林生态效益补偿过程中政府“既是运动员，又是裁判员”的监管制度缺陷，提高森林生态保护与管理的效率，需要构建一个具有竞争机制的森林生态建设市场。此外，黑龙江省重点国有林区改革以后，森林资源的管理职能与森工企业的运营职能剥离，为森林生态效益补偿与政府购买服务融合提供了新的契机。

传统的政府购买服务一般以社会组织为承接主体，政府与社会组织是平等的伙伴关系，体现政府权力的下放与社会回归。但是由于森林管护、抚育和造林等职务的专业性，考虑到林业职工的生存发展问题，森林生态建设领域的承接主体依然由林区的基础经营单位——林场来承担，并逐步转移到专业的社会组织或民营部门。本章在借鉴已有研究的基础上，提出构建森林生态效益补偿与政府购买服务融合框架，如图 4-7 所示，试图形成以政府管理部门为购买主体、林场承接主体和第三方评估主体为核心的森林生态效益补偿与政府购买服务融合的可持续发展制度框架。主要包括以下几个步骤。

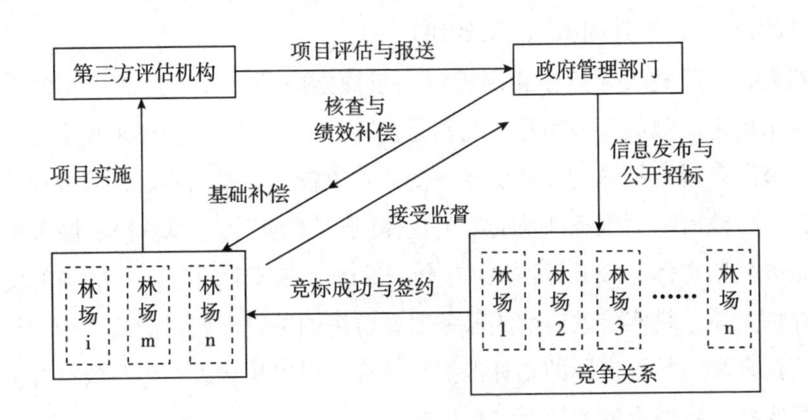

图 4-7　森林生态效益补偿与政府购买服务有效融合的机制设计

第一，实施制度创新，最重要的是落实政府的责任和权力边界。目前，黑龙江省森林生态效益补偿实施的是“黑龙江省政府—黑龙江省林业和草原局—县政府—县林业和草原局—国有林场”的管理层次，在这一层级基础上要继续

优化政府管理机构，明确森林生态效益补偿的责任主体，成立专门的管理机构，利用区块链技术建立信息平台。机构成立后根据森林资源建设情况在国有林场统一发布信息，由于森林资源的生长周期较长，在面向众多国有林场公开招标之前，应拟定详细的森林管护、抚育和造林目标。

第二，在国有林场间引入竞争机制。竞争机制能够在改善效率、实现公平方面发挥巨大作用，实现政府购买服务的意义和效果。目前，黑龙江省国有林场是平行关系，隶属各个辖区，经营管理本地区的森林资源。森林生态效益补偿与政府购买服务融合最大的特色就是允许各地区国有林场间的竞争，可以兼并扩大规模，准许大型国有林场实施森林资源的跨地区管理。这样通过市场竞争的优胜劣汰，国有林场的技术能力和管理能力都将改善。面临政府管理部门的公开招标，有资质的国有林场都可以参与竞标，竞标成功的国有林场与政府部门签订合作。由原来政府与国有林场的“非竞争性的直接委托关系”变成“有限竞争的合约委托代理关系”。签订合约后，按照合约内容具体执行森林的管护、抚育和造林等森林生态建设任务，同时接受政府管理部门不定期的核查和监督及第三机构的评估。

第三，第三方评估机构实施项目评估工作。第三方评估是实施政府购买服务的关键环节。目前，黑龙江省地方国有林区和重点国有林区都没有专门的第三方评估机构，森林资源监督管理及绩效评价采取自评和他评相结合的方式。由黑龙江省财政厅、省林业和草原局组织开展自评，出具绩效自评报告，黑龙江省专员办在自评基础上开展绩效评价工作，属于典型的“既当运动员，又当裁判员”的管理模式。因此，有必要建立第三方评估机构，将大部分购买主体和承接主体排除在外，保证质量核查和绩效评价过程更加科学、有效。但由于评估专家是非直接利益相关者，在确定评估指标、制订计划、信息和数据采集过程中，需要一线林区管理部门提供辅助，因此本章认为评估机构可以是开源式企业或科研机构，充分纳入不同的利益相关者，使第三方评估更加客观、合理。

第四，政府管理部门核查验收并付款。森林生态效益补偿与政府购买服务有效融合以后实施两种模式的补偿，一部分是基础补偿，另一部分是绩效补偿。基础补偿是在竞标成功以后由政府管理部门统一拨款，用于国有林场资源管理的一般开销，保证森林管护、抚育和造林工作顺利开展；绩效补偿是在项目完成一个周期后，根据第三方评估部门的森林资源管理综合评价等级再做支付，按照国有林场落实森林资源管理的程度实施差异化补偿。综合评价等级低的获得的补偿标准低，反之则获得较高的补偿标准，这样有利于提高林场部门森林资源管理的积极性，也为下一个周期的竞标赢得了优先签约权，为培育专业的森林资源管理队伍提供了激励。

第六节 本章小结

森林生态效益补偿的监管对于保证森林生态效益补偿支付的条件性，进而实现森林生态效益补偿的生态目标具有重要意义。本章通过博弈论及仿真的方法系统阐述了森林生态效益补偿的监管问题。研究发现，短期来看地方政府和林场都是“理性经济人”，政府实行严格监管的净收益不足以弥补监管成本时，政府倾向于选择表面监管；林场严格管护的补偿收益大于表面管护收益时，无论政府是否严格监管，林场都倾向于加强对森林资源的保护和管理。长期来看，政府和林场的策略选择处于动态变化中，是政绩考核指标、经济制裁、管护力度及管护成本等内外部因素共同作用的结果，稳定均衡点取决于两类种群的初始状态及相互“激励—约束”的关系，因此需要不断进行动态调整和优化，实现森林生态环境保护与管理协同共治。为了改善森林生态效益补偿的监管效率，提出创新森林生态效益补偿的机制设计，试图构建以政府管理部门购买主体、林场承接主体和第三方评估主体为核心的森林生态效益补偿与政府购买服务有效融合的框架体系，通过引入第三方评级机构与林场间竞争关系，实现管护方式创新和监管体制创新，提升政府补偿监管效率。

第五章

“规制—激励”视角下的受益企业补偿参与意愿分析

根据第三章的森林生态效益多元化补偿机理分析可知，受益企业是补偿主体逻辑框架中途径2的重要参与主体之一，并且根据演化博弈分析结论，理论上通过政府的规制和激励能够实现企业参与的可能性。基于此，本章以受益企业森林生态效益补偿参与意愿为切入点，实证检验政府规制和激励对企业参与森林生态效益补偿的影响。以计划行为理论为总体指导框架，将政府的规制、激励因素与行为态度、主观规范和感知行为控制作为核心自变量，并基于黑龙江省受益企业的微观调查数据，利用Tobit模型和Double Hurdle模型展开实证检验，解析影响受益企业参与森林生态效益补偿的核心要素。

第一节 理论分析与假设

一、理论分析与框架

（一）理论分析

我国森林生态效益补偿政策在最初设计时提出了两个基金筹措方案（张涛,2003），其中一个是按照“谁受益、谁负担”原则向全国森林生态服务受益单位征收补偿费，将征收对象暂定为与森林生态效益有关的国家大型水库、风

景名胜区、国家森林公园和旅游景区等相关企业，按照营业额提交 1%~20% 的补偿费，然而这一筹资方案由于涉及部门多、行政成本较高和征收难度较大等原因最终没有被采纳。但是，目前随着国外市场化补偿方案的普及和国内互联网、区块链技术的逐步发展，森林生态效益补偿过程中的征收成本不能成为市场化补偿方案实施的阻碍，而市场主体企业在补偿中的参与情况将成为影响市场化补偿模式建立的关键要素。国内森林生态补偿机制主要以政府为主导，市场化补偿模式正逐步引入森林生态补偿体系，如北京、天津、上海、重庆、湖北、广东与深圳七个碳交易试点的建立，为控排企业加入市场化森林生态效益补偿体系提供了契机。因此，从“区域协调发展”和“受益者付费”的视角来看，森林生态效益的受益企业理应纳入市场化森林生态效益补偿体系当中，逐渐将庇古型森林生态效益补偿模式与科斯型补偿模式相融合，构建森林生态服务交易市场，实现森林生态效益市场化补偿。

森林生态系统在进行物质循环、能量转换和信息传递过程中与各类经济要素投入相融合，形成各种有形和无形的中间产品和最终产品，再通过企业进行市场交换，满足市场需求。由此，森林生态效益的受益企业是指那些与某种森林生态服务功能相关的企业，如与森林涵养水源服务功能相关的水库、水力发电厂、矿泉水企业和奶制品厂等；与森林固碳释氧、维持生物多样性服务功能相关的国家森林公园、旅游公司和景区等；与森林改善小气候、保持水土服务功能相关的林下种植、采摘、养殖和大型农场等相关企业。这些企业的生存发展与森林生态系统的良性循环密切相关，故从系统论视角而言这些企业需要为受益的森林生态外溢效应提供补偿，解决地区间经济发展与生态保护失衡问题，将受益企业享受的外溢生态服务纳入企业的成本范畴，或者为企业参与补偿提供市场化途径，从而实现“生态—经济”系统的可持续发展。

已有文献就企业参与生态补偿进行了有益探索，杨爱平和杨和焰(2015)提出企业间的资源交易、产权置换是拓宽流域生态补偿融资渠道的重要途径，有利于建立健全多元的生态补偿体系。Cop 等(2015)研究哥斯达黎加的生态环境服务付费项目及后续治理政策时发现，支付方中包含私营企业，拓宽了补偿资金来源，提高了政策实施的效率。龚强等(2019)提出政府与社会资本合作 PPP 模式有效缓解了地方政府提供公共物品的财政压力，提高了公共福利。

以上研究均验证了企业参与生态补偿有利于拓宽补偿筹资渠道，也验证了多个生态服务购买者能够协商出相互接受的补偿分量，已有研究大多从宏观层面出发，对企业拓宽生态补偿筹资渠道和提高补偿效果提供了有效佐证，但缺少微观层面企业是否愿意参与生态补偿情况的探讨。

虽然“受益者付费”原则无论是在理论上还是在实践上都得到了国内外学者和政策制定者的广泛支持，但受益者如何参与、是否有意愿参与，以及政府如何作用于企业参与是接下来需要验证的问题。本章认为，企业参与森林生态效益补偿不仅受到管理者个体行为态度的影响，也受到企业资源禀赋和外部环境压力的共同影响。因此，尝试从企业微观个体视角出发，以计划行为理论为主体分析框架，结合经济学与管理学的区域协调发展理论、利益相关者理论、环境公平理论和系统论主旨内容，构建受益企业森林生态效益补偿参与意愿的计划行为理论框架，计划行为理论关注隐藏在企业管理者决策下的行为动机，因此以管理者为调研对象可以作为考察企业参与生态环境投资意愿的驱动因素，故计划行为理论研究框架为本文提供了恰当的理论基础。本章基于黑龙江省受益企业的微观调查数据，利用计量经济学分析方法探究受益企业森林生态效益补偿的参与愿意、参与程度及其重要影响因素。

（二）理论框架

根据已有研究，用计划行为理论研究企业的决策意愿及行为具有合理性和可行性。就受益企业森林生态效益补偿参与意愿而言，参与意愿行为是一个复杂的认知过程，可以分为两个阶段来识别，即参与意愿和参与程度。参与意愿是指受益企业是否愿意参与到森林生态效益补偿当中。按照参与意愿进一步将受益企业划分为两类，即愿意参与森林生态效益补偿的企业和不愿意参与森林生态效益补偿的企业，在愿意参与的类别中，本章将继续关注受益企业将按照营业收入的多少比例选择参与森林生态效益补偿。

国内外已有很多学者将计划行为理论应用于企业行为决策研究中，如碳交易企业支付意愿（黄宰胜、陈钦，2017）、企业碳标签食品生态决策行为（吴林海等，2011）、FDI 企业创新环境行为（马明月等，2018）及高端企业绿色创新行为（张渝、王娟茹，2018）等，这些研究使计划行为理论在企业行为决策中得到了很好的应用和发展，为受益企业参与森林生态效益补偿提供了很好的理论分析框架。同时为强调政府在企业森林生态效益补偿参与意愿中的作用程度，将政府引导性激励和环境规制行为独立于计划行为理论之外。因此，本章的边际贡献在于从政府“规制—激励”的视角出发，将受益企业与计划行为理论融合，构建受益企业参与森林生态效益补偿的理论框架(见图 5-1)，分析影响受益企业参与森林生态效益补偿的重要因素，为政府从何种途径引导受益企业参与森林生态效益补偿的假设提供有切实价值的参考。

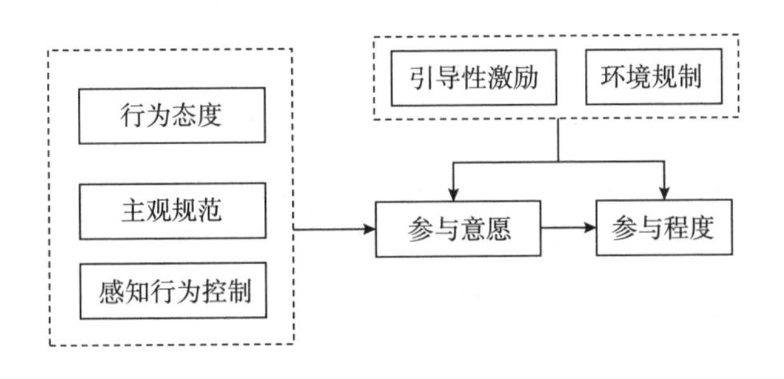

图 5-1 拓展的计划行为理论模型

二、研究假设

根据上述研究理论分析框架，从政府引导性激励和环境规制、行为态度、主观规范、感知行为控制视角分别提出本章研究假设。

(一) 政府引导性激励和环境规制

鉴于本章的研究目的，同时结合已有研究(赵俊伟等,2018)，将政府引导性激励和环境规制独立于计划行为理论，单独研究其对企业参与森林生态效益补偿意愿的影响。根据已有实践分析来看，政府的激励和规制对企业的行为决策具有重要影响，其中政府的激励主要体现在政府通过宣传培训、资助、补贴、税收减免、贷款贴息等相关的优惠政策鼓励企业采取某项特殊的行为；政府的规制体现在政府通过监管、罚款等命令控制型手段约束企业采取某项行为。Osiolo(2017)利用Heckman两阶段模型结合条件价值评估法研究肯尼亚地区企业参与能源消费的意愿，得出企业地理位置、政府对能源的消费补贴、企业规模是影响企业参与能源消费的关键因素。曲薪池等(2019)利益演化博弈模型从政府规制的视角研究企业绿色创新意愿，结果表明，政府的扶持、补贴和惩罚促进企业采取绿色创新意愿的效果依次下降。Obeng和Aguilar(2018)基于价值信念和价值取向的视角分析美国居民和企业对流域生态系统的支付意愿，得出政府在生态价值和生物圈方面的有益引导能够增加居民和企业支付的可能性。综合以上研究，政府从激励和规制两方面影响受益企业参与森林生态效益补偿意愿，引导性激励指的是政府的补贴、扶持等优惠政策，环境规制指罚款和监管等约束政策。由此，提出以下研究假设：

H1：引导性激励对受益企业森林生态效益补偿的参与意愿和参与程度有显著正向影响。

H2：环境规制对受益企业森林生态效益补偿的参与意愿和参与程度有显著正向影响。

（二）行为态度

根据计划行为理论的基本观点，行为态度是指个人对某项特定行为所持有的支持或反对的态度，行为态度取决于个体采取此特定目标行为后所产生的心理预期。就企业管理者而言，支持和反对的态度取决于预期目标行为所带来的心里体验受益或损失。从企业研究视角来看，王薇等(2019)研究认为企业管理者意识一直对企业的行为起着重要的决策作用，企业的经营决策与高层管理者的价值观趋同。田虹和潘楚林(2015)从自然资源基础观理论视角提出企业是社会环境基本单位，企业环境管理是从环境中获得经济利益，高层管理者的环境伦理认知程度越高，越能处理好企业行为与自然的关系。张渝和王娟茹(2018)以高端制造业为研究对象，认为企业绿色技术创新行为源于企业管理者的环境伦理认知，环境伦理高的企业更倾向于为环境保护投资。齐珊娜等(2016)研究了流域企业参与生态补偿情况，企业水生态补偿机制的低认知程度严重影响了企业的参与意愿。薛天山(2015)将企业的环境管理行为视为一种投资、一种获得竞争优势的机会，并且认为企业承担社会责任可以提高企业

声誉，改善企业社会形象，提高企业竞争力。诚然，在环境经济学发展历史上，学者关注环境公平理论的重要性，环境公平理论要求人与自然和谐共生，针对生态环境问题提出所有社会成员要按照“共同但有区别的责任”原则参与环境治理，因此森林生态系统的受益企业应重视自然环境和社会环境的有机结合。

基于上述理论分析，发现企业管理者的环境价值观和行为态度对企业环境投资的参与决策有重要影响，因此森林生态系统受益企业的行为态度由企业社会形象和竞争优势表征。由此，提出以下研究假设：

H3：企业社会形象对受益企业森林生态效益补偿的参与意愿和参与程度有显著正向影响。

H4：企业竞争优势对受益企业森林生态效益补偿的参与意愿和参与程度有显著正向影响。

（三）主观规范

根据计划行为理论的基本观点，主观规范是指主体行为所受到的来自外界社会环境的影响，是能够对目标行为决策产生影响的各类社会压力。顺承前人研究，主观规范包括指令性规范和示范性规范。从企业研究视角而言，受益企业参与森林生态效益补偿的主观规范是企业受到的其他利益相关者的影响和内外部压力。因此，主观规范维度的研究首先要找到影响企业目标行为的利益相关者。尽管新古典经济学研究显示利益相关者被看作企业获得利益的关系网，但利益相关者理论更关注企业的外部影响因素（王红丽、崔晓明，2013）。利益相关者对企业的行为决策有一种无形“约束力”，使企业遵守公认的社会规范和承担社会责任（潘楚林、田虹，2016）。Koistinen 等（2019）认为，企业利益相关者包括政府、员工、顾客、债权人，但往往忽略了最主要的利益相关者，即自然环境本身。企业从自然环境获取资源，其生产过程又对环境造成污染，自然环境是企业最重要的利益相关者之一。Henriques 和 Sadorsky（1999）从企业环境管理的视角识别出主要利益相关者，政府、环保组织和消费者的利益诉求与期望对企业环境管理行为有积极影响。张琦等（2019）基于政治经济学的分析视角提出，企业的环境保护投资决策与地方官员的治理动机和企业高层管理者的公职经历密切相关，政府干预越强的地区，企业的环保投资力度越大。目前，企业参与森林生态效益补偿的实践还未见实施，故本章更偏重从社会影响的视角研究主观规范维度变量，包括行业协会引导、消费者需求引导和同类型企业影响。由此，提出以下研究假设：

H5：行业协会引导对受益企业森林生态效益补偿的参与意愿和参与程度有显著正向影响。

H6：消费者需求引导对受益企业森林生态效益补偿的参与意愿和参与程度有显著正向影响。

H7：同类型企业影响对受益企业森林生态效益补偿的参与意愿和参与程度有显著正向影响。

（四）感知行为控制

根据计划行为理论的基本观点，感知行为控制是指行为主体选择目标决策行为时的难易程度的感知，反映行为主体过去的经验和预期的阻碍，当行为主体所掌握的资源越多，预期阻碍越少，感知行为的控制就越强。总体来说，行为主体的行为意识会受自身资源、时间和环境等的现实约束（李傲群、李学婷，2019）。对目标决策行为与主体自身所掌握的资源进行权衡，在对自身内部因素了解与对外在因素控制的能力下，感知行为控制对行为预测有直接影响，其中内部因素包括行为主体所持有的知识、资源、能力和信息等，外部因素包括行为主体对成本、设备、伙伴关系等的掌控能力（李柏洲等，2014）。就企业研究而言，吕宁等（2019）研究了中小旅游企业的创新行为，指出知觉行为控制影响创新意向，知觉行为控制包括自我控制力和外部控制力，其中自我控制力受资金成本、知识技能和自我效能的影响，外部控制力受推广渠道、合作伙伴和创新机会的影响。吴林海等（2011）认为企业碳标签食品的生产决策行为与企业知觉行为控制密切相关，并从研发投入、技术装备水平、发明专利和职工教育水平几个维度定义了知觉行为控制。Song 等（2019）基于计划行为理论分析框架研究澳门企业参与废弃资源回收的意愿，结果表明，企业回收和储存的空间有限、设施老化、非正式的回收过程和缺乏职工等是限制企业参与资源回收的关键因素。

基于上述研究，就森林生态效益受益企业而言，参与森林生态效益补偿的感知行为控制主要来源于企业参与生态环保事业的便利情况，本章以社会网络便利表征。由此，提出以下研究假设：

H8：社会网络便利对受益企业森林生态效益补偿的参与意愿和参与程度有显著正向影响。

第二节 研究设计与数据

一、问卷设计

为保证调查结果的可靠性和科学性，本章采用双边界选择法对受访企业的参与意愿及影响因素进行调查。在问卷设计过程中，调查小组对相关文献进行大量阅读，并预先学习调查方法和相关计量模型。问卷初步设计完成后，邀请专家对问卷内容进行指导、修改。问卷进行精心设计和反复修改后，组织团队成员进行小范围预调研，以检测问卷设计的合理性和科学性。问卷内容主要包含以下三个部分(见附录3)。

第一，受访对象基本特征调查，包括受访者的性别、年龄、学历和在企业的任职情况，以及所在地区和企业行业类型情况方面。

第二，受访对象森林生态效益补偿相关认知调查，包括对森林生态环境保护认知、对森林生态效益补偿政策认知和森林生态效益对企业的影响程度认识三个方面。

第三，受访对象与森林生态效益补偿参与意愿调查，包括企业是否愿意参与森林生态效益补偿及参与程度，对于不愿意参与的受访者询问其原因，从行为态度、主观规范、感知行为控制和政府规制与激励方面设计问项调查企业参与森林生态效益补偿的意愿情况。

二、调查实施

根据受益企业的研究范畴，课题组于 2019 年 6~12 月在黑龙江省 12 个地级市展开调查，调查主要通过电话调查、电子问卷、实地走访与小型座谈的方式进行。问卷投放的对象为黑龙江省森林生态效益的受益企业，包括水质、水量要求较高的相关企业，林下种植、养殖、采摘相关企业，森林旅游相关企业等类别，涉及公有、私营、合资、集体等类型。为保证研究数据的代表性、有效性和随机性，样本抽样方式按照黑龙江省工商企业名录，先确定各个地区森林生态效益受益企业的分布情况，采用抽样调查的方式获取样本。其抽样过程为：首先，在 12 个地级市中，按照各辖区受益企业数量随机选择 6~7 个市；其次，结合与森林资源紧密程度、与市区距离、企业产业结构等，以典型抽样法在每个市选择目标企业 40~50 家，每家企业选择对象包括高层管理者（董事长、总经理）、基层管理者（各个部门领导）和基层工作者（企业职工）。根据研究目的，本次调查共发放 510 份问卷，剔除抗议性回答、答案相互矛盾的问卷后，最终获得有效问卷 366 份，有效率 71.76%。

三、样本特征

为了全面了解样本企业地区及行业分布情况，以及受访者个人基本特征和对森林生态效益补偿认知情况，本章从以下三个方面进行样本特征分析。

（一）样本数据地区及行业分布情况

根据黑龙江省工商企业名录统计的企业数量及地区经济发展水平，此次调查选择黑龙江省哈尔滨市、牡丹江市、伊春市、齐齐哈尔市、佳木斯市和黑河市（见表 5-1）。其中哈尔滨市调查样本数量最多，占样本数量的 25.4%，其次是佳木斯市，黑河市样本数量最少，调查样本数量 37 家，占样本数量的 10.2%。

表 5-1 样本数据地区分布及行业分布

题项	选项	样本数量	百分比(%)
企业所在地	哈尔滨	93	25.4
	牡丹江	59	16.1
	伊春	52	14.2
	齐齐哈尔	57	15.6
	佳木斯	68	18.6
	黑河	37	10.1
企业所属行业	森林旅游业	155	42.3
	林下经济产业	82	22.4
	水质、水量要求高的行业	88	24.0
	其他	41	11.3

由于森林生态效益受益企业的行业类型广泛，因此将其总结为四个类别：森林旅游景区、旅游公司、旅行社、景区附近的住宿餐饮等归类为森林旅游业；木耳和蘑菇等食用菌公司、浆果和坚果公司、中草药公司等归类为林下经济产业；水库、水力发电厂、自来水公司、矿泉水公司和奶制品厂等归类为水质、水量要求高的行业；除上述外的其他森林生态效益受益企业。根据调查结果（见表 5-1），样本企业中来自森林旅游业的受访者最多达 155 个，占样本总量的 42.3%；其次为水质、水量要求高的行业，样本数量 88 个，占样本总量的 24.0%；林下经济产业样本数量 82 个，占样本总量的 22.4%。

（二）样本数据个人基本特征

有效样本的受访者个人基本特征如表 5-2 所示，主要通过性别、年龄、受教育程度和企业任职岗位四个指标反映。从性别特征来看，受访者男性居多，共 252 人，占样本总数的 68.9%；女性受访者 114 人，占样本总数的 31.1%。从受访者年龄特征来看，36~45 岁人群最多，样本量 149 个，占样本总数的 40.7%；其次为 26~35 岁人群，有 100 人，占样本总量的 27.3%；25 岁以下样本数量最少，仅占样本总量的 2.7%，年龄段分布与工作人群年龄结构相统一，说明问卷整体具有代表性。受教育程度以大学本科和大学专科为主，两项指标合计273人，占总样本数量的74.6%；硕士学历有78人，占总样本数量的21.3%；博士学历和高中及以下样本较少，两项指标合计共15人，占样本总数的4.1%。由此分布来看，本次调查的受访人群受教育程度较高，对调研问题有清晰认知；从岗位分布特征来看，受访对象以基层管理者和中层管理者为主，两项指标总计285人，占样本总数的77.9%，此外本次调研的高层管理者有27人，高层管理者和中层管理者是企业总体发展方向及企业环境行为的决策者，对企业是否参与森林生态效益补偿具有一定的发言权，两项指标共147人，占样本总量的40.2%，因此调查样本具有一定的代表性，能在一定程度上保证调研问卷的可信度与有效度。

表5-2 样本数据个人基本特征

类别	指标	数量(个)	所占比例(%)
性别	女	114	31.1
	男	252	68.9
年龄	25岁以下	10	2.7
	26~35岁	100	27.3
	36~45岁	149	40.7
	46~55岁	58	15.8
	56~65岁	49	13.5
受教育程度	高中及以下	12	3.3
	大学专科	90	24.6
	大学本科	183	50.0
	硕士	78	21.3
	博士	3	0.8
岗位	高层管理者	27	7.4
	中层管理者	120	32.8
	基层管理者	165	45.1
	其他	54	14.7

（三）森林生态效益补偿相关认知分析

本次调查的受访对象基于企业视角回答对森林生态效益补偿的相关认知，

主要从森林生态效益对企业的影响程度、企业对森林生态环境的关注程度和受访对象对森林生态效益的了解程度三个维度展开调查(见表 5-3)。从受访对象关于“森林生态效益对企业的重要性”的回答来看，认为“一般重要”的样本数量最多，共 150 人，占样本总量的 41.0%；认为“比较重要”的有 93 人，占样本总量的 25.4%；认为“非常不重要”的受访对象最少，样本量 27 人，占样本总量的 7.4%。从整体来看，75.4%受访者都感知到了森林生态效益对企业经营发展的影响，这表明森林生态效益受益企业的实际调查结果与理论研究相契合。从受访对象关于“企业对森林生态环境的关注程度”的回答来看，有 160 人认为企业对森林生态环境“一般关注”，占样本总量的 43.7%；“比较关注”和“非常关注”两项样本总量为 164 人，占样本总量的 44.8%，说明这些受益企业对森林生态关注程度较高。从受访对象对森林生态效益补偿的了解程度来看，其中“很少了解”人群占主体，样本量 135 人，占比 36.9%；其次是“一般了解”人群，样本量 105 人，占样本总量的 28.7%。总体来看，受益企业员工对森林生态效益补偿了解不足，“没听说过”和“很少了解”两项指标占总样本量的 58.2%。

表 5-3 森林生态效益补偿相关认知统计

类别	指标	数量(个)	百分比(%)
森林生态效益对企业的重要性	非常不重要	27	7.4
	比较不重要	63	17.2
	一般	150	41.0
	比较重要	93	25.4
	非常重要	33	9.0
企业对森林生态环境的关注程度	非常不关注	15	4.1
	比较不关注	27	7.4
	一般	160	43.7
	比较关注	100	27.3
	非常关注	64	17.5
对森林生态效益补偿的了解程度	没听说过	78	21.3
	很少了解	135	36.9
	一般了解	105	28.7
	比较了解	30	8.2
	非常了解	18	4.9

（四）企业参与意愿及支付水平分析

在被调查的366份有效样本中，有216个受访对象表示企业“愿意”参与森林生态效益补偿，而且支付金额大于0。根据支付水平分布，受访者选择较低档水平的样本量较多，按照营业收入的百分比缴纳森林生态效益补偿资金，1%~5%和0.1%~1%的支付区间最多，共33个样本量，占总样本量的36.3%；选择5%~10%的有36人，占样本总量的9.8%；选择20%以上的仅有22人，占样本总量的6.1%（见表5-4）。整体来看，愿意参与森林生态效益补偿的企业，其支付水平较低。41.0%的调查受访对象选择零观察值，即企业暂时不愿意参与森林生态效益补偿，主要原因有三个（见表5-5），依次是企业已经缴纳相关税种；企业无能力为森林生态效益补偿支付；森林生态补偿是政府的责任，不应该由企业出资；其他。其中，第三个原因导致了抗议性零观察值的出现。

表5-4 受益企业参与意愿与支付水平统计

<table>
<tr><th colspan="2">项目</th><th>样本量</th><th>百分比（%）</th></tr>
<tr><td colspan="2">愿意参与，且支付金额大于0</td><td>216</td><td>59.0</td></tr>
<tr><td colspan="2">不愿意参与（零观察值）</td><td>150</td><td>41.0</td></tr>
<tr><td rowspan="5">愿意参与，且支付金额大于0（支付金额用营业收入的百分比表征）</td><td>0.1%~1%</td><td>51</td><td>13.9</td></tr>
<tr><td>1%~5%</td><td>82</td><td>22.4</td></tr>
<tr><td>5%~10%</td><td>36</td><td>9.8</td></tr>
<tr><td>10%~20%</td><td>25</td><td>6.8</td></tr>
<tr><td>20%以上</td><td>22</td><td>6.1</td></tr>
</table>

表5-5 受益企业不愿意参与原因

零支付意愿原因	占比（%）
企业已缴纳相关税种	41.7
企业无能力为森林生态效益补偿支付	22.2
森林生态效益补偿是政府的职责，不应该由企业出资	20.8
其他	15.3

第三节 受益企业补偿参与意愿实证分析

一、模型选择

为了探究受益企业森林生态效益补偿参与意愿及参与程度的影响因素，本节采用 Tobit 模型和 Double Hurdle 模型(见表 5-6)，利用对比分析的方式进行计量检验，以判断两种方法对受益企业森林生态效益补偿参与意愿影响因素解释能力的优越性。

表 5-6 森林生态效益补偿参与意愿影响因素分析的模型选择

<table>
<tr><th colspan="2">模型</th><th>因变量(y_i^*)取值</th><th>模型解释</th></tr>
<tr><td colspan="2">Tobit 模型</td><td>y_i^* 取值为 y_i，即 $y_i^*=y_i$</td><td>采用极大似然法估计受益企业森林生态效益补偿参与意愿的影响因素，但该模型无法区分参与意愿与参与程度的差异，进一步选择 Double Hurdle 模型</td></tr>
<tr><td rowspan="2">Double Hurdle 模型</td><td>Probit 模型</td><td>当 $y_i>0$ 时，y_i^* 取值为 1；
当 $y_i\leq 0$ 时，y_i^* 取值为 0</td><td rowspan="2">由 Probit 模型估计受益企业森林生态效益补偿参与意愿的影响因素，进一步由 Truncated 模型估计受益企业森林生态效益补偿参与程度的影响因素</td></tr>
<tr><td>Truncated 模型</td><td>当 $y_i>0$ 时，y_i^* 取值为 1；
当 $y_i\leq 0$ 时，样本数据不进入模型</td></tr>
</table>

(一) Tobit 模型

Tobit 模型将受益企业参与森林生态效益补偿意愿作为一个综合的决策进行模拟，解释变量对参与决策和支出决策的影响是相同的，将零观察值视为角解。研究涉及的因变量“受益企业森林生态效益补偿参与意愿”是二元离散型变量，不满足统计学意义上的正态分布，若采用最小二乘法估计，估计结果将有偏。Tobit 模型在极大似然估计下能够很好解决这一问题。模型具体为

$$y^*=X\beta+\mu \tag{5-1}$$

其中，y^* 为模型的潜变量；$\beta X=\beta_0+\beta_1 x_1+\cdots+\beta_i x_i$。此外，观察变量 y 由潜变量 y^* 得到

$$y=\begin{cases}0, & y^*\leqslant 0\\ y^*, & y^*>0\end{cases} \tag{5-2}$$

其中，y^* 为潜变量；y 为 y^* 的观察变量；x_i 为解释变量；β_i 为回归系数。

（二）Double Hurdle 模型

Double Hurdle 模型又称双栏模型，是 Cragg 在 Tobit 模型基础上建立的拓展模型，用于研究消费者行为及意愿（Cragg，1971）。与 Tobit 模型不同，Double Hurdle 模型在每一个决策阶段，提出相应的方程式与之对应，即参与方程式用来决定是否参与支付；支出方程式用来决定支出多少金额。其实质为 Probit 模型与 Truncated 模型的组合，除了能处理零支付和缺失值给参数估计所造成的问题，还能对参与决策和支付行为分别进行解释（罗付岩，2019）。因此，本节利用 Double Hurdle 模型将受益企业森林生态效益补偿的参与决策和支出决策分为两个过程。模型具体形式如下：

1. 参与意愿决策（参与决策）

$$D_i^*=\alpha Z_i+\gamma_i,\gamma_i\sim N(0,1),\begin{cases}D_i=1, & \text{if } D_i^*>0\\ D_i^*=0, & \text{if } D_i^*\leqslant 0\end{cases} \tag{5-3}$$

其中，D_i^* 为潜在变量。当观察值变量 $D_i=1$ 时，表示受益企业愿意参与森林生态效益补偿；当 $D_i=0$ 时，表示受益企业不愿意参与森林生态效益补偿；Z 为影响参与决策的变量。

2. 支付水平决策（支出决策）

$$Y_i^*=\beta X_i+\varepsilon_i,\varepsilon_i\sim N(0,1),\begin{cases}Y_i=Y_i^*, & \text{if } D_i=1,Y_i^*>0\\ Y_i=0, & \text{其他}\end{cases} \tag{5-4}$$

其中，Y_i^* 为潜在支付变量；X_i 为影响支付水平的变量；γ 为 ε 随机干扰项。如果 $D^*>0$ 且 $Y^*>0$，表明受益企业参与森林生态效益补偿，且支付水平为 $Y=Y^*$，否则 $Y=0$。从式（5-4）可见，零值出现在两种情况下，第一种是

在参与决策阶段企业选择不参与；第二种是企业选择参与，却没有实际的支付水平。Double Hurdle 模型的对数似然函数为

$$\text{LnL} = \sum_{yi=0} \text{Ln}[1 - \phi(Z_i\theta)] + \sum_{yi>0}\left[\text{Ln}\phi(Z_i\theta) + \text{Ln}\frac{(y_i + X_i\beta)^2}{\sigma^2} - \text{Ln}\phi\left(\frac{X_i\beta}{\sigma}\right)\right] \quad (5-5)$$

其中，$\sum_{yi=0} \text{Ln}[1 - \phi(Z_i\theta)]$ 对应于 Probit 模型的分析结果，若受益企业愿意参与森林生态效益补偿，即 $y_i > 0$，则 $\sum_{yi>0}\left[\text{Ln}\phi(Z_i\theta) + \text{Ln}\frac{(y_i + X_i\beta)^2}{\sigma^2} - \text{Ln}\phi\left(\frac{X_i\beta}{\sigma}\right)\right]$ 对应于 Truncated 模型的分析结果。

二、变量选择与描述性统计

根据研究目的和具体研究假设，同时借鉴国内外已有研究成果和成熟量表，再结合森林生态效益受益企业实践情况进行适当修改和调整。研究变量包括因变量、核心自变量和控制变量三类，各类变量的具体内容如下。

因变量：因变量为受益企业参与森林生态效益补偿意愿，具体设置为两个因变量。一是受益企业参与意愿，来自受访者对“企业是否有意愿为森林生态效益补偿进行支付?”的回答，是一组二元虚拟变量，即愿意参与赋值为 1，反之赋值为 0；二是受益企业参与森林生态效益补偿的支付水平，来自受访者对“打算按照营业收入的____%进行支付?”的回答，是一组区间变量，主要按照森林生态效益补偿政策设计之初提出的比例支付，共五个等级。

核心自变量：核心自变量包括引导性激励、环境规制、行为态度、主观规范和感知行为控制。参照 Osiolo(2017)、曲薪池等(2019)、Obeng 和 Aguilar (2018)等学者的研究，采用政府优惠政策表征引导性激励，采用政府惩罚表征环境规制；参照王薇等(2019)、田虹和潘楚林(2015)、张渝和王娟茹(2018)、薛天山(2015)等学者的研究，采用企业社会形象和企业竞争优势表征行为态度；参照 Koistinen 等(2019)、Henriques 和 Sadorsky(1999)和张琦等(2019)等学者的研究，采用行业协会引导、消费者需求引导和同类型企业影响表征主观规范；参照吕宁等(2019)、吴林海等(2011)和 Song 等(2019)等学者的研究，采用社会网络便利表征感知行为控制。这些变量均采用 Likert5 级量表进行测量，其中数字“1～5”表示受访者的认可度逐渐增加，1 表示非常不同意，5 表示非常同意，受访对象根据受益企业实际情况进行选择。

控制变量：控制变量包括受访对象的个体特征，即选择性别、年龄、受教育程度和岗位。

基于上述理论分析及变量选择的设计思路，设计五类因素的可测量表及样本描述性统计(见表 5-7)：①各维度代表性变量选取；②根据指标层次性划分标准，将离散变量进行 0～1 或 1～5 赋值；③各指标变量的最小值统计；④各指标变量的最大值统计；⑤各指标变量的均值统计。

表 5-7　变量属性与描述性统计分析

<table>
<tr><th colspan="3">变量名称</th><th>变量含义与赋值</th><th>最小值</th><th>最大值</th><th>均值</th></tr>
<tr><td colspan="2" rowspan="2">因变量</td><td>参与意愿(Y_1)</td><td>0=没有意愿；1=有意愿</td><td>0</td><td>1</td><td>0.59</td></tr>
<tr><td>支付水平(Y_2)</td><td>1=0.1%～1%；2=1%～5%；3=5%～10%；4=10%～20%；5=20%以上</td><td>1</td><td>5</td><td>2.14</td></tr>
<tr><td rowspan="9">核心自变量</td><td>激励</td><td>政府优惠政策</td><td>A</td><td>1</td><td>5</td><td>3.58</td></tr>
<tr><td>规制</td><td>政府惩罚</td><td>A</td><td>1</td><td>5</td><td>3.21</td></tr>
<tr><td rowspan="2">行为态度</td><td>社会形象(X_1)</td><td>A</td><td>1</td><td>5</td><td>3.73</td></tr>
<tr><td>竞争优势(X_3)</td><td>A</td><td>1</td><td>5</td><td>3.35</td></tr>
<tr><td rowspan="3">主观规范</td><td>行业协会引导(X_4)</td><td>A</td><td>1</td><td>5</td><td>3.52</td></tr>
<tr><td>消费者需求引导(X_5)</td><td>A</td><td>1</td><td>5</td><td>3.44</td></tr>
<tr><td>同类型企业影响(X_6)</td><td>A</td><td>1</td><td>5</td><td>3.45</td></tr>
<tr><td>感知行为控制</td><td>社会网络便利(X_9)</td><td>A</td><td>1</td><td>5</td><td>3.59</td></tr>
<tr><td rowspan="4">控制变量</td><td rowspan="4">个体特征</td><td>性别(C_1)</td><td>0=女；1=男</td><td>0</td><td>1</td><td>0.69</td></tr>
<tr><td>年龄(C_2)</td><td>1=25 岁以下；2=26～35 岁；3=36～45 岁；4=46～55 岁；5=56～65 岁</td><td>1</td><td>5</td><td>3.74</td></tr>
<tr><td>受教育程度(C_3)</td><td>1=高中及以下；2=大专；3=大学本科；4=硕士；5=博士</td><td>1</td><td>5</td><td>2.98</td></tr>
<tr><td>岗位(C_4)</td><td>1=高层管理者；2=中层管理者；3=基层管理者；4=其他</td><td>1</td><td>4</td><td>2.67</td></tr>
</table>

资料来源：调研数据整理得到。(A 代表 1～5，从非常不同意到非常同意五个等级，详见附录 3 问卷)

三、实证结果与分析

（一）多重共线性检验

在应用 Tobit 模型和 Double Hurdle 模型进行回归分析之前，考虑到引导性激励、环境规制、行为态度、主观规范和感知行为控制等解释变量间存在的相关性，使用方差膨胀因子（VIF）和容差方法对选定的解释变量进行多重共线性检验。一般情况下，当容差小于 0.1，VIF 大于 10 时，即可认定存在共线性问题。

根据多重共线性诊断法，运用 SPSS24.0 统计软件对各解释变量间是否存在共线性问题进行诊断。将政府优惠政策作为因变量，其他变量作为自变量，采用 Enter 方法进行回归分析，得到表 5-8。

表 5-8 SPSS 共线性诊断

变量	共线性统计量	
政府优惠政策	容差	VIF
政府惩罚	0.480	2.085
社会形象	0.503	1.988
竞争优势	0.503	1.986
行业协会引导	0.276	3.624
消费者需求引导	0.356	2.812
同类型企业影响	0.257	3.884
社会网络便利	0.486	2.057
性别	0.688	1.454
年龄	0.649	1.542
受教育程度	0.798	1.253
岗位	0.803	1.246

注：容差（1/VIF）和方差膨胀因子（VIF）是诊断多重共线性的指标。

依次选取政府惩罚、社会形象、竞争优势等其他自变量重复上述过程。由于篇幅有限，仅展示以政府优惠政策为因变量的诊断结果。综合全部诊断结果来看，方差膨胀因子最大值为 3.919，容差最小值为 0.255，即各自变量之间的共线程度在合理范围之内，不存在多重共线性问题。此外，检验变量的残差，结果显示误差项不存在异方差，模型结果具有一定的可靠性，为后文实证研究结果的有效性提供了保证。

（二）模型回归结果与分析

在多重共线性检验的基础上，利用统计分析软件 Stata15.0 分别进行 Tobit 模型估计和 Double Hurdle 模型估计，系统解析受益企业森林生态效益补偿参与意愿和支付水平的影响因素。估计结果显示，Tobit 模型中环境规制、引导性激励、行为态度（社会形象）、主观规范（行业协会引导、消费者需求引导）、感知行为控制、年龄和岗位通过了显著性检验；Double Hurdle 模型的参与方程与 Tobit 模型的结果相类似，而支付方程中通过显著性的变量明显减少，环境规制、行业协会引导、同类型企业影响和年龄通过了显著性检验。这说明影响参与意愿和支付水平的因素并不相同，相同的变量在不同的方程中对解释变量的影响方向和影响程度有所不同。Double Hurdle 模型能进一步区分这些影响因素，更好地解释受益企业的参与意愿与支付水平。鉴于此，本部分依据 Teklewold 等（2006）的研究，采用似然比方法判断 Double Hurdle 模型在两阶段分析受益企业参与森林生态效益补偿的影响因素时是否比 Tobit 模型更加有效。似然比检验可以通过下式计算：

$$\Gamma=-2\times[\ln L_t-(\ln L_p+\ln L_{tr})]\sim\chi_k^2 \tag{5-6}$$

其中，L_t、L_p 和 L_{tr} 分别为 Tobit 模型、Probit 模型和 Truncated 模型的似然值；k 为方程中独立变量的个数。提出原假设（H_0）：如果 $\Gamma<\chi_k^2$，则接受原假设，采用 Tobit 模型进行估计；否则拒绝原假设，采用 Double Hurdle 模型进行估计。

在 5%的显著性水平上，计算式（5-6）可得

$$\Gamma=47.98>\chi_k^2=21.03$$

因此，拒绝原假设 H_0，利用 Double Hurdle 模型能更有效地估计受益企业森林生态效益补偿的参与方程和支付方程。本部分采用 Double Hurdle 模型解释受益企业参与森林生态效益补偿的影响因素。统计结果如表 5-9 所示，具体分析如下。

表 5-9 受益企业参与森林生态效益补偿的影响因素模型估计

自变量		Tobit 模型估计	Double Hurdle 模型估计	
			Probit 模型	Truncated 模型
引导性激励	政府优惠政策(X_1)	0.143 (0.059)**	0.220 (0.110)**	0.073 (0.108)
环境规制	政府罚款(X_2)	0.132 (0.039)***	0.229 (0.078)***	0.147 (0.070)**
行为态度	社会形象(X_3)	0.269 (0.045)***	0.508 (0.091)***	0.114 (0.085)
	竞争优势(X_4)	-0.011 (0.044)	-0.048 (0.084)	0.030 (0.083)
主观规范	行业协会引导(X_5)	0.156 (0.072)**	0.265 (0.136)**	-0.427 (0.136)***
	消费者需求引导(X_6)	0.106 (0.051)**	0.206 (0.103)**	0.150 (0.126)
	同类型企业影响(X_7)	-0.101 (0.077)	-0.213 (0.151)	0.393 (0.134)***
感知行为控制	社会网络便利(X_8)	0.163 (0.056)***	0.338 (0.120)***	0.135 (0.094)
个体特征	性别(C_1)	-0.028 (0.091)	-0.124 (0.179)	0.019 (0.160)
	年龄(C_2)	-0.100 (0.049)**	-0.183 (0.096)**	-0.341 (0.089)**
	受教育程度(C_3)	0.073 (0.061)	0.160 (0.107)	0.078 (0.085)
	岗位(C_4)	-0.146 (0.051)***	-0.316 (0.104)***	-0.084 (0.088)
截距项		-0.250 (0.421)	-0.592 (0.806)	1.997 (0.761)***
Log likelihood		-515.40	-197.71	-293.7
pseudo R^2		0.1339	0.2018	0.1427
Total obs		366	366	216

注：括号内为标准误差，*、**、***分别表示10%、5%、1%的水平上显著。

1. 政府引导性激励与环境规制

从 Double Hurdle 模型的估计结果可知，政府引导性激励和环境规制对受益企业森林生态效益补偿的参与意愿和支付水平有不同程度的影响。

从引导性激励来看，引导性激励在 5%的显著性水平上正向影响受益企业森林生态效益补偿的参与意愿，但对受益企业森林生态效益补偿的支付水平影响不显著，即政府激励受益企业参与森林生态效益补偿每提高一个等级，受益企业参与意愿将提升 22%。

从政府环境规制来看，环境规制在 1%的显著性水平上正向影响受益企业森林生态效益补偿的参与意愿；在 5%的显著性水平上正向影响受益企业森林生态效益补偿的支付水平，即政府惩罚程度每提升一个层次，受益企业参与意愿将提高 22.9%，支付水平提高 14.7%。这说明政府的规制和激励行为能够促使受益企业愿意参与森林生态效益补偿。环境规制对支付水平的提高有更显著的作用，而政策优惠的激励不能提高受益企业的支付水平。这表明“法律制裁的可信威胁”途径比“政策优惠激励”途径更能引导受益企业成为多元化森林生态补偿主体，这与我国企业的经营环境及制度环境相符合。

2. 行为态度

根据模型估计结果，社会形象在 1%的显著性水平上对受益企业森林生态效益补偿的参与意愿有正向影响，但是对受益企业的支付水平影响不显著；竞争优势对受益企业森林生态效益补偿的参与意愿和支付水平的影响都不显著。这说明受访对象较为认可参与森林生态效益补偿可以提升企业社会形象，而在参与森林生态效益补偿可以提升企业竞争优势方面的认可不足。

从社会形象方面来看，如果受益企业认同参与森林生态效益补偿能提升企业社会形象，则其认同程度每增加一个等级，企业愿意参与森林生态补偿的概率将增加 50.8%，对支付水平的驱动不明显，这是因为依靠参与森林生态效益补偿树立企业社会形象是缓慢的过程，一旦涉及企业支出成本，社会形象的驱动作用便略显不足。

从竞争优势方面来看，其对受益企业森林生态效益补偿的参与意愿和支付水平的影响都不显著。这是因为森林生态效益补偿直接影响森林生态环境，对森林生态恢复有积极的促进作用，但对受益于森林生态效益的企业而言是间接作用。此外，根据调研结果，很大部分受访者对“森林生态效益对企业的重要性”认识不足，因此单从竞争优势而言无法驱动受益企业参与森林生态效益补偿。

3. 主观规范

根据 Probit 模型和 Truncated 模型的估计结果，行业协会引导在 5%的显著性水平上正向影响受益企业森林生态效益补偿的参与意愿，在 1%的显著性水平上负向影响受益企业森林生态效益补偿的支付水平；消费者需求引导在 5%的显著性水平上正向影响受益企业参与森林生态效益补偿意愿，对支付水平的影响则不显著；同类型企业影响对受益企业参与意愿的影响不显著，而对支付水平的影响在 1%的水平上正向显著。

从行业协会引导来看，行业协会引导每提升一个等级，受益企业参与森林生态效益补偿意愿将提高 26.5%，而支付水平将下降 42.7%。这一结论似乎与经验判断不符，但本章认为出现这种结果具有一定的合理性。其可能的原因是，行业协会作为一种民间组织，是政府与企业的桥梁，企业可能迎合行业协会积极参与森林生态建设，但是对行业协会关于支付水平的引导行为又缺乏信心，反映了受访对象基于企业视角的矛盾心理，虽然积极响应行业协会倡导森林生态效益补偿的号召，但是在实际的支付中会选择较低的金额。这一点在 Tobit 模型的结果中难以反映。

从消费者需求引导来看，消费者需求引导每提升一个等级，受益企业参与森林生态效益补偿意愿将提高 20.6%，但对支付水平的影响不显著。这是一个有趣的发现，一方面，终端消费者对森林生态产品的需求驱动着受益企业有意愿参与森林生态效益补偿；另一方面，这一需求驱动并没有提高受益企业的支付水平。这说明如果企业参与森林生态建设，会以此为营销手段，满足消费者对森林生态产品的需求，但当拿出企业经营收入的一部分为森林生态建设支付资金时，企业并不积极。这也符合企业以盈利为中心目标的性质。

从同类型企业影响来看，同类型企业参与森林生态效益补偿每提升一个等级，受益企业森林生态效益补偿的支付水平将提升 39.3%，对参与意愿的影响不显著。这一结论似乎与经验判断不符，一般而言同类型企业参与意愿和支付水平的影响应该一致。可能的原因是，受益企业森林生态效益补偿的支付比参与更加直接。此外，同类型企业间大多存在竞争的关系，且联系比较密切，信息较为对称，降低了受益企业的“搭便车”行为，有效避免了集体的机会主义行为。一些企业参与森林生态环境建设的支付行为会受到地方政府，乃至行业协会的重视，可能对其行为进行宣传，因此对其他企业有带动作用。

4. 感知行为控制

社会网络便利情况每提高一个层次，受益企业参与森林生态效益补偿意愿将提高33.8%，而对支付水平的影响不显著。可能的原因是，社会网络便利在一定程度上提高了政府对森林生态效益补偿的宣传，有利于受益企业获知相关信息。此外，社会网络便利可以提供多种市场化参与渠道，如生态标签、水文服务交易、生物多样性交易等有利于调动企业积极性的市场化模式。因此，社会网络便利在一定程度上驱动了受益的企业参与意愿，但对支付水平的影响不显著。

5. 其他控制变量

在性别、年龄、受教育程度和岗位中，年龄和岗位类型通过了显著性检验。从年龄统计结果来看，年龄在5%的显著性水平上负向影响受益企业森林生态效益补偿的参与意愿与支付水平，即受访者年龄每提高一个层次，受益企业参与意愿将降低9.6%，支付水平将降低8.9%。可能的原因是，年龄越大的受访者对森林生态效益补偿的认知程度越低，基于企业盈利的视角越不支持企业参与森林生态建设。从岗位统计结果来看，岗位在1%的显著性水平上负向影响受益企业森林生态效益补偿的参与意愿，但对受益企业支付水平的影响并不显著。这说明与基层管理者相比，高层管理者更支持企业参与森林生态效益补偿。可能的原因是，高层管理者一般是企业的决策领导层，掌握企业的发展方向，更能清楚地认知森林生态效益对企业的重要性，因此更能提高企业参与森林生态建设的意愿，尽管岗位对支付水平的影响不显著。这一研究结果也与现实相符，从调研结果中获知，一般高层管理者更能清晰定位企业的发展，并且更希冀通过市场化途径参与森林生态补偿，而不是通过一定比例营业收入支付的形式。因此，直接货币支付的补偿形式比较不受企业管理人员认可。

第四节 本章小结

本章着重分析受益企业森林生态效益补偿的参与意愿，从受益企业的参与意愿和参与程度出发，基于拓展的计划行为理论构建受益企业森林生态效益补偿参与意愿的理论框架，利用366份黑龙江省微观受益企业的调查数据，采用Tobit模型和Double Hurdle模型展开实证检验，解析出影响受益企业森林生态效益补偿参与意愿的核心要素。研究表明，59.02%的受益企业具有参与森林生态效益补偿参与意愿，且选择支付金额为营业收入1%~5%的样本量最多，40.98%的受益企业暂时不愿意参与森林生态效益补偿，究其原因大部分受访对象表示“企业已缴纳相关税种”。在实证分析方面，政府优惠政策、政府罚款、社会形象、行业协会引导、消费者需求引导、社会网络便利、年龄和岗位对受益企业参与森林生态效益补偿意愿有显著影响，而政府罚款、行业协会引导、同类型企业影响和年龄对受益企业森林生态效益补偿的参与程度有显著作用。以上研究为政府从规制和激励途径引导受益企业参与森林生态补偿提供了理论支持和政策启示。

第六章

“激励”视角下的城镇居民补偿支付意愿分析

根据第四章分析可知，城镇居民是森林生态效益补偿的主体之一，目前我国森林生态效益补偿体系尚不健全，正式制度发展相对滞后。基于此，本章认为社会信任作为正式制度和交易规则的替代物，是政府规制发挥作用的前提和基础，有利于引导社会资本参与森林生态建设。本章利用黑龙江省城镇居民的微观调查数据，着重从政府激励的视角讨论社会信任对城镇居民生态补偿支付意愿的影响。区别于已有研究，本章重点不是衡量城镇居民参与森林生态补偿的程度，而是希冀政府从社会信任激励的角度探究提升城镇居民参与森林生态服务付费的途径。

第一节 研究视角与理论分析

一、研究视角与理论假设

党的十九大报告提出“建立多元化、市场化生态保护补偿机制”，是实现生态、经济与社会可持续发展的重要途径(刘春腊等,2019)。我国生态补偿政策最早应用于森林生态环境领域，已实施的生态补偿项目取得了一定成效，但同时也面临一些问题，如补偿标准低、资金来源单一、缺乏利益相关主体的协同参与(Weiss et al.,2019)，导致国家森林生态保护的目标难以真正实现。此外，政府采取的一系列强制治理措施也引发了许多社会问题(陈波等,2019)，例如，自2015年实施全面停止天然林商业性采伐政策以来，东北、内蒙古等重点国有林区第一、第二产业严重衰落，导致大量职工下岗，陷入相对贫困，加剧了福利分布的马太效应(杨晶等,2019)。因此，探索引导利益相关主体参与森林生态建设的途径，拓宽生态补偿筹资渠道是本章要解决的核心问题。

森林生态资源和生态环境具有公共物品的特性，保护成果由全社会共享，因此有必要倡导马斯洛高层次需求群体——城镇居民参与林区补偿，以分担区域政府的环境责任压力。从已有研究来看，许多学者比较重视个体的生态认知、物质资本和人力资本对生态补偿支付意愿的影响，区别于已有研究，本章的边际贡献在于从政府激励的视角聚焦社会资本中的信任在森林生态补偿过程中的作用。城镇居民的森林生态环境投资行为有益于增进社会公共福利，具有“利他主义”属性(颜廷武等,2016)，同时森林生态环境的改善需要利益相关者共同参与才能避免资源利用的“公地悲剧”，具有“集体行动逻辑”属性(蔡荣等,2014)。因此，除了分析城镇居民生态认知、人力资本和物质资本，还应该考虑居民之间、居民与政府、制度互动等社会信任因素对生态补偿支付意愿的影响。根据已有研究，社会信任积累在调和经济增长与公共资源供给矛盾上有非常重要的作用(史宇鹏、李新荣,2016;Knack and Keefer,1997)，有利于解决集体行动的“搭便车”行为(Zak and Knack,2001)。因此，本章的研究目的不是衡量城镇居民参与森林生态补偿的程度，而是从社会信任的角度探究提升城镇居民森林生态资产支付意愿的途径，为实现共建、共享、共治的生态环境治理格局提供思路。

社会信任作为一种典型的非正式制度，与社会参与、社会网络和社会声望共同构成社会资本(徐戈等,2019)。学术界关于“信任”并没有一个共同认可的定义。最早Deutschi将信任视为一种“预期”，并根据这一预期做出相应的行动(Deutschi,1960)。Hosmer(1995)认为信任是一种对情景的反应，即行为个体面临预期损失大于收益时，所做出的非理性选择行为。此外，Quigley(1996)将信任视为一种“合作行为”，即从行为反馈层面定义信任，为实证研究提供了出路。根据研究对象不同，社会信任可以划分为人际信任和公共信任。人际信任是以人与人之间的“情感关系”为纽带，并基于血缘、亲缘和地缘形成的短半径内部关系网络，代表个体对社会的归属感与信心（丁从明等，2019；丁从明等，2018）。公共信任是嵌套在特殊社会结构、法律和制度中的一种功能化的社会机制，是由“非人际”关系的社会现象引发的信任（林建浩等，2018；Lapalombara，1994）。

生态补偿是生态治理的重要经济手段，通过梳理社会信任与生态治理的关系，总结社会信任对生态补偿的作用途径（潘鹤思等，2019）。生态环境和生态资源具有公共物品的特性，保护成果由全社会共享，因此有必要倡导利益相关主体共同参与，以分担区域政府的环境责任压力。按照行为经济学和公共治理理论，社会信任是影响公共池塘资源治理形成集体行动的关键要素，也是经济发展及交易必备的公共品德，能够有效降低交易成本，带动组织成员间合作（Hirsch，1978）。杨柳和朱玉春（2016）研究发现社会信任显著正向影响农户参与农村生产性公共产品供给，有助于社会服务增进和关系网络扩展，以及将农村公共产品的“搭便车者”边缘化。张洪振和钊阳（2019）研究得出社会信任能够显著提升公众参与环境保护的意愿，进而增加实际环境保护行为。此外，社会信任还能够降低管理成本和信息获取成本，形成某种“软约束”，规范和引导社会成员参与生态环境治理的行为（科尔曼，1999）。有研究表明社会信任还能基于法理（法规制度）和伦理（社会道德规范）降低政策执行成本。例如，Harring（2013）利用跨国数据研究发现公众参与环境治理的意愿与各国政治信任、政治约束及社会腐败密切相关。史雨星等（2018）研究发现，人际信任和制度信任能够降低牧户之间的信息不对称性，增加牧户参与草场社区治理的意愿。综上所述，社会信任能够增强利益主体间的合作凝聚力，通过建立合作机制和内在约束机制弱化利益群体在生态治理过程中的“搭便车”行为。

以上研究表明，信任作为社会资本的重要组成部分不仅是正式制度和交易规则的替代物，而且是政府规制发挥作用的前提和基础（Gonzalez，2010），能够使那些难以通过市场定价交易的公共资源和公共物品能够通过社会信任实现多元主体联合供给（Hirsch，1978）。然而，鲜有学者研究社会信任在森林生态环境领域的作用途径，事实上，在中国森林生态资产与生态补偿领域，市场体系建设尚不全面，利益相关主体协同参与生态治理的制度法规发展相对缓慢，因此构建以社会信任为核心的政策实施软环境在生态环境治理中的作用将更为突出。鉴于此，根据已有成果和本章研究目的将社会信任分为公共信任和人际信任，以环境法规和地方政府的信任表征公共信任（史雨星等，2019），以亲人和邻居的信任表征人际信任（何可等，2015），并以黑龙江省微观调查数据为基础，系统评估社会信任对城镇居民森林生态补偿支付意愿的影响，旨在为拓宽我国森林生态补偿筹资渠道提供理论借鉴和政策建议。基于此，提出以下研究假设：

H1：环境法规信任对城镇居民森林生态效益补偿支付意愿有显著促进作用。

H2：地方政府信任对城镇居民森林生态效益补偿支付意愿有显著促进作用。

H3：亲人信任对城镇居民森林生态效益补偿支付意愿有显著促进作用。

H4：邻居信任对城镇居民森林生态效益补偿支付意愿有显著促进作用。

二、条件价值评估法与原理

条件价值评估法（CVM）又称意愿调查法。以效用最大化理论和消费者剩余理论为基础，通过构建假想市场与消费者陈述偏好，研究区域居民对某种环境资源及服务改善或损失的受偿意愿（WTA）与支付意愿（WTP），WTA 与 WTP 以货币数量表示，是评估非市场公共资源价值的较好方法，也是公共生态产品在供给变化下的希克斯消费者剩余。作为一种非市场价值评估方法，一方面 CVM 方法简单、灵活，与环境经济学理论相契合；另一方面其可以解决自然环境资源难以量化的困境，是资源与环境经济学领域最重要的理论贡献之一（Venkatachalam，2004）。

随着 CVM 的实践应用与理论研究不断深入，其评估结果的信度、效度和科学性得到肯定，越来越多的学者将其应用于生态补偿领域，CVM 具有以下优点：首先，CVM 在效用价值评估理论指导下，评估结果符合成本有效性原则，因此可用于分析生态补偿项目的执行成本和外溢效益；其次，CVM 评估结果在通常情况下存在受偿意愿高于支付意愿的现象，另外受偿意愿的实现要受支付意愿水平的制约，符合生态项目运行的基础，即受偿者提供的生态服务价值大于补偿标准；最后，CVM 从受偿者和补偿者意愿的视角出发有利于政府主导补偿项目更遵从“民意”，符合政治有效性原则(陈海江等,2019)。

基于此，本章采用条件价值评估法设计调查问卷，以研究城镇居民对森林生态效益补偿的支付意愿，该方法符合福利经济学对福利变化的衡量原则。在假想市场条件下，根据“谁受益谁补偿”原则以问卷调查的方式直接询问城镇居民对森林生态效益补偿的支付意愿。CVM 问卷按照核心估计值的设计模式，引导技术通常分为四类，即开放式(OE)、投标博弈(IB)、支付卡(PC)和二分式(DC)，四种估价方法各有优缺点，支付卡和二分式是最常用的估价方式。其中，支付卡估价法是指给定一组投标值，让城镇居民从中选择一种作为支付意愿。本次调查采用支付卡估价方法，主要基于以下几个方面的考虑：第一，根据已有研究，居民对支付卡法接触较多，对投标博弈法和二分式法较为陌生；第二，CVM 调查过程中需要控制居民答卷的时间长度，以避免受访者由“不耐烦”导致结果出现偏差，而支付卡投标值相对简单，不会占用居民太长时间；第三，根据相关专家咨询情况和预调查，可以合理确定居民支付意愿投标区间，并在一定程度上弥补 CVM 方法产生的假想偏差(敖长林等,2019)。

第二节 研究设计与数据

一、问卷设计

条件价值评估法的研究结果严格依赖问卷调查所取得的信息，因此问卷设计至关重要。在问卷设计之前，已进行了大量的文献研读，并结合已有学者的问卷结构和本书研究目的进行设计。问卷初步设计完成后邀请专家对问卷内容进行指导和修改。问卷经过精心设计和反复修改后，组织团队成员在哈尔滨市进行小范围预调研，以检测问卷设计的合理性和科学性。最终问卷内容主要包含以下几个部分(见附录4)。

第一，受访对象基本特征。包括受访者个人特征和家庭禀赋，主要有性别、年龄、学历、人口数量、家庭月收入水平和家庭住址与森林距离六个方面。

第二，受访对象生态认知。包括对森林生态环境认知和森林生态效益补偿政策认知，主要有生态环境评价、森林重要性评价和森林生态效益补偿认知等四个方面。

第三，受访对象森林生态效益补偿支付意愿调查。包括支付意愿的调查、最愿意支付的森林生态服务功能调查、支付意愿行为奖励方式调查、愿意支付补偿的支付区间。

第四，社会信任因素对森林生态效益补偿影响调查。包括环境法规信任、地方政府信任、亲人信任和邻居信任四个方面。

二、数据来源与调研方法

本章利用统计学分析方法确定样本容量，然后于 2018 年 7~8 月集中对黑龙江省城镇居民进行分层抽样调查。

根据统计学大样本容量的确定原理确定样本容量：

$$N=\frac{Z_{\alpha}^{2}p(1-p)}{\Delta^{2}}$$

其中，令置信度 $\alpha=0.05$；根据正态分布表临界值 $Z_{\alpha}=1.96$；令总体概率 $p=0.5$；抽样误差范围控制在 5%以内，通过上述公式，样本容量至少为 384 份。

数据来源于 2018 年 7~8 月集中对黑龙江省城镇居民进行的分层抽样问卷调查。样本产生方法如下：依据经济发展水平和森林资源禀赋选择哈尔滨市、牡丹江市、伊春市、黑河市、齐齐哈尔市和佳木斯市六个有代表性的区域。在每个地级市下随机选择四个市辖区（市、县），并在该市辖区（市、县）最繁华的地段或居民区随机选择城镇居民进行面对面交流、访谈，尽量以通俗易懂的语言描述调研问题。此外，在调查时为受访者准备一份礼品，借此克服调查中可能出现的假想偏差和不反映偏差。为保证样本数据的科学有效性，在具体调查前课题组对问卷发放过程制定了比较严格的技术规范，调研组成员均为在校大学生，经过系统培训后在哈尔滨市区进行预调研以修正问卷内容。本次调查累计发放问卷 696 份，剔除有效信息漏答、前后矛盾等无效问卷，共获得有效样本 662 份，有效率达 95.1%。

三、样本特征

为了全面了解城镇居民森林生态效益补偿支付意愿调查数据的样本特征，从样本地区分布、城镇居民的个体特征、生态补偿支付意愿及行为特征变化等几个方面进行详细阐述，具体分析如下文所述。

（一）样本地区分布

依据经济发展水平和森林资源禀赋条件选择哈尔滨市、牡丹江市、伊春市、黑河市、齐齐哈尔市和佳木斯市六个有代表性的区域发放调查问卷。根据表 6-1，受访对象大多来自哈尔滨市，样本数量 201 个，占总样本量的 30.4%。其次是齐齐哈尔市，受访对象 131 人，占总样本量的 19.8%。牡丹江市样本量 108 个，占总样本量的 16.3%。佳木斯市样本最少 55 个，占总样本量的 8.3%，整体来看样本分布较均匀，能够代表黑龙江省的整体情况。

表 6-1 样本数据地区分布

地区分布	数量（个）	所占比例（%）
哈尔滨	201	30.4
牡丹江	108	16.3
伊春	98	14.8
黑河	69	10.4
齐齐哈尔	131	19.8
佳木斯	55	8.3

（二）个人基本特征及家庭禀赋

有效样本的受访者个人基本特征及家庭禀赋如表 6-2 所示，主要通过性别、年龄、受教育程度 3 个指标反映。从性别分布来看，受访者女性居多，共

表 6-2 样本数据个人基本特征及家庭禀赋

类别	指标	数量(个)	所占比例(%)
性别	男	255	38.5
	女	407	61.5
年龄	19 岁以下	17	2.6
	20~29 岁	209	31.6
	30~39 岁	181	27.3
	40~49 岁	137	20.7
	50~59 岁	93	14.0
	60 岁及以上	25	3.8
受教育程度	小学	20	3.0
	初中	115	17.4
	高中	81	12.2
	大专	103	15.6
	本科	250	37.8
	研究生	93	14.0
家庭人口数量	1~2 人	98	14.8
	3~4 人	459	69.3
	5 人及以上	105	15.9
月人均收入水平	800 元以下	44	6.6
	800~1500 元	39	5.9
	1500~2500 元	74	11.2
	2500~4000 元	164	24.8
	4000~6000 元	137	20.7
	6000 元以上	204	30.8
居住地与森林距离	小于 2km	83	12.5
	2.1~4km	98	14.8
	4.1~6km	72	10.9
	6.1~10km	111	16.8
	大于 10km	298	45.0

407人，占样本总数的61.5%；男性受访者255人，占样本总数的38.5%。从受访者年龄分布来看，20~29岁人群最多，样本量209个，占样本总数的31.6%；30~39岁有181人，占样本总量的27.3%；19岁以下样本量最少，仅占样本总量的2.6%。受教育程度以初中和大学本科为主，两项指标合计365人，占总样本数量的55.2%；其次为大专学历，样本量103人，占样本总量的15.6%；研究生以上人群93人，包括硕士学历和博士学历，共占总样本数量的14.0%。由此分布来看，本次调查受访人群整体受教育程度较高，能够对调研问题有清晰认知。因此，调查样本具有一定的代表性，在一定程度上保证了调研问卷的可信度与有效度。

受访者家庭禀赋特征主要通过家庭人口数量、月平均收入水平和居住地与森林的距离三个指标反映，如表6-2所示。家庭人口数量3~4人的样本数量最多，共有459，占总样本量的69.3%；5人及以上的样本数量105人，占样本总量的15.9%；1~2人的样本量最少，有98人，占总样本总量的14.8%。在家庭月人均收入水平方面，样本人群月平均收入集中在“6000元以上”和“2500~4000元”，占比合计达55.6%；其次为“4000~6000元”，样本数量137人，占样本总量的20.7%。从样本月人均收入来看，黑龙江省城镇居民收入水平较高，月平均收入在2500元以上的人群占总样本总量的76.3%。在家庭居住地与森林距离方面，受访人群中有298人选择居住地与森林距离在10km以上，占样本总量的45.0%；其次有111人选择6.1~10km，占样本总量的16.8%。

（三）居民生态认知分析

通过问卷调查数据可以发现居民对目前居住生态环境、森林生态环境及森林生态效益补偿政策的认知及评价（见表6-3）。

从城镇居民生态环境变化感知来看，样本区有生态意识的居民高达80.7%，其中感知周围居住生态环境恶化（严重恶化和比较恶化）的有410人，占总样本的61.9%，从感知居住环境改善状况来看，18.8%的城镇居民认为生态环境明显改善或有些改善。这一调查结果与我国实际情况相符合。2010年以来，黑龙江省雾霾天气严重，以哈尔滨市为例，2012年空气质量二级以上

表 6-3 受访城镇居民的生态认知

类别	指标	数量(个)	百分比(%)
生态环境变化感知	明显改善	54	8.2
	有些改善	70	10.6
	没有变化	128	19.3
	有些恶化	259	39.1
	严重恶化	151	22.8
森林重要性认知	非常不重要	17	2.6
	比较不重要	15	2.3
	一般	161	24.3
	比较重要	176	26.6
	非常重要	293	44.3
森林生态效益补偿政策认知	非常不了解	179	27.0
	比较不了解	257	38.9
	一般了解	161	24.3
	比较了解	42	6.3
	非常了解	23	3.5

的天数为 319 天，2017 年下降到 271 天①，反映了调查数据样本具有代表性，大体反映了黑龙江省生态环境的真实情况。

在森林重要性认知方面，大部分城镇居民认可森林资源及森林生态环境的重要性，其中认为森林非常重要的样本有 293 个，占总样本量的 44.3%；其次认为比较重要的样本有 176 个，占样本总量的 26.6%，可见样本区共 70.9%的人群对森林重要性认知明显；4.9%的人群认为森林资源及森林生态环境非常不重要和比较不重要；其余 24.3%的人群认为森林的重要性一般。

在森林生态效益补偿政策认知方面，根据调查发现了解森林生态补偿政策（包括非常了解、比较了解和一般了解）的样本共 226 个，占调查人群的 34.1%；非常不了解和比较不了解的样本量共 436 个，占调查人群的 65.9%。由此可见，森林生态补偿政策对城镇居民还是比较陌生的，调研发现居民对生态补偿

① 数据来源于《中国统计年鉴》。

的认知多数来自字面理解，在现实生活中没有接触过相关政策，主要因为我国目前生态补偿支付主体以政府为主，各部门对补偿政策的普及相对较少。

（四）森林生态效益补偿支付意愿及行为特征

1. 森林生态补偿支付意愿及支付行为奖励方式

城镇居民对森林生态效益补偿的支付意愿在很大程度上反映了其对林区生态环境价值的主观评价，了解居民支付意愿是构建多元化生态补偿体系的关键。本部分从支付意愿、支付水平和支付意愿行为奖励方式三方面来梳理城镇居民支付意愿特征（见表6-4~表6-6）。

表6-4　森林生态效益补偿支付意愿

是否愿意支付	愿意	不愿意
绝对频数（个）	446	216
相对频率（%）	67.4	32.6

表6-5　森林生态效益补偿支付水平

支付区间（元）	5	15	25	35	45	55	65	75	85	95
绝对频数（个）	201	67	44	9	57	24	11	7	5	21
相对频率（%）	45.1	15	9.8	2	12.8	5.3	2.5	1.6	1.1	4.9

表6-6　支付意愿行为奖励方式

意愿支付行为奖励方式	占比（%）
森林生态旅游优惠	41.7
纳入个人信用体系（如增加贷款额度、信用额度）	41.2
作为个人工作业绩	13.2
税收优惠	3.9

为了获得居民对森林生态效益补偿的支付意愿及估值，笔者将调研问题分为四个部分。

问题1：假若您是黑龙江省森林生态环境的受益者，目前政府鼓励居民加入森林生态效益补偿计划中，但需要您支付一定费用，您是否愿意？选项设置为：0=否，1=是。

问题2：如果您选择“否”，请继续选择零支付意愿原因。

问题3：如果您选择“是”，那么您家庭愿意每月拿出多少钱来参与这项计划？选项设置为：1~10元、11~20元、21~30元、31~40元、41~50元、51~60元、61~70元、71~80元、81~90元、91~100元、其他。

问题4：如果您选择“是”，假若政府为有支付行为的居民提供一定的奖励方式，选择您希望的方式。

表6-4显示了城镇居民森林生态补偿支付意愿情况。67.4%的城镇居民愿意为森林生态服务付费，32.6%的城镇居民不愿意付费。愿意付费人群中每月付费情况如表6-5所示，根据统计学的合理性，采用中值代替区间值的形式进行分析，其中支付5元的样本最多，占比45.11%；其次为15元的支付区间，占比15%。此外，在愿意付费的人群中，受访者愿意支付的几种森林生态服务功能依次为保持水土（67.05%）、涵养水源（60.08%）、维持生物多样性（56.25%）、气候调节（55.68%）、固碳释氧（42.05%）、文化旅游价值（39.77%）。黑龙江省国有林区是松花江、嫩江、黑龙江等水系的重要源头，调查数据间接验证了森林保持水土和涵养水源的生态服务功能非常重要。

研究表明，如果能够对城镇居民森林生态服务付费行为进行激励，则可以增加其支付的可能性。通过调查受访者愿意接受的支付行为奖励方式，发现“森林生态旅游优惠”和“纳入个人信用体系”是最受欢迎的两种奖励方式，两种方式占比总和达到82.9%（见表6-6）。

2. 零支付意愿原因

调查结果显示，在没有支付意愿的城镇居民中，37.4%城镇居民选择“自身经济条件限制，无能力支付”。28.2%的城镇居民“担心政府不能专款专用”（见表6-7）。在调查中受访者对于补偿资金能否用于森林生态建设表示质疑。此外，由于资金使用过程不公开、监管不到位，导致城镇居民对于资金使用效率和预期没信心。20.2%的城镇居民认为“森林生态环境问题是政府的事，不应该由个人出资”，这在一定程度上反映了森林生态保护具有“政府”依赖性，森林生态服务产品由于缺乏市场定价导致了消费者“只取不予”的“搭便车”行为。14.2%的城镇居民表示对此事不关心，可以看出部分城镇居民生态保护意识相对薄弱。

表 6-7 零支付意愿原因

零支付意愿原因	占比(%)
自身经济条件限制，无能力支付	37.4
担心政府不能专款专用	28.2
森林生态环境问题是政府的事，不应该由个人出资	20.2
对森林生态保护不关心，与我无关	14.2

四、变量选择与描述性统计

因变量用森林生态效益补偿支付意愿来衡量城镇居民支付意愿。受访居民对“如果为了使林区更好地发挥保护生态环境的作用，需要您每年支付一定的费用。您愿意吗?”的回答为二元虚拟变量，其中“愿意支付”赋值为1，反之赋值为0。

核心自变量为社会信任，社会信任作为一种典型的非正式制度，与社会参与、社会网络和社会声望共同构成社会资本。根据上文理论假设，社会信任可以划分为公共信任和人际信任，以环境法规信任和地方政府信任表征公共信任，以亲人信任和邻居信任表征人际信任。

控制变量包括个人特征、家庭禀赋和生态认知。

综上所述，本章将城镇居民生态补偿支付意愿的影响因素分为公共信任、人际信任、个人特征、家庭禀赋和生态认知五类因素，设计五类因素的可测量表及样本描述性统计：①各维度代表变量的选取；②根据指标层次划分标准，将离散变量进行0~1赋值或1~5赋值；③统计各指标变量的均值和标准差(见表6-8)。

表 6-8　变量属性及描述性统计

变量类别	变量名称	代码	赋值	均值	标准差
因变量	支付意愿	WTP	是否愿意为森林生态服务付费？否=0　是=1	0.33	0.469
公共居民	环境法规信任	trust1	非常不信任=1;不信任=2;一般信任=3;比较信任=4;非常信任=5	3.33	1.265
	地方政府信任	trust2	非常不信任=1;不信任=2;一般信任=3;比较信任=4;非常信任=5	3.26	1.292
人际信任	亲人信任	trust3	非常不信任=1;不信任=2;一般信任=3;比较信任=4;非常信任=5	3.56	1.220
	邻居信任	trust4	非常不信任=1;不信任=2;一般信任=3;比较信任=4;非常信任=5	3.46	1.253
个人特征	性别	gender	男=0　女=1	0.62	0.487
	年龄	age	19 岁以下=1;20~29 岁=2;30~39 岁=3;40~49 岁=4;50~59 岁=5;60 岁及以上=6	3.23	1.213
	受教育程度	edu	小学=1;初中=2;高中=3;大专=4;本科=5;研究生及以上=6	4.1	1.495
家庭禀赋	人口数量	family	1~2 人=1;3~4 人=2;5 人及以上=3	2.01	0.554
	月人均收入水平	income	800 元以下=1;800~1500 元=2;1500~2500 元=3;2500~4000 元=4;4000~6000 元=5;6000 元以上=6	4.4	1.495
	居住地与森林距离	distance	小于 2km=1;2.1~4km=2;4.1~6km=3;6.1~10km=4;大于 10km=5	4.21	1.920
生态认知	生态环境变化感知	environment assessment	明显改善=1;有一些改善=2;几乎没有变化=3;有一些恶化=4;严重恶化=5	3.58	1.186
	森林重要性认知	forest importance	非常不重要=1;比较不重要=2;一般重要=3;比较重要=4;非常重要=5	4.07	1.006
	森林生态效益补偿政策认知	policy knows	非常不了解=1;不太了解=2;一般了解=3;比较了解=4;非常了解=5	2.21	1.024

第三节 城镇居民补偿支付意愿的交叉分析

一、公共信任与支付意愿

公共信任水平对支付愿意的交叉影响如表 6-9 所示。大体来看，无论是环境法规信任还是地方政府信任，信任水平经由"非常不信任—不信任—一般信任—比较信任—非常信任"层级逐渐提高，有支付意愿的人群越多，零支付意愿的人群就越少。由此可见，不同信任水平对城镇居民支付意愿的影响存在差异。从环境法规信任来看，样本区城镇居民有 491 人选择信任（包括一般信任、比较信任和非常信任）环境法规，其中有 405 人具有森林生态效益补偿支付意愿，占总人数的 82.5%。有 171 人选择不信任（包括不信任和非常不信任）环境法规，其中仅 41 人具有支付意愿。可见对环境法规越信任，越能够增加城镇居

表 6-9　公共信任与支付意愿的交叉分析

类别		选项	支付意愿（n=662）		
			合计（人）	没有意愿（人）	有意愿（人）
公共信任	环境法规信任	非常不信任	67	54	13
		不信任	104	76	28
		一般信任	183	58	125
		比较信任	157	19	138
		非常信任	151	9	142
	地方政府信任	非常不信任	80	58	22
		不信任	98	71	27
		一般信任	183	54	129
		比较信任	158	24	134
		非常信任	143	9	134

民参与森林生态建设的可能性。从地方政府信任水平来看，调研结果显示有484人对地方政府相关的环境执行力是信任的，其中有397人有支付意愿，占样本总量的82.0%。

二、人际信任与支付意愿

人际信任水平对支付意愿的交叉影响如表6-10所示。人际信任包括亲人信任和邻居信任，亲人信任是基于血缘关系的信任，而邻居信任是基于地缘关系的信任。大体来看，亲人信任水平、邻居信任水平越高，城镇居民意愿支付的人数越多。在亲人信任方面，随着城镇居民信任水平从一般信任到非常信任的提升，从样本分布来看，一共有532人对亲人充满信任（包括一般信任、比较信任和非常信任），其中有428人选择愿意为森林生态效益补偿支付，这一结论与公共信任得出的结果相一致。在邻居信任方面，随着城镇居民信任水平的提升，有意愿支付的居民数量也逐渐增加，一般信任下有112人，比较信任下有147人，非常信任下有156人。从样本分布来看，样本区共有527人信任邻居，其中有415人对森林生态效益补偿有支付意愿。

表6-10 人际信任与支付意愿的交叉分析

类别		选项	支付意愿（n=662）		
			合计（人）	没有意愿（人）	有意愿（人）
人际信任	亲人信任	非常不信任	52	45	7
		不信任	78	67	11
		一般信任	152	54	98
		比较信任	204	39	165
		非常信任	176	11	165
	邻居信任	非常不信任	61	48	13
		不信任	74	56	18
		一般信任	188	76	112
		比较信任	166	19	147
		非常信任	173	17	156

三、控制变量与支付意愿

（一）个人特征与支付意愿

个人特征对支付意愿的交叉影响如表 6-11 所示。个人特征变量包括性别、年龄和受教育程度。在性别方面，女性样本数量较多，共 409 人，其中有 290 人表示愿意参与森林生态效益补偿，占样本总量的 70.9%；男性样本 253 人，有 156 人表示愿意参与森林生态效益补偿，占样本总量的 61.66%，可见，与男性相比，女性更愿意为森林生态环境付费。在年龄方面，样本区居民年龄在“20~29 岁”的受访对象对参与森林生态效益补偿表现得非常积极，受访人群共 210 人，其中 165 人有支付意愿，占样本的 78.57%。“40~49 岁”、“30~39 岁”和“50~59 岁”的受访居民分别有 68.61%、62.57%和“61.05%”的人群

表 6-11　个人特征与支付意愿的交叉分析

<table>
<tr><th colspan="2" rowspan="2">类别</th><th rowspan="2">选项</th><th colspan="3">支付意愿(n=662)</th></tr>
<tr><th>样本数(人)</th><th>没有意愿(%)</th><th>有意愿(%)</th></tr>
<tr><td rowspan="14">个体特征</td><td rowspan="2">性别</td><td>男</td><td>253</td><td>38.34</td><td>61.66</td></tr>
<tr><td>女</td><td>409</td><td>29.10</td><td>70.90</td></tr>
<tr><td rowspan="6">年龄</td><td>19 岁以下</td><td>15</td><td>40.00</td><td>60.00</td></tr>
<tr><td>20~29 岁</td><td>210</td><td>21.43</td><td>78.57</td></tr>
<tr><td>30~39 岁</td><td>179</td><td>37.43</td><td>62.57</td></tr>
<tr><td>40~49 岁</td><td>137</td><td>31.39</td><td>68.61</td></tr>
<tr><td>50~59 岁</td><td>95</td><td>38.95</td><td>61.05</td></tr>
<tr><td>60 岁以上</td><td>26</td><td>69.23</td><td>30.77</td></tr>
<tr><td rowspan="6">受教育程度</td><td>小学</td><td>18</td><td>50.00</td><td>50.00</td></tr>
<tr><td>初中</td><td>117</td><td>42.74</td><td>57.26</td></tr>
<tr><td>高中</td><td>70</td><td>22.86</td><td>77.14</td></tr>
<tr><td>大专</td><td>112</td><td>25.49</td><td>74.51</td></tr>
<tr><td>本科</td><td>249</td><td>28.51</td><td>71.49</td></tr>
<tr><td>研究生及以上</td><td>96</td><td>35.42</td><td>64.58</td></tr>
</table>

愿意参与森林生态效益补偿，部分学者关于年龄与环境保护支付意愿负相关的结论没有保持严格一致（李青等，2016；何可等，2013），准确结果还需要实证探究。在受教育方面，从统计分析可以看出，文化程度与受访居民的支付意愿具有一定相关性，随着文化程度的提高，愿意参与森林生态建设的可能性逐渐增加，有50%左右的小学和初中人群表示有意愿支付，有意愿的高中和大学人群达到70%以上，研究生及以上人群有意愿人群比例也在60%以上。这说明虽然文化程度提升对居民的支付意愿有促进作用，但受教育年限并非与支付意愿严格正相关。此外，在调研过程中发现，小学和初中学历人群较多没有正式工作，受收入水平限制，其支付货币的意愿相对较低，但选择参加义务劳动保护森林生态环境的意愿高于文化程度较高的居民。这一研究结果与李青等（2016）的研究结论相一致。

（二）家庭禀赋与支付意愿

家庭禀赋对支付意愿的交叉影响如表6-12所示。本章主要分析家庭人口数量、月人均收入水平和居住地与森林距离对居民支付意愿的影响。

在家庭人口数量方面，众多已有研究得出家庭人口数量与居民的支付意愿负相关，人口数量越多，家庭负担越重，参与环境保护支付的可能性越低（周晨、李国平，2015）。从表6-12来看，在家庭人口数量为“3～4人”的样本中有68.91%的城镇居民有支付意愿；在家庭人口数量为“1～2人”的样本中有63.92%的居民有支付意愿；在家庭人口数量为“5人及以上”的样本中有38.29%的居民有支付意愿，人口数量与支付意愿没有严格的负向关系，这可能由样本数量分布偏差导致。

在月人均收入水平方面，随着收入水平的提升，城镇居民参与森林生态效益补偿支付的可能性增加。调研发现，收入水平在2500元以上的居民有506人，占总样本量的76.44%，可见黑龙江省城镇居民收入水平较高，其中在收入水平为“2500～4000元”的样本人群中有69.14%的居民愿意参与森林生态建设；在收入水平为“4000～6000元”的样本人群中有68.61%的居民有支付意愿；“6000元以上”的样本人群中有71.01%的人群有支付意愿。整体来看，分析结果与已有学者研究结论相一致，满足收入水平与支付意愿的正相关关系（李青等，2016）。

表 6-12 家庭禀赋与支付意愿的交叉分析

类别		选项	支付意愿(n=662)		
			样本数(人)	没有意愿(%)	有意愿(%)
家庭禀赋	人口数量	1~2 人	97	36.08	63.92
		3~4 人	390	31.09	68.91
		5 人及以上	175	61.71	38.29
	月人均收入水平	800 元以下	44	50.00	50.00
		800~1500 元	37	40.54	59.46
		1500~2500 元	75	34.67	65.33
		2500~4000 元	162	30.86	69.14
		4000~6000 元	137	31.39	68.61
		6000 元以上	207	28.99	71.01
	居住地与森林距离	小于 2km	82	34.15	65.85
		2.1~4km	98	22.45	77.55
		4.1~6km	73	32.88	67.12
		6.1~10km	51	26.53	73.47
		大于 10km	358	36.03	63.97

在居住地与森林距离方面，受访对象的居住地与森林距离较远，距离大于10km 的样本共 358 个，占样本总量的 54.1%，其中有 63.97%的居民愿意支付森林生态效益补偿，其比例最低。在居住地距离森林 2.1~4km 的样本中有77.55%受访者表示有支付意愿，其比例最高，可见距离森林较近的居民更能感受到森林生态环境的重要性，支付的可能性最大。学者针对草原补偿支付意愿的研究表明，家庭居住地与草原距离越远，居民的草原生态保护补偿支付意愿越低(张新华,2019)。此外，赵玉等(2017)研究流域生态补偿支付意愿时，提出“心理距离”和“心理所有权”的概念，得出居民与河流心理距离越近，对河流的心理所有权越强烈，零抗议支付的样本越少。

（三）生态认知与支付意愿

生态认知对支付意愿的交叉影响如表 6-13 所示。本章主要研究生态环境变化感知、森林重要性认知和森林生态效益补偿政策认知对支付意愿的影响。

表 6-13 生态认知与支付意愿的交叉分析

类别		选项	支付意愿(n=662)		
			样本数(人)	没有意愿(%)	有意愿(%)
生态认知	生态环境变化感知	明显改善	54	51.85	48.15
		有一些改善	70	57.14	42.86
		几乎没有变化	128	35.16	64.84
		有一些恶化	259	27.80	72.20
		严重恶化	151	20.53	79.47
	森林重要性认知	非常不重要	17	47.06	52.94
		比较不重要	15	73.33	26.67
		一般重要	161	45.96	54.04
		比较重要	176	36.93	63.07
		非常重要	293	19.80	80.20
	森林生态效益补偿政策认知	非常不了解	178	47.19	52.81
		不太了解	258	31.01	68.99
		一般了解	159	24.53	75.47
		比较了解	45	20.00	80.00
		非常了解	22	18.18	81.82

在生态环境变化感知方面，随着居民对生态环境质量下降的感知从明显改善到严重恶化逐步强烈，森林生态补偿支付意愿的比例逐渐增加。在感知生态环境明显改善和有一些改善的人群中分别有 48.15%和 42.86%的居民愿意为森林生态环境建设贡献一份力量；在感知生态环境有一些恶化和严重恶化的人群中分别有 72.20%和 79.47%的居民有支付意愿。由此可见，居民愿意为改善生态环境而付费，良好生态环境带来的福祉能激励城镇居民投入更多的精力参与环境保护。这一结果与李青和何可等的研究结论基本一致(李青等,2016;何可等,2013)。

在森林重要性认知方面，居民感知森林越重要，为森林生态服务付费的可能性越大。在认为森林非常不重要和比较不重要的样本中，分别有 52.94%和 26.67%的居民愿意为森林生态效益服务。在认为森林一般重要的样本中，有 54.04%的居民有支付意愿。在认为非常重要的样本中，有支付意愿的居民达到了 80.20%。

在森林生态效益补偿政策认知方面，根据调研结果，居民对生态补偿政策的了解程度不足，但是在了解补偿政策的人群中，居民愿意为森林生态效益付费。在一般了解补偿政策的人群中，有 75.47%的居民有支付意愿，而比较了解和非常了解补偿政策的受访对象的支付意愿分别达到 80.00%和 81.82%。由此可见，生态效益补偿政策认知对支付意愿有正向影响，这与张化楠等基于计划行为理论研究生态认知对流域生态补偿支付意愿影响的结论相一致，居民对流域生态补偿政策的预期对支付意愿有显著影响(张化楠等,2019)。由此可见，提高居民对补偿政策的认知有利于调动居民参与森林生态建设的积极性。

第四节 城镇居民补偿支付意愿的实证分析

一、森林生态效益补偿的支付水平

根据城镇居民支付意愿调查数据，67.4%的城镇居民愿意为森林生态服务付费，32.6%的城镇居民不愿意付费。愿意付费居民平均每月付费情况如表 6-5 所示，本章采取支付意愿(WTP)期望值的方法计算城镇居民支付意愿上限及支付意愿下限。

参照何可等(2014)、徐大伟等(2012)已有研究，本章用于估算城镇居民平均支付意愿上限的公式为

$$E(WTP)_{上限} = \sum_i p_i V_i \qquad (6-1)$$

其中，V_i 为受访居民所选择的第 i 个投标值；p_i 为受访居民所选择的第 i 个投标值的概率。根据表 6-5 中的数据，可以计算出黑龙江省城镇居民愿意支付补偿金额期望值的上限为 16.81×12=201.72[元/(年·户)]。

采用 Kristroem(1995)的 Spike 公式估算城镇居民平均支付意愿的上限，具体公式为

$$E(WTP)_{下限} = \sum_i p_i V_i \times 支付率 \qquad (6-2)$$

其中，V_i 与 p_i 的含义与补偿支付上限相同，支付率表示正支付意愿占全部支付意愿的比例。根据表 6-5 中的数据，可以计算出黑龙江省城镇居民愿意支付补偿金额期望值的下限为 16.81 * 12 * 67.4% = 135.96[元/(年·户)]。

综上所得，黑龙江省城镇居民愿意支付补偿金额的期望值为 135.96~201.72 元/(年·户)。与国内其他学者运用 CVM 法在其他领域的研究成果相比，本章的平均支付意愿区间具有一定的合理性(见表 6-14)。

表 6-14 CVM 法在其他领域的估值结果

主要作者	研究领域	问卷模式	WTP 平均值[元/(年·户)]
何可等(2014)	农业废弃物污染防控	开放式	130.8~189.84
张新华等(2019)	草原生态补偿	支付卡式	154.74~186.20
江冲等(2011)	耕地资源保护价值	单边界二分式	193.53(农村)；500.18(城市)
本书	森林生态补偿	支付卡式	135.96~201.72

二、模型选择

本章主要深入探究社会信任对城镇居民森林生态补偿支付意愿的影响，模型的一般形式为：城镇居民对森林生态补偿支付意愿=f(社会信任、个人特征、家庭禀赋、生态认知、)+μ(随机干扰项)。为了清晰、简明地估算社会信任的变化对参与生态补偿支付的影响，因此本章将被解释变量“城镇居民是否愿意为森林生态补偿进行支付”简化为“0-1”型二分类变量问题，对于离散选择问题的研究，应用最广泛的概率模型有 Logistic 模型、Probit 模型和 Tobit 模型。Logistic 模型和 Probit 模型在处理“个人特征线性影响被解释变量造成的影像问题”时更具有明显优势。根据 Logistic 模型和 Probit 模型的拟合效果，本章选择基于个人层面的二元 Logistic 回归模型对此进行分析。用 P 表示城市居民愿意支付森林生态补偿的概率，则

$$P = \frac{e^{f(x)}}{1+e^{f(x)}} \qquad (6-3)$$

$$1-P=\frac{1}{1+e^{f(x)}} \tag{6-4}$$

由此可以得到城市居民森林生态补偿支付意愿的机会比率为

$$\frac{p}{1-p}=\frac{1+e^{f(x)}}{1+e^{-f(x)}}=e^{f(x)} \tag{6-5}$$

将式(6-5)转化为线性方程，可以得到如下 Logistic 函数：

$$y=\ln\left(\frac{p}{1-p}\right)=\beta_0+\beta_1x_1+\beta_2x_2+\cdots+\beta_ix_i+\mu \tag{6-6}$$

其中，β_0 为常数项；x_1，x_2，…，x_i 为自变量；β_1，β_2，…，β_i 为自变量回归系数；μ 为随机干扰项。

三、实证结果与分析

（一）多重共线性检验

在进行二元 Logistic 回归分析之前，考虑到公共信任、人际信任等自变量之间可能存在的相关性问题，本章采用方差膨胀因子方法对所有自变量进行多重共线性检验。由于篇幅有限，仅展示以对环境法规信任为因变量的诊断结果（见表 6-15）。综合全部诊断结果可知，方差膨胀因子的最大值为 2.53，容差最小值为 0.70，即各自变量之间的相关程度在合理范围之内，不存在多重共线性问题。此外，本章利用 Stata 软件检验变量的残差，结果显示误差项不存在异方差，模型结果具有一定的可靠性。

（二）二元 Logistic 回归结果与边际效应分析

在所设定变量通过多重共线性检验之后，运用 Stata12.0 软件对 662 份样本的横截面进行二元 Logistic 回归分析，同时测算各解释变量的边际效应，考察社会信任等自变量取均值时其对城镇居民支付意愿类别选择概率的边际贡献。具体实证结果如表 6-16 所示，模型整体上拟合结果较好，卡方值为 157.86，$P<0.01$，即该模型的解释变量在一定程度上能够反映因变量的变化，具有统计学意义上的显著影响作用。

表 6-15 Stata 共线性诊断

变量	共线性统计量	
trust1	VIF	容差
trust2	2.53	0.70
trust3	1.71	0.77
trust4	1.02	0.95
gender	1.08	0.93
age	1.18	0.85
edu	1.29	0.78
family	1.09	0.92
income	1.21	0.83
distance	1.05	0.95
environment assessment	1.20	0.83
forest importance	1.26	0.79
policy knows	1.14	0.88
Mean VIF	1.73	

注：容差（1/VIF）和方差膨胀因子（VIF）是诊断多重共线性的指标，一般认为，容差小于 0.1，VIF 大于 10，即存在共线性问题。

模型估计结果显示，社会信任变量对城镇居民森林生态补偿支付意愿有显著促进作用，表明社会资本和社会关系对社会成员的行为决策产生了至关重要的影响。从整体上看，根据回归系数结果不难发现，社会信任变量对城镇居民森林生态补偿支付意愿贡献度的大小排序依次为：亲人信任（0.6959）>地方政府信任（0.5286）>环境法规信任（0.4411）>邻居信任（0.0771），其中只有邻居信任对因变量的影响呈不显著性。此外，在控制变量中，年龄、受教育程度、家庭人口数量、月人均收入水平和生态认知也都通过了显著性检验，具体分析如下。

表 6-16　模型估计结果

解释变量	回归系数（Coef.）	标准误差（S.E）	显著性（P>|Z|）	边际效应（dy/dx）
trust1	0.4411*	0.2437	0.070	7.348%*
trust2	0.5286**	0.2377	0.026	8.805%**
trust3	0.6959***	0.2414	0.004	11.593%***
trust4	0.0771	0.2452	0.753	1.285%
gender	-0.0759	0.1765	0.667	-1.264%
age	-0.3212**	0.1509	0.033	-5.351%**
edu	0.2642*	0.1469	0.072	4.402%*
family	-0.8493***	0.3353	0.010	14.148%**
income	0.2735*	0.1350	0.086	4.225%*
distance	-0.1202	0.9530	0.207	-2.002%
environment assessment	0.4131***	0.1548	0.008	6.881%***
forest importance	0.4122**	0.1825	0.024	6.866%**
policy konws	0.2140**	0.1085	0.049	3.565%**
_ cons	-3.2881**	1.5067	0.029	
LR.chi^2(13) = 157.86 Prob>chi^2 = 0.0000 Pseudo R^2 = 0.4114				

注：*、**、***分别表示在10%、5%、1%的水平上显著；所有数字均为四舍五入后的结果。

1. 社会信任对城镇居民支付意愿的影响

环境法规信任对城镇居民生态补偿支付意愿具有正向影响，在10%的统计水平上显著。随着城镇居民文化水平的提高，制度法规观念提高也比较明显。城镇居民对环境法规信任体现了服从监管的动机。法律制裁的可信威胁也能够有效降低城镇居民的“搭便车”行为，提高其参与森林生态补偿的积极性。模型估计结果显示，城镇居民对环境法规的信任程度每提高一个层次，其生态补偿支付意愿的概率就会提升7.348%。

地方政府信任在5%的统计水平上正向影响城镇居民生态补偿支付意愿，且边际效应为8.805%。可能的解释是，地方政府能够按照辖区条件和资源禀

赋提供生态公共物品，城镇居民对地方政府的信任程度取决于其对政府服务职能的满意度，满意度越高，信任程度越高，越能在辖区范围内形成降低补偿资金使用风险和不确定性的非正式制度，提高城镇居民参与森林生态建设的意愿。

亲人信任在1%的统计水平上正向显著。这表明亲属之间的密切交往能增加彼此间的情感认同和相互信任，逐渐形成一种“制度化”沉淀，行为活动较容易受到共同准则的拘囿。因此，以血缘和亲缘为初始禀赋的人际信任关系会促进城镇居民参与森林生态服务付费。模型估计结果显示，城镇居民对亲人的信任程度每提高1个标准差，其愿意为森林生态补偿付费的概率会提升11.539%。

邻居信任并没有显著影响城镇居民的支付意愿。可能的解释是，中国是典型的关系取向型社会。在城镇地区，由于工作关系，邻里之间联系较少，相互之间信息不对称，信任程度较低，不足以形成相互影响的诱导机制。

2. 个人特征和家庭禀赋对城镇居民支付意愿的影响

在个人特征方面，年龄和受教育水平分别在5%和10%的统计水平上通过了显著性检验，其中年龄负向影响城镇居民森林生态补偿支付意愿。年龄每提升一个层次，城镇居民的支付意愿将降低5.351%，而受教育水平显著提升了城镇居民的支付意愿。作为人力资本存量的重要表征，文化程度越高，城镇居民知识结构较新。教育水平每提升一个层次，将使其支付森林生态补偿的意愿提高4.402%。

在家庭禀赋中，家庭人口数量在1%的统计水平上负向影响城镇居民支付意愿。人口数量越多，家庭负担越重，支付意愿越低，负向边际效应为14.148%。家庭人均收入水平在10%的统计水平上正向影响城镇居民支付意愿。按照马斯洛层次需求理论，当基本需求得到维持和满足后，环境服务需求会成为新的激励因素。根据模型估计结果，收入水平每提高一个层次，为森林生态服务付费的意愿提高4.225%。

3. 生态认知对城镇居民支付意愿的影响

生态认知的三个变量分别在1%、5%、10%的统计水平上正向显著。从环境变化感知变量来看，城镇居民感知周围生态环境越好，支付的概率越低；反之，感知生态环境恶化程度每提高一个层次，城镇居民支付意愿将显著提高6.881%，主要因为随着居民环保意识的提升，其越来越确信环境恶化对身体健康的负面影响，因此愿意付出一定代价以改善居住环境。

森林重要性认知显著正向影响城镇居民森林生态补偿支付意愿。根据模型结果，城镇居民对森林重要性认知每提高一个层次，对森林生态补偿的支付意愿就提高6.866%，森林生态资源具有多个生态服务功能属性。根据调研结果，城镇居民对生态服务功能了解得越详细，越倾向于对森林生态建设出资、出力。

森林生态效益补偿政策认知对城镇居民森林生态补偿有显著的正向影响，正向边际效应为3.565%。调研发现，黑龙江省城镇居民生态补偿相关政策认知程度较低，但是在了解补偿政策的人群中大多数居民愿意为森林生态服务付费。

第五节 本章小结

本章基于黑龙江省城镇居民的问卷调查数据，运用二元Logistic模型从社会信任视角实证分析城镇居民生态补偿支付意愿的影响因素。研究结果显示，67.4%的受访城镇居民对森林生态补偿具有支付意愿，其最愿意支付的生态服务功能为保持水土功能，年平均支付意愿为135.96~201.72元；32.6%的受访人群不具有支付意愿，主要原因为自身经济条件限制和担心政府不能专款专用；社会信任在城镇居民生态补偿支付意愿决策中发挥了显著的激励作用。在公共信任中，环境法规信任、地方政府信任显著正向影响城镇居民支付意愿；在人际信任中，亲人信任对支付意愿影响较大，而邻居信任影响不显著；年龄、受教育程度、家庭人均收入水平和生态认知也是影响城镇居民支付意愿的主要因素。社会信任的培育具有超出个体福利增进的意义，这是本章从微观层面得到的证实，也是宏观管理层面亟待解决的重要问题。因此，在探索拓宽生态补偿筹资渠道的现实背景下，如何培育信任对多元化补偿模式的推动作用，提高经济与生态环境的包容性发展值得深思。

第七章

黑龙江省森林生态效益评估及生态补偿现状分析

黑龙江省是林业大省，森林面积广阔，是最早实施森林生态效益补偿的试点省份之一。有必要系统了解黑龙江省森林资源情况和社会经济发展情况，在此基础上利用物质量法和价值量法对黑龙江省森林生态服务价值量进行核算，从森林生态效益补偿政策发展历程、黑龙江省森林生态效益补偿实践、监督管理情况等深入探讨黑龙江省森林生态效益补偿现状，并对存在的问题进行阐述。生态效益价值评估和补偿现状的梳理对森林生态效益多元化补偿研究具有重要的实践意义和参考价值。

第一节
黑龙江省森林资源及社会经济发展情况

一、黑龙江省自然条件概况

黑龙江省地处祖国东北部边疆、中高纬度地带，南部与吉林省接壤，北部与东部隔黑龙江、乌苏里江与俄罗斯相邻，西部与内蒙古自治区毗邻。黑龙江省属于寒温带大陆性气候，四季分明，冬季寒冷多雪，夏季温热多雨，平均年降水量为500~700mm，全省年平均气温在0~3℃。

黑龙江省森林生态系统是东北亚陆地自然生态系统的主体之一，是松花江、黑龙江、乌苏里江、嫩江等六大水系及其主要支流的重要源头和水源涵养

区，也是我国东北大粮仓的生态屏障。境内地形复杂多样，东南部为长白山系的张广才岭、老爷岭和完达山脉，东北部为三江平原，北部为大小兴安岭，西南部为松嫩平原。黑龙江省树木茂盛、草原辽阔、江河纵横的特点对维持生物多样性和保障区域生态平衡有重要意义，在我国生态建设大局中占据极其重要的地位。

二、黑龙江省森林资源概况

第九次全国森林资源清查资料显示，黑龙江省林地面积2453.77万公顷，森林面积1990万公顷，占黑龙江省经营面积的42.1%，其中天然林面积1747.2万公顷，人工林面积243.26万公顷。森林覆盖率43.78%，活立木总蓄积199999万立方米，其中有林地面积位居全国第四位，森林面积位居全国第三位，森林覆盖率位居全国第九位。过去四次森林资源清查资料显示（见表7-1），黑龙江省森林资源总量呈上升趋势。作为六大水系的发源地与涵养地，黑龙江省林区在水土保持、水源涵养、维持生物多样性等方面发挥了重要作用。

表7-1　黑龙江省森林资源总量

年份	森林面积（万 hm^2）	森林覆盖率（%）	森林蓄积量（万 m^3）
2000	1760.31	38.72	141069.30
2005	1797.50	39.54	137502.31
2010	1962.13	43.16	164487.01
2015	1990	43.78	184704

资料来源：第九次全国森林资源清查资料。

此外，黑龙江省林区属于东亚东北部长白山植物区系，是动植物资源宝库。2020年黑龙江省林业和草原局统计资料显示，黑龙江省共有野生高等植物183科，737属，2200多种，其中森林树种达100余种，利用价值较高的有30余种，包括红松、落叶松、樟子松、水曲柳、黄菠萝、胡桃楸，这些是国内外少有的珍贵品种。黑龙江省重点国有林区有丰富珍稀的野生动物，如斑羚、野猪、黑熊、紫貂、松鼠、雪兔、狐狸等野生动物兽类6目，20科，75种，占全国野生动物数量的21.6%，其中紫貂、黑熊、豹、虎、梅花鹿为国家一级重点保护动物。鸟类有19目，57科，343种，约为全国鸟类总数的29%，有国家一类重点保护动物丹顶鹤、中华秋沙鸭、白鹤、金雕等12个种类。

三、黑龙江省社会经济条件概况

（一）人口主要构成情况

根据黑龙江省社会发展统计公报，2018年末常住总人口为3773.1万人，比上年减少15.6万人，占全国总人口的2.7%；从城乡人口构成来看，城镇人口2267.6万人，乡村人口1505.5万人。常住人口城镇化率60.1%，比上年提高0.7个百分点，略高于全国59.58%的平均水平；户籍人口城镇化率50.05%，比上年提高0.13个百分点。从人口年龄结构来看，15~64岁人口占全省总人口的76.5%，共2887.1万人；65岁以上人口占全省总人口的比重为12.9%，近年来黑龙江省老年人口逐渐攀升，2018年人口老龄化率高于全国11.9%的平均水平；0~14岁人口占全省总人口的比重为10.6%，低于全国16.9%的平均水平。人口主要构成情况如表7-2所示。

表7-2 黑龙江省人口主要构成情况

指标	年末数(万人)	比重(%)
年末常住总人口	3773.1	100
城镇	2267.6	60.1
乡村	1505.5	39.9
男性	1899.3	50.3
女性	1873.8	49.7
0~14岁	400.7	10.6
15~64岁	2887.1	76.5
65周岁及以上	485.3	12.9

资料来源：《2018年黑龙江省国民经济和社会发展统计公报》。

（二）经济发展情况

经初步核算，2018 年全省实现地区生产总值（GDP）16361.6 亿元，按可比价格计算，比上年增长 4.7%，占全国国内生产总值的 1.8%。其中，第一产业增加值 3001.0 亿元，增长 3.7%，占全国第一产业总值的 4.6%；第二产业增加值 4030.9 亿元，增长 2.1%，占全国第二产业总值的 2.5%；第三产业增加值 9329.7 亿元，增长 6.4%，占全国第三产业总值的 2.0%。三次产业结构的比例为 18.3∶24.6∶57.1。从林业总产值来看，2018 年全省实现林业产值 1837.5 亿元，比 2017 年增长 3.1%，其中第一产业产值 885.4 亿元、第二产业产值 333.6 亿元、第三产业产值 618.5 亿元。三次产业结构为 48.2∶18. 2∶33.6，具体统计如表 7-3 所示。

表 7-3　黑龙江省经济发展情况

类别	项目			
	地区生产总值（GDP）		林业总产值	
	产值（亿元）	比重（%）	产值（亿元）	比重（%）
第一产业	3001.0	18.3	885.4	48.2
第二产业	4030.9	24.6	333.6	18.2
第三产业	9329.7	57.0	618.5	33.7
合计	16361.6	100	1837.5	100

资料来源：《黑龙江省统计年鉴》《中国林业统计年鉴》。

第二节
黑龙江省森林生态效益评估

森林生态效益来自森林生态系统服务功能，因此森林生态服务效益价值等同于森林生态服务功能价值，国外主流的森林生态效益价值评估技术包括物质量评估法、当量因子法、价值量评估法、能值分析法和支付意愿法，国内多基于中华人民共和国林业行业标准《森林生态系统服务功能评估规范》(LY/T 1721—2008)计算生态服务价值，该规范解决了价值评估中因方法、价格参数、选取指标不统一而带来的误差问题，具有全面性和可操作性。因此，本书结合黑龙江省林区现状，应用物质量评估法和价值量评估法测算黑龙江省森林生态效益价值，其中物质量评估法的应用过程依据黑龙江省第九次森林资源清查资料，对森林生态系统的涵养水源、保育土壤、固碳释氧、积累营养物质、净化大气环境、保护生物多样性六项主要生态服务功能进行价值评估。

一、评估方法

本书应用物质量评估法和价值量评估法测算黑龙江省森林生态服务功能价值，其中物质量评估法的应用以中华人民共和国林业行业标准《森林生态系统服务功能评估规范》(LY/T 1721—2008)为依据，价值量评估法应用替代工程法、费用分析法、影子工程法和机会成本法等。具体生态服务功能的物质量及价值量评价方法如表 7-4 所示。每种森林生态系统服务功能的物质量和价值量的评估指标体系及计算公式如表 7-5 所示。

表 7-4　森林生态系统服务功能物质量及价值量评估方法

功能	指标	物质量评估方法	价值量评估方法
涵养水源	调节水量	水量平衡法	替代工程法
	净化水质	水量平衡法	费用分析法
保育土壤	固土	土壤侵蚀损失法	影子工程法
	保肥	土壤侵蚀损失法	影子价格法
固碳释氧	固碳	温室效应损失法	碳税率法
	释氧	光合作用法	影子价格法
积累营养物质	积累林木营养	营养物质量吸收法	影子价格法
净化大气环境	吸收污染物	吸收能力法	费用分析法
生物多样性保护	物种保育	Shannon-Wiener 指数法	机会成本法

表 7-5 森林生态系统服务功能价值评估指标体系及计算公式

功能	指标	计算公式	参数说明
涵养水源	调节水量	$U_m=10C_vA(P-E-C)$	U_m 为林分调节水量功能价值(元/a)；C_v 为水库单位库容投资(元/m^3)；A 为森林面积(hm^2)；P 为降水量(mm/a)；E 为林分蒸散量(mm/a)；C 为地表径流量(mm/a)
	净化水质	$U_w=10KA(P-E-C)$	U_w 林分年净化水质价值(元/a)；K 为水的净化费用(元/m^3)
保育土壤	固土	$U_{sm}=AC_s(X_2-X_1)/\rho$	U_{sm} 为林分年固土价值(元/a)；C_s 为挖取和运输单位体积土方所需费用(元/m^3)；X_1 为有林地土壤侵蚀模数[t/(hm^2·a)]；X_2 为无林地土壤侵蚀模数[t/(hm^2·a)]；ρ 为林地土壤密度(t/m^3)
	保肥	$U_f=A(X_2-X_1)\left(\frac{NC_1}{R_1}+\frac{P_sC_1}{R_2}+\frac{K_sC_2}{R_3}+MC_3\right)$	U_f 为林分年保肥价值(元/a)；N 为林分土壤含氮质量分数(%)；P_s 为林分土壤含磷质量分数(%)；K_s 为林分土壤含钾质量分数(%)；M 为林分中有机质含量分数(%)；R_1 为磷酸二铵化肥含氮质量分数(%)；R_2 为磷酸二铵化肥含磷质量分数(%)；R_3 为氯化钾化肥含钾质量分数(%)；C_1 为磷酸二铵化肥价格(元/t)；C_2 为氯化钾化肥价格(元/t)；C_3 有机质价格(元/t)
固碳释氧	固碳	$U_c=AC_c(1.63R_cB_a+F_{sc})$	U_c 为林分年固碳价值(元/a)；B_a 为林分净生产力[t/(hm^2·a)]；C_c 为固碳价格(元/t)；R_c 为 CO_2 中含碳质量分数，取值为 27.27%；F_{sc} 为单位面积林分土壤年固碳量[t/(hm^2·a)]
	释氧	$U_o=1.19C_oAB_a$	U_o 为林分年释氧价格(元/a)；C_o 为氧气价格(元/t)
积累营养物质	林木营养积累	$U_n=AB_a(N_tC_1/R_1+P_tC_1/R_2+K_tC_2/R_3)$	U_n 为林分年营养物质积累价值(元/a)；N_t 为林木含氮质量分数(%)；P_t 为林木含磷质量分数(%)；K_t 为林木含钾质量分数(%)
净化大气环境	吸收污染物	$U_p=\sum_{i=1}^{4}Q_iK_iA$	U_p 为林分年吸收污染物的总价值(元/a)；K_i(i=1~4)分别为吸收二氧化硫、氮氧化物、氟化物和降尘的费用(元/kg)；Q_i(i=1~4)分别为单位面积林分吸收二氧化硫、氮氧化物、氟化物和降尘的数量[kg/(hm^2·a)]
生物多样性保护	物种保育	$U_s=S_sA$	U_s 为林分年物种保育价值(元/a)；S_s 为单位面积年物种损失的机会成本(元/a)

二、数据来源

黑龙江省森林生态服务效益价值评估所采用的森林资源数据源于 2018 年《中国林业统计年鉴》《黑龙江省统计年鉴》和黑龙江省 2015 年二类清查数据；还有部分数据源于森林生态系统定位研究网络和黑龙江省生态站的野外观测数据及周边辅助观测点的实测数据；还有部分数据和资料主要源于黑龙江省野生动植物保护管理处、水利厅、林业和草原局等部门，以及在对黑龙江省林区实地调查时获得的现场调查数据和资料。

三、黑龙江省森林生态效益价值核算

本节主要对森林生态系统的涵养水源、保育土壤、固碳释氧、积累营养物质、净化大气环境、保护生物多样性六项主要生态服务功能价值进行综合评估。

（一）涵养水源价值

森林涵养水源功能主要指森林生态系统通过根系、林冠层、枯落物层对大气降水的储存、吸收和截留作用，根据监测和评估特点还包括调节水量和净化水质两个指标。

涵养水源价值量：结合表 7-5 中的计算公式，黑龙江省 2015 年二类清查数据显示森林面积为 1990 万 hm^2；生态站观测数据显示地表径流量为 15.6mm、林分蒸散量为 484.1mm；按照黑龙江省统计年鉴对应城市平均降水量为 552.9mm；水的净化费用根据黑龙江省水利厅提供的各个城市居民用水价格加权平均估算得 1.3 元/m^3；水库单位库容投资参考相关文献取值为 2.17 元/m^3(牛香,2012)；因此可得调节水量价值为 2297.34 亿元、净化水质价值为 1376.28 亿元，故可得涵养水源价值为 3673.28 亿元。

（二）保育土壤价值

森林保育土壤功能是指森林中的活地被物和凋落物层截留降水，以减少对

地表土壤的冲击和侵蚀，有效改善土壤物质结构和增加土壤肥力，具体包括固土和保肥两个指标。

森林固土价值量：根据生态站提供的有林地土壤侵蚀模数和无林地土壤侵蚀模数观测数据，可以计算黑龙江省林区有林地、无林地土壤侵蚀模数的差为 $118t/hm^2$，进而计算年固土量为 234820 万吨；根据黑龙江省水利厅的统计数据，获得挖取土方的单位定额费用为 8.57 元/m^3，土壤平均容重取 $1.4t/m^3$。结合表 7-5 中的公式可以计算林分年固土价值为 143.74 亿元。

森林保肥价值量：根据森林生态系统定位观测研究站的长期监测资料和相关研究成果，计算出黑龙江省林区森林土壤中氮、磷、钾和有机质的含量分别为 2465610t、2629984t、54947880t、46729180t；根据相关研究（石小亮，2015），化肥中含氮、磷、钾的质量分数分别为 46%、15%和 50%；根据中国农业信息网提供的数据，磷酸二铵化肥平均价格为 2400 元/t、氯化钾化肥平均价格为 2200 元/t、有机质平均价格为 320 元/t；结合表 7-5 中的公式可以分别计算出黑龙江省林区氮、磷、钾和有机质的价值量分别为 128.64 亿元、420.8 亿元、2417.7 亿元和 149.5 亿元；故可以计算出总的保肥价值量为 3116.64 亿元。

综上可得，黑龙江省林区森林保育土壤价值量为 3260.38 亿元。

（三）固碳释氧价值

森林的固碳释氧价值主要包括森林的植被固碳价值、土壤固碳价值和释氧价值三个方面。

森林固碳价值量：CO_2 中的碳含量比例以林业行业标准《森林生态系统服务功能评估规范》为准，取值为 27.27%；林分净生产力数据根据相关研究中树种的林分净生产力加权平均获得，取值为 $0.32t/hm^2$；单位面积林分土壤固碳量取值于已有研究不同林分土壤固碳量的加权平均（石小亮，2016），取值为 $0.513t/hm^2$；固碳价格根据欧美国家的碳税率和已有研究，取值为 1200 元/t；根据上述指标及表 7-5 中的公式，可得森林固碳量为 1303.93 万吨，进而可得森林固碳价值为 156.47 亿元。

森林释氧价值量：氧气价格源于工业钢铁冶炼用氧的平均价格，为

375 元/t，根据表 7-5 中的公式，可得森林释氧价值量为 28.42 亿元。

综上，森林固碳释氧价值为 184.89 亿元。

（四）积累营养物质价值

森林植被通过生化反应，在大气、土壤和降水中吸收氮、磷、钾等营养物质并储存在植物器官内，森林的积累营养物质生态服务功能有利于减少下游地区的面源污染。本节选择林木营养物质（氮、磷、钾）的积累指标来反映此项功能。

森林积累营养物质价值量：根据上述计算，黑龙江省林区森林土壤中含氮、磷、钾的物质量分数分别为 0.11%、0.12%、2.54%；林分净生产力为 0.32t/hm^2；磷酸二铵化肥平均价格为 2400 元/t，氯化钾化肥平均价格为 2200 元/t。综合计算得出森林积累营养物质价值为 8.6 亿元。

（五）净化大气环境价值

森林净化大气环境主要是指森林吸收二氧化硫、氮氧化物、氟化物和降尘等的服务功能，由于黑龙江省林区地处北方，森林净化大气环境的功能在冬季减弱，因此利用已有研究（石小亮，2015），将不同树种生长季调节系数的加权平均值作为本节净化大气环境价值量的调节系数（0.23）。

森林净化大气环境价值量：根据已有研究资料（李坦，2013）和黑龙江省森林生态系统吸收污染物和滞尘能力的资料，可得单位面积吸收二氧化硫、氮氧化物、氟化物和降尘的数量分别为 5.04t/hm^2、0.14t/hm^2、0.24t/hm^2、790.08t/hm^2；根据中华人民共和国林业行业标准，大气中的二氧化硫、氮氧化物、氟化物的治理和滞尘清理费用分别为 1200 元/t、630 元/t、690 元/t、150 元/t。综上，森林净化大气环境价值量为 5596.16 亿元。

（六）保护生物多样性价值

森林保护生物多样性价值主要通过 Shannon-Wiener 多样性指数和所对应的单位面积物种的损失机会成本来衡量，根据已有研究（王兵，2010），黑龙江省的生物多样性指数取值为 2.358；根据中华人民共和国林业行业标准中的单

位面积年物种损失机会成本按照 Shannon-Wiener 指数划分为五个等级：当指数<1 时，机会成本为 3000 元/hm^2；当 1<指数<2 时，机会成本为 5000 元/hm^2；当 2<指数<3 时，机会成本为 10000 元/hm^2；当 3<指数<4 时，机会成本为 20000 元/hm^2；当 4<指数<5 时，机会成本为 30000 元/hm^2；当指数>5 时，机会成本为 40000 元/hm^2。根据公式可以计算保护森林生物多样性价值为 1990 亿元。

（七）森林生态服务功能价值合计与对比分析

从表 7-6 可以看出黑龙江省林区森林生态系统服务功能总价值为 14713.31 亿元，其中森林的净化大气环境价值最大，为 5596.16 亿元，占总价值量的 38.03%；然后为森林的涵养水源价值和保育土壤价值，分别为 3673.28 亿元和 3260.38 亿元，分别占总价值量的 24.97%和 22.16%。统计分析可见，黑龙江省林区最重要的生态服务功能为净化大气环境、涵养水源和保育土壤，这三种服务功能价值总和达 85.16%。积累营养物质价值量最低为 8.6 亿元，占比 0.05%。

表 7-6 黑龙江省林区森林生态系统服务功能总价值

生态效益类型	价值量（亿元）	百分比（%）	生态效益类型	价值量（亿元）	百分比（%）
涵养水源	3673.28	24.97	积累营养物质	8.60	0.06
保育土壤	3260.38	22.16	净化大气环境	5596.16	38.03
固碳释氧	184.89	1.26	保护生物多样性	1990	13.53
合计（亿元）	14713.31				

综上所得，黑龙江省森林生态服务价值为 14713.31 亿元，与国内学者关于森林生态服务价值评估的研究成果相比，本部分森林生态服务价值总量和单位面积价值量具有一定的合理性（见表 7-7）。对比已有研究，本文得出单位面积价值量为 7.39 万元/hm^2，与谢高地、李坦的研究结果相近；高于王兵评价的辽宁省森林生态服务价值；低于石小亮评价的吉林省森林生态服务价值，故本部分研究具有一定的合理性。

表 7-7 森林生态服务价值对比分析

主要作者	研究区域	研究方法	价值总量(亿元)	单位价值量(万元/hm^2)
王兵等(2010)	辽宁省	物质量—价值量法	2591.72	4.97
谢高地等(2015)	全国	当量因子法	175260	8.97
李坦、张颖(2013)	江西省	功能价值法	8970	9.77
石小亮等(2016)	吉林省	功能价值法	13801.35	16.65
本研究	黑龙江省	物质量—价值量法	14713.31	7.39

第三节 黑龙江省森林生态效益补偿现状

黑龙江省是林业大省，是国家重点林区之一，自 2001 年开始，中央政府将黑龙江省 34 个县的 43 个单位纳入森林生态效益补偿基金试点，2010 年启动中央财政林业补贴项目，其中抚育补贴和造林补贴占主要地位。本节首先概述森林生态效益补偿制度的发展历程；其次对黑龙江省地方国有林区的管护补偿、抚育补贴和造林补贴三种补偿实践分别进行阐述，相应地，黑龙江省重点国有林区也实施这三种补偿实践，但其资金源于天保工程款，鉴于资料获取难度等原因在这里不做详细论述，各地方管护面积、抚育面积和造林面积统计情况如附录 1 所示；最后对黑龙江省森林生态效益补偿的监管情况进行梳理。

一、森林生态效益补偿制度发展历程

自 21 世纪以来，人们深刻意识到自然资源和生态环境是实现经济可持续发展的根基，平衡森林资源消耗在区域之间、代际之间、国度之间的利益关系成为中国乃至世界经济发展的重要内容。中国森林生态效益补偿制度经历了艰难曲折的过程。

（一）森林生态效益补偿探索阶段(1980~1999 年)

森林生态效益补偿制度建立背景是市场经济条件下公益林提供生态服务时不能像商品林那样获得等价报酬,导致护林员积极性不足,管理松懈,乱砍滥伐现象严重。此事受到各地区的广泛关注并采取一些措施,如 20 世纪 80 年代末四川省成都市政府提出将青城山风景区 30%的收入用于护林,全民义务植树逐渐演变成收取“绿化费”用于城市绿化及其他生态保护事业。这些实践活动推动了森林生态效益补偿制度的建立。然而当时林业部门对于森林生态效益补偿的认知并不统一,历经十多年的探讨和协调,1992 年林业部门会同财政部、中共中央纪律检查委员会、住房和城乡建设部、文化和旅游部与国家税务总局等有关人员组成调研队,对 13 个地区的生态公益林经营情况进行调查,就建立森林生态效益补偿基金制度问题达成共识,并在《关于 1992 年经济体制改革要点》中明确提出“要建立林价制度和森林生态效益补偿制度,实行森林资源有偿使用”,这是森林生态效益补偿制度首次以官方文件的形式出现。

1992 年以后,政府推行以市场经济为导向的渐进式改革和林业分类经营改革,进一步推进森林生态效益补偿基金建立。建立基金的目的为保护公益林,为社会提供生态产品,因此政府提出生态公益林的资金理应源于社会,并提出两种基金筹措方案:第一种为原林业部于 1996 年向国务院提出,按照“谁受益、谁负担”原则,拟向全国森林生态服务受益的单位和个人征收补偿费 6 亿元,将征收对象暂定为与森林生态效益有关的国家大型水库和旅游景区,按照营业额提交 1%~20%不等的补偿费,但是这一方案由于成本高、征收难度大、涉及部门多等原因并没有实施;第二种为原国家林业和草原局和财政部于 1999 年向国务院提出,以“政府基金分成方式”筹措资金,该方案拟计划从现有的 12 项政府性基金中提取 3%用于建立森林生态效益补偿基金,分别纳入中央和地方政府预算安排,征收期为 5 年,每年 50 多亿元,该方案最终由于资金规模不足、资金来源不可靠没有实施。

总体来说,虽然这一时期并没有形成具体的资金筹集方案,但是 1998 年《中华人民共和国森林法》修正,规定国家设立森林生态效益补偿基金,用于防护林、特种用途林的营造、抚育、保护和管理,将森林生态效益补偿基金用法律的形式予以呈现。此外,1998 年洪灾也推进了中国生态保护的实践,先后启动的天然林保护工程和退耕还林工程都有生态补偿的性质,为森林生态效益补偿基金制度确立奠定了基础。

(二) 森林生态效益补偿起步阶段(2000~2003 年)

2000 年初期,陆续在天然林保护工程和退耕还林工程等项目投入近千亿元,在这一有利形势下,国家林业和草原局再次提请建立森林生态效益补偿基金制度,并最终获得财政部同意。2001 年 11 月 23 日起,财政部和国家林业和草原局宣布在全国 11 个省区 658 个县 24 个国家级自然保护区进行试点,共涉及 2 亿亩森林,总投入 10 亿元,2001 年 11 月 26 日财政部和国家林业和草原局联合颁布了《森林生态效益补助资金管理办法(暂行)》。这标志着森林生态效益补偿正式纳入国家财政投入体系,成为公共财政对公益林生态建设的稳定支出。这是中央一级财政支出,此阶段虽然明确提出地方财政资金优先配套到位,以作为中央财政支出的先决条件,但是由于地方认知不足及经济发展水平限制,除了广东省等经济发达地区,其他多数地区没有落实配套责任。

(三) 森林生态效益补偿完善阶段(2004~2008 年)

根据试点情况,财政部决定 2004 年正式建立森林生态效益补偿基金,同年 10 月财政部与国家林业和草原局联合将森林生态效益补助资金改为森林生态效益补偿资金,并与国家林业和草原局联合出台了《中央森林生态效益补偿基金管理办法》,标志着国家全面确立森林生态效益补偿基金制度并全面实施,补偿面积由试点 2 亿亩增加到 4 亿亩,补偿资金由 10 亿元增加到 20 亿元。该管理办法规定按照《重点公益林区划界定办法》对所界定的公益林进行营造、抚育、保护和管理,平均补偿标准为每年每亩 5 元,其中 4.75 元用于国有林单位、集体和个人的管护支出,0.25 元用于公共支出。2007 年,财政部与国家林业和草原局出台了新修订的《中央财政森林生态效益补偿基金管理办法》,细化其中的补偿标准、基金来源、基金使用范围等条目,并取消了强制要求地方财政配套的规定。

(四) 森林生态效益补偿拓展阶段(2009 年至今)

2009 年以后,森林生态效益补偿制度继续不断完善,并在原来补偿范围、补

偿内容上进行了拓展。中央政府根据国家级公益林权属不同实行差异化补偿，中央财政将集体及个人的国家级公益林补偿标准提高到每年每亩 10 元，2013 年集体及个人的国家级公益林补偿标准提高到每年每亩 15 元，2019 年进一步提高到每年每亩 16 元；中央财政将国有的国家级公益林补偿标准于 2015 年提高到每年每亩 6 元，2016 年提高到每年每亩 8 元，2017 年进一步提高到每年每亩 10 元。从森林生态效益补偿资金总量来看，2010 年森林生态效益补偿资金规模突破 100 亿元，补偿面积接近 15 亿亩。2016 年中央财政积极盘活存量，用好增量，将林业补助资金的 165 亿元用于森林生态效益补偿，至今已经累计超过 1000 亿元。除此之外，一些经济发达地区的地方政府也不断提高森林生态效益补偿标准，如浙江省在 2015 年国家级公益林补偿标准达到每年每亩 30 元，到 2017 年进一步提高到每年每亩 40 元；广东省森林生态效益补偿标准在 2012 年就达到了每年每亩 12 元，2019 年提高到每年每亩 36 元；江西省森林生态效益补偿标准由最初的每亩 5 元，经过八次提高，于 2019 年提高到每年每亩 21.5 元。

虽然森林生态效益补偿制度规定补偿用于公益林的营造、抚育、保护和管理，但是从支出来看，大部分用于公益林的管护支出，因此中央政府自 2009 年以来在全国推行中央财政林业补贴项目试点工作，2014 年财政部和国家林业和草原局联合发布《中央财政林业补助资金管理办法》。在黑龙江、吉林、辽宁、内蒙古、湖南、江西、四川、云南、陕西等 11 个省（自治区）实施林业补贴政策，2010 年又增加了浙江、广西、河北等省份。中央财政林业补贴资金除了包含原有森林生态效益补偿，还增加了抚育补贴、造林补贴、林木良种补贴、森林公安和国有林场的改革支出。2009 年和 2010 年的森林抚育补贴标准为 100 元/亩，2011~2018 年的森林抚育补贴标准为 120 元/亩；造林补贴种类繁多，补贴标准存在较大差异。

二、黑龙江省森林生态效益补偿实践概况

（一）黑龙江省森林管护补偿状况

黑龙江省森林生态效益补偿是指用于财政部与国家林业和草原局界定的国

家级公益林及地方公益林的管护补助支出和公共管护支出。其中国家级公益林生态效益补偿资金源于中央财政支出，地方公益林生态效益补偿资金源于省财政支出；管护补助支出用于支付国有林场、国有苗圃、自然保护区、集体和个人管护公益林的劳务补助，公共管护支出用于地方各级林业管理部门开展公益林监督、核查和评价等。

1. 国家级公益林管护补偿

根据基金国家战略部署，黑龙江省2001年被纳入森林生态效益补偿基金试点，同时也全面开展了森林分类区划界定工作，并根据《国家级公益林认定办法(暂行)》颁布了《黑龙江省森林分类区划界定工作方案》，规定国家级公益林区划面积达5000万亩以上，并对其中的2500万亩国家级公益林开展了补偿工作，按照2001年的国有、集体公益林统一标准每亩5元，共补偿12500万元，落实管护工人7675人，管理人员631名。2004年，国家林业和草原局修改颁布《国家重点防护林和特种用途林管理办法》，黑龙江省公益林面积调整为4622万亩，2004~2005年补偿面积依旧是2500万亩，到2006年补偿面积扩容到3500万亩以上，补偿标准为每年每亩5元，共补偿17848万元。2009年将重点公益林补偿面积再次扩充，将区划的4622万亩公益林全部纳入补偿范围，补偿资金达23110万元。为加强对国家级公益林的保护和管理，2009年国家林业和草原局与财政部联合颁布《国家级公益林区划界定办法》(林资发〔2009〕214号)，该办法规定2012年黑龙江省国家级公益林的区划面积调整为5061.38万亩，并将区划的国家级公益林全部纳入中央补偿，补偿面积在5000万亩以上，补偿金额接近26000万元，直到2018年，黑龙江省国家级公益林的区划面积和补偿面积一直按照此标准执行。总体来看，国家级公益林区划面积变动不明显，补偿面积呈现逐渐递增趋势(见图7-1)。

黑龙江省森林生态效益补偿标准与中央森林生态效益补偿标准一致，2001~2009年，国家级公益林补偿标准为每年每亩5元。2010年以后，国有的国家级公益林和集体的国家级公益林实行差异化的补偿标准，从国有的国家级公益林来看，2015年补偿标准提高到每年每亩6元，2016年提高到每年每亩8元，2017年进一步提高到每年每亩10元；从集体的国家级公益林来看，

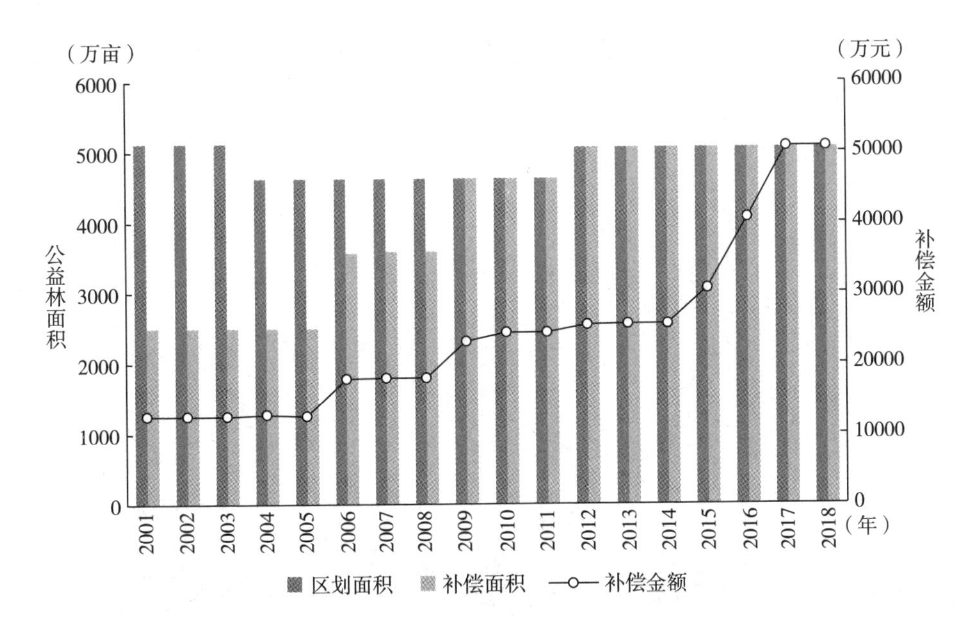

图 7-1 黑龙江省国家级公益林区划面积、补偿面积及补偿金额

资料来源：黑龙江省林业和草原局。

2010~2012 年集体的国家级公益林补偿标准为每年每亩 10 元，2013 年至今集体的国家级公益林补偿标准为每年每亩 15 元。从补偿总金额来看，2001 年中央财政投入 12500 万元，2018 年中央财政投入 50742 万元，总体呈现逐渐上升趋势，18 年来中央财政总投入达 43.8 亿元。

2. 地方公益林管护补偿

黑龙江省地方公益林森林生态补偿开始于 2004 年，是指黑龙江省财政用于纳入补偿范围的省级一般公益林管护人员的劳务补助支出和管护房建设等公共管护支出，管护支付补偿标准为每年每亩 3.5 元，结余用于公共支出。根据统计资料，2001~2003 年黑龙江省地方公益林的区划面积为 5904.3 万亩，在此期间地方公益林没有实施森林生态效益补偿；2004~2018 年黑龙江省地方公益林的区划面积增加到 5959.86 万亩，补偿面积仅占区划面积的 4.9%~8.3%，这些区域主要分布在齐齐哈尔、大庆、绥化等地级市，涉及 94 个国有林场，1958 个管护责任人，这些林场的共同特点是没有国家级公益林，2004~2016 年省财政固定支出为 2000 万元，而 2017~2018 年则下降到 1800 万元。总体来看，2004 年以来黑龙江省地方公益林森林生态效益补偿总金额为 29600 万元（见图 7-2）。

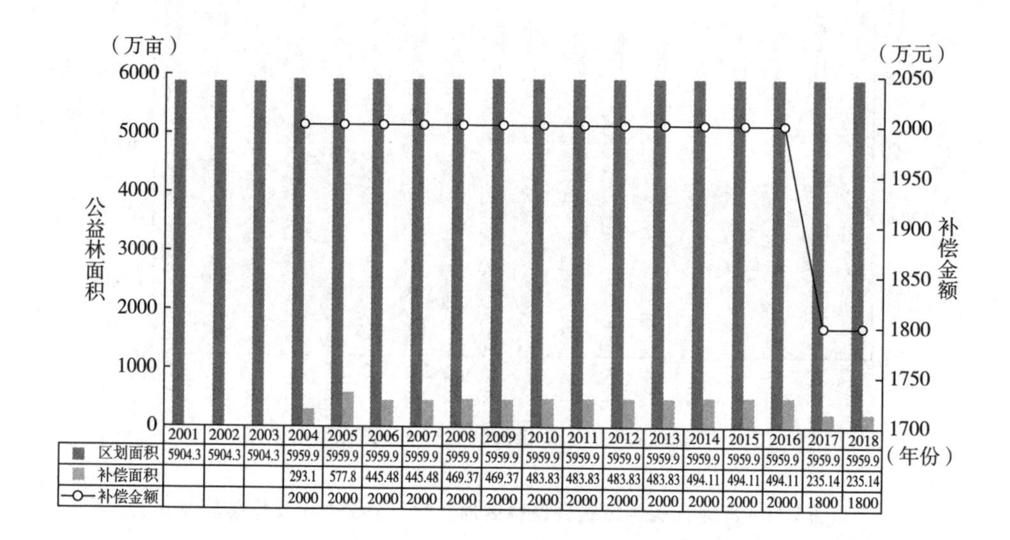

	2001	2002	2003	2004	2005	2006	2007	2008	2009	2010	2011	2012	2013	2014	2015	2016	2017	2018
■ 区划面积	5904.3	5904.3	5904.3	5959.9	5959.9	5959.9	5959.9	5959.9	5959.9	5959.9	5959.9	5959.9	5959.9	5959.9	5959.9	5959.9	5959.9	5959.9
■ 补偿面积				293.1	577.8	445.48	445.48	469.37	469.37	483.83	483.83	483.83	483.83	494.11	494.11	494.11	235.14	235.14
—○— 补偿金额				2000	2000	2000	2000	2000	2000	2000	2000	2000	2000	2000	2000	2000	1800	1800

图 7-2 黑龙江省地方公益林区划面积、补偿面积及补偿金额

资料来源：黑龙江省林业和草原局。

（二）黑龙江省森林抚育补贴状况

黑龙江省是首批实施森林抚育补贴政策的试点省份之一。森林抚育补贴是指对承担森林抚育任务的国有林区、林区职工、农民合作社和农民开展间伐、补植、退化林修复等生产作业所需的劳务用工和机械燃油费给予适当的补助，抚育对象为国有、集体或个人所有的公益林中的幼龄林和中龄林。

根据财政部、国家林业和草原局印发的《关于开展 2010 年森林抚育补贴试点工作的意见》（财农〔2010〕113 号）及《森林抚育补贴试点资金管理暂行办法》（财农〔2010〕546 号），要求严格落实重点国有林区和地方国有林区的森林抚育任务。黑龙江省地方国有林区的森林抚育补贴实施范围包括 13 个地级市（地区）及所属县、尚志市林业和草原局、宾西示范林场、新江实验林场、省林业监测规划院、省森林植物园、黑龙江省北大荒农垦集团有限公司和帽儿山实验林场。根据表 7-8，2010 年黑龙江省哈尔滨市抚育面积最大，为 12.6 万

亩；其次是黑河市，为 6.3 万亩，两者分别占总抚育面积的 25.2%和 12.6%。2011~2017 年，黑河市的森林抚育面积位居首位，2011 年抚育面积达 32.0 万亩，占抚育面积的 26.7%，2012 年抚育面积最高达 53.5 万亩，占总抚育面积的 33.4%。哈尔滨市自 2011 年以来抚育面积一直位居第二，2017 年抚育面积高达 40.9 万亩，占总抚育面积的 24.5%。

表 7-8　2010~2017 年黑龙江省地级市森林抚育补贴面积　单位：万亩

地区	年份							
	2010	2011	2012	2013	2014	2015	2016	2017
哈尔滨	12.6	26.4	27.7	29.0	31.2	36.0	36.6	40.9
齐齐哈尔	1.9	3.9	1.8	7.6	0.4	1.5	1.0	1.0
牡丹江	4.8	6.7	4.5	7.0	5.6	3.7	4.5	4.7
佳木斯	3.6	6.6	6.3	5.2	4.7	3.6	6.1	7.7
鸡西	3.3	2.0	3.7	3.9	4.8	5.9	7.3	4.1
鹤岗	2.6	6.5	9.8	10.5	13.5	16.3	16.0	12.5
双鸭山	3.2	6.2	6.0	6.1	14.6	4.6	3.9	5.8
七台河	1.8	2.5	2.1	1.7	1.5	2.6	2.1	2.1
黑河	6.3	32.0	53.5	43.7	42.4	41.5	37.7	42.7
伊春	2.2	9.8	13.9	14.0	13.8	17.3	13.8	15.2
大庆	—	0.4	0.4	—	—	—	0.2	—
大兴安岭	1.7	3.4	15.0	16.0	13.0	11.5	10.4	11.0
绥化	2.0	5.3	7.3	5.9	3.5	4.8	6.8	5.6
其他地区	4.0	8.3	8.0	9.4	11.0	20.7	21.6	13.3
全省合计	50.0	120.0	160.0	160.0	160.0	170.0	168.0	166.6

资料来源：黑龙江省林业和草原局，“—”代表抚育面积缺失。

从森林抚育面积总量和抚育补贴金额来看（见表 7-9），2010 年黑龙江省总抚育面积为 50 万亩，2011 年增加到 120 万亩，仅一年增加一倍多，2012~2014 年抚育面积再次提高到 160 万亩，2015 年抚育面积最高达 170 万亩，在森林抚育补贴实施的九年间累计完成抚育面积 1333 万亩。黑龙江省森林抚育补贴标准在2016年及以前为每年每亩100元，2017~2018年抚育补贴标准提高到每年每亩120元。根据森林的抚育面积可以计算出森林抚育补贴金额，2010年森林抚育补贴金额为5000万元，到2018年森林抚育补贴金额为20160万元，总体逐渐增加，九年间黑龙江省地方国有林区累计获得森林抚育补贴资金13.9万元。

表7-9　2010~2018年黑龙江省森林抚育面积及补贴金额

年份	森林抚育补贴项目	
	面积（万亩）	补贴资金（万元）
2010	50	5000
2011	120	12000
2012	160	16000
2013	160	16000
2014	160	16000
2015	170	17000
2016	168	16800
2017	167	19992
2018	168	20160
合计	1333	138952

资料来源：黑龙江省林业和草原局。

（三）黑龙江省造林补贴状况

造林补贴是指对国有林场、林业职工、农民合作社和农民等造林主体在宜林荒山荒地、荒漠地、迹地、低产低效林地进行人工造林、更新和改造、营造混交林，根据面积大小（不小于1亩）给予适当补助。黑龙江省造林补贴面积及补贴金额如表7-10所示。

表 7-10　2010~2015 年黑龙江省造林面积及补贴金额

年份	造林补贴项目	
	面积（万亩）	补贴资金（万元）
2010	10	1050
2011	25	2750
2012	75	10725
2013	75	10725
2014	36	7560
2015	14	2793
合计	235	35603

资料来源：黑龙江省林业和草原局。

根据表 7-10，黑龙江省地方国有林区的造林补贴项目开始于 2010 年，补贴种类复杂多样，补贴标准如下：人工造乔木林（含核桃木本油料树种）每亩补助 200 元，灌木林每亩补助 120 元，木本粮油经济林每亩补助 160 元，水果、木本药材等其他经济林每亩补助 100 元，迹地人工更新每亩补助 100 元。2012 年，国家财政部、林业和草原局联合发文《中央财政林业补贴资金管理办法》，去除木本粮油经济林补助，其他补贴标准基本没变。根据黑龙江省林业和草原局的统计资料，2010~2015 年造林补贴项目累计完成造林面积 235 万亩，累计获得补贴资金 3.56 亿元。

三、黑龙江省森林生态效益补偿监督管理概况

黑龙江省森林生态补偿方面的资金监督管理相关规定如表 7-11 所示，形成以地方政府为主体的监督体系。地方政府是联结中央政府与地方林业和草原局、林场的重要责任主体。中央政府拨付给黑龙江省的森林生态效益补偿资金由黑龙江省财政厅、林业和草原局共同管理，黑龙江省林业和草原局制定具体的森林管护、抚育和造林等相关规划，会同省财政厅做好预算绩效和资金使用管理监督工作。

表 7-11　森林生态效益补偿资金管理相关规定

文件名称	颁布时间（年）	颁布机构
黑龙江省《中央财政林业补助资金管理办法》实施细则	2015	黑龙江省财政厅
黑龙江省推进财政资金统筹使用实施方案	2015	黑龙江省财政厅
黑龙江省林业补贴资金绩效评价办法	2016	黑龙江省财政厅
黑龙江省财政厅关于印发省对市县专项转移支付管理办法的通知	2016	黑龙江省财政厅
新修订《中央财政森林生态效益补偿基金管理办法》	2018	财政部
《林业生态保护恢复资金管理办法》	2018	财政部、林业和草原局
黑龙江省《地方林业生态保护恢复资金管理》实施细则	2018	黑龙江省财政厅

以森林生态补偿资金绩效考评为例，监督管理一般采取“自评+他评”的方式来进行。其主要分为以下几个步骤：第一，由黑龙江省财政厅、省林业和草原局部署各市、县有关单位开展自评，自评项目包括资金投入和使用、资金和项目管理、资金实际产出、政策效果四个方面进行定性、定量分析，然后结合地区具体情况进行打分；第二，黑龙江专员办在自评得分基础上开展绩效评价工作，评价工作以材料核查、访谈、座谈、问卷调查、选点抽查为基础，按照规定抽查比例在黑龙江省范围内随机抽取几个市、县的林场进行现场勘查，根据综合情况给予具体评价结果；第三，将自评和他评资料进行整理，将初步评价结果和有关说明报送黑龙江省财政厅、省林业和草原局征求意见，然后形成各个市、县（林场）评价报告。

从黑龙江省森林生态效益补偿支付条件来看，补偿主要采取投入的支付形式（见表 7-12），依托具体的活动类型，按照投入时间、劳动等可以量化的指标体系，给予其相应的生态补偿支付。中央政府将森林生态效益补偿基金拨付给黑龙江省政府，地方政府按照各个林场管护的国家级公益林、地方公益林面积进行补偿，此外抚育补贴和造林补贴也是根据面积支付的，形成“中央政府—地方政府—林场—职工”的补偿支付体系。基层职工是以月工资的形式获得支付的，在后续研究中不作为本书关注的重点。

表 7-12　黑龙江省森林生态补偿政策支付条件

具体补偿项目	支付条件（含标准）
管护补贴	国家级公益林 10 元/亩；集体和个人的国家级公益林 15 元/亩
抚育补贴	120 元/亩
造林补贴	木本药材种植 100 元/亩；林分修复 200 元/亩；低产低效林改造 100 元/亩

第四节
黑龙江省森林生态补偿标准评估

生态补偿标准是实现森林生态补偿的核心问题，关系补偿实施效果和补偿者的承受能力。确定合理的生态补偿标准是补偿机制构建的核心内容，根据研究区域特点和森林生态效益价值，利用社会发展系数和财政能力系数进行修正，确定生态补偿标准上限。此外，本节利用成本分析法结合黑龙江省林区生态区位系数、森林资源质量系数、森林资源规模系数和社会发展系数确定森林生态补偿标准下限，为多元主体参与森林生态效益补偿提供科学依据。

一、基于服务价值的森林生态补偿标准确定

森林生态系统服务价值的计算是生态补偿的理论基础，上文得到黑龙江省森林生态服务价值为 14713.31 亿元，而 2018 年黑龙江省的国民生产总值为 15902.68 亿元，如果按照价值量补偿，则森林生态补偿支出占国民生产总值的 78%，显然直接按照价值量补偿远超出政府的支付能力，难以直接应用。本节将森林生态服务价值结合生态补偿标准系数（包括社会发展系数、财政相对补偿能力系数和资源稀缺系数）构建生态补偿标准体系，科学计算黑龙江省重点国有林区生态补偿标准上限。

（一）森林生态补偿标准系数

1. 社会发展系数

本节将皮尔生长曲线模型和经济发展阶段相结合计算社会发展系数。社会发展系数用来衡量当前社会经济发展水平下居民对生态服务功能的付费标准系数。目前，较多学者运用皮尔生长曲线模型与恩格尔系数相结合的方法确定补偿系数，来修正研究区域森林生态系统服务价值。皮尔生长曲线模型是用来反映因变量 P 随时间 t 变动的动态趋势的模型，可以准确描述事物发展周期性变化随社会经济发展水平和人民生活水平不断变化的特征。模型主要描述在事物发展初期因变量增长缓慢，随后进入急速增长阶段，达到一定程度后，增长率逐渐降低。具体公式如下：

$$h=\frac{L}{1+ae^{-bt}} \tag{7-1}$$

其中，h 为生长特性的参数，L 为 l 的最大化（L=1）；t 为时间；a、b 为常数；e 为自然对数。曲线的拐点为 t=ln（a/b），这时 h=0.5L 为曲线拐点对称，当 t 趋于负无穷时，h=1；当 t 趋于正无穷时，h=L。为便于分析，一般将 L、a、b 取值为 1。

将皮尔生长曲线模型与恩格尔系数相结合，即把代表社会发展水平和人民生活水平（绝对贫困、勉强度日、小康水平、富裕、最富裕）的人均国民生产总值和恩格尔系数的倒数对应起来，进行必要的转换，得到社会发展系数公式为

$$k_i=\frac{1}{1+e^{-(1/En_i-3)}} \tag{7-2}$$

其中，k_i 为研究区域 i 年的社会发展系数；En_i 为研究区域 i 年的恩格尔系数。

2. 财政相对补偿能力系数

目前，国家实施的森林生态效益补偿要求中央政府作为补偿主体，地方政府根据自身经济发展水平实施相应的配套政策。因此，黑龙江省重点国有林区的生态补偿标准与地区财政能力密切相关，故本节用黑龙江省财政收入水平占全国财政收入水平的比例作为财政相对补偿能力系数：

$$F_i = \frac{Fr_i}{Fr} \quad (7-3)$$

其中，F_i 为研究区域 i 年的财政相对补偿能力系数；Fr_i 为黑龙江省的财政收入水平；Fr 为全国的财政收入水平。

（二）森林生态补偿标准修正模型

基于物质量—价值量法得到的生态系统服务价值巨大，无法直接作为补偿标准，因此结合社会发展系数和财政相对补偿能力系数进行修正，然后根据黑龙江省森林生态效益价值在总价值中的比例计算各个地区的补偿标准，并利用资源稀缺系数将各个地区的补偿标准进行修正。

基于社会发展系数和财政相对补偿能力系数的补偿标准模型如下：

$$TU = (V * K_i \times F_i)/A \quad (7-4)$$

其中，TU 为森林生态补偿标准；V 为黑龙江省森林生态服务价值；K_i 为社会发展系数；F_i 为财政相对补偿能力系数；A 为黑龙江省森林面积。

（三）森林生态补偿标准计算

根据《中国统计年鉴》《黑龙江省统计年鉴》可得 2018 年黑龙江省的恩格尔系数为 35.8%，黑龙江省财政收入水平为 12243.31 亿元，中央政府的财政收入水平为 91469.41 亿元，因此根据公式可得社会发展系数 K_i 为 0.41，财政相对补偿能力系数 F_i 为 0.13。根据式（7-4）可以得到黑龙江省森林生态效益补偿总额为 784 亿元，根据森林面积可得补偿标准为 4126 元/hm^2。

二、基于成本理论的生态补偿标准

基于成本补偿标准的设计思路是结合黑龙江省林区的不同建设阶段及经济发展状况，以研究区域发生的生态建设与保护成本，包括以因天然林全面停伐政策产生的机会成本为基础，考虑森林资源的自然属性和社会发展因素对补偿标准的调整，如生态区位因素、森林资源规模因素、森林质量因素等。

（一）基于成本理论的森林生态补偿标准考虑的因素

成本支付原则是世界范围内应用广泛的森林生态补偿标准确定依据（Classen et al.，2008），如美国的保护储备计划（CRP），参与 CRP 的农户按照合约实行 10~15 年的土地休耕计划，同时也将获得补偿金额以弥补林木种植成本和农业损失（Cooper，1998），早期的 CRP 采取固定付费的方式，参与农户得到了远远超过其农地在现金租赁市场上可以得到的收益，保护储备计划实施得较为成功；中国的退耕还林工程依然遵循成本支付的原则，按照造林成本和粮农的机会成本划分补偿标准（周小平等，2010）。从以上两个项目可以看出，无论是美国保护储备计划还是退耕还林工程都以林农的经济损失成本为补偿依据，黑龙江省重点国有林区的林农数量非常少，因此本节重点分析国有林区的成本构成。

1. 对森林生态系统的维护、建设和管护成本

森林生态系统是自然生态系统与经济社会发展相互作用的产物，由于高强度的人类经济活动对生态系统造成不可逆转的影响，森林生态环境的恢复必须依靠人力、资本等投入。按照马克思劳动价值理论，价值是由凝结在商品中的无差别的劳动决定的，核心观点是价值由劳动创造。因此，本节结合劳动价值理论，从生产的角度来计算运营森林生态系统服务所耗费的社会必要劳动时间，即依据劳动价值论计算森林生态系统的服务价值。森林经营成本主要包括建设成本、营林和管护成本，如森林防火、森林病虫害防治、种苗费、人工费用，营林成本主要指规划新增加的林木种苗费用及林木的补植、抚育等成本，管护成本主要指对林区内森林进行管护的护林人员工资、护林设施费用、农药及器械支出等。

2. 林区放弃经济发展的机会成本

目前，利用机会成本法确定生态补偿标准的研究较多，认为其是较为合理的确定生态补偿标准的方法，可以作为生态补偿标准下限的依据。该方法的核心准则为“保护地区（保护者）放弃的最大收益”，即林区在森林环境保护过程中所放弃的最大利益，包括转换土地利用方式的机会成本、人力投入的机会成本，目前的研究主要集中于与生态环境关系密切的土地利用上。黑

龙江省重点国有林区的机会成本包括禁伐所造成的经济利益损失、产业发展受限带来的经济损失。天然林全面停伐政策实施以来，林区木材产出量逐年调减，以木屑为基础原料的木耳、蘑菇产业等发展受限，给林区经济发展带来损失。

3. 森林资源的自然属性与社会经济发展水平

一般以森林的基本建设成本和机会成本确定补偿的最低标准，但为了使补偿标准更加科学，需要根据森林资源禀赋差异进行调整，如生态区位、森林资源质量、森林资源规模和经济发展水平等。

（二）基于成本理论的生态补偿标准模型

1. 成本 C

人工维持和更新森林生态系统的营林成本主要包括造林成本、抚育成本和管护成本，以及林业科技投入成本和机会成本。

$$C=C_M+D=C_1+C_2+C_3+P\cdot q \tag{7-5}$$

其中，C 为黑龙江省重点国有林区的总成本，主要包括森林经营管理成本和机会成本（D），其中经营管理成本主要有造林成本（C_1）、抚育成本（C_2）、管护成本（C_3）和其他成本（C_M）。机会成本主要是指黑龙江省重点国有林区因天然林全面禁伐等保护性措施而丧失部分发展权所造成的损失，其中 P 为木材的均价，q 为因生态功能区建设而减少的采伐量。

2. 生态区位调整系数 K_n

森林生态补偿标准不仅受到各种评估方法的影响，还受到生态区位的影响，生态区位越重要，相应的补偿标准就越高。生态区位重要性评价指标体系从评价区域、指标选取视角和构建方法方面呈现多样化趋势，除了采用常用的层次分析法和专家咨询法构建评价指标体系，还有粗糙集和突变级数法等。在较大尺度上计算的生态区位系数一般只考虑地形和气候两方面因素，本节借鉴已有研究（李英，2013），基于微观研究视角，从研究区域的国家级公益林、地方公益林及商品林三个层次来确定生态区位调整系数。

3. 森林生态质量调整系数 K_m

反映森林生态质量的指标很多，如森林蓄积、森林覆盖率、林种结构和林龄结构等，在此，本节依据林龄结构构建森林生态质量调整系数。森林按照林龄结构可以划分为过熟林、成熟林、中龄林和幼龄林。根据已有研究（李英，2013），过熟林和成熟林在涵养水源、保持水土、积累营养物质方面产生了较大的生态效益。此外，根据现阶段的经济发展水平，优先补偿过熟林和成熟林的效益价值。因此，本节根据过龄林和成熟林占森林的比重计算森林生态质量调整系数，系数越大，代表过龄林和成熟林产生的生态效益越高，应该给予较高的补偿标准。

4. 森林资源规模系数 K_r

森林资源规模也是影响生态补偿标准的重要因素，当森林资源提供的生态产品满足社会需求时，社会收益和经营者的边际成本决定森林资源的数量，此时森林生态产品富余，供给量能够满足需求量，森林生态建设仅维持简单的生产即可，补偿标准可以按照经营者损失的经济利益来确定，包括森林管护、抚育等各种成本，以及社会平均利润，按照最低标准进行补偿。当森林资源提供的生态产品不能满足需求时，按照资源的稀缺性质，应该提高补偿标准，激励森林经营者扩大再生产，补偿标准不仅要弥补成本，还应该包含部分森林的生态效益价值。由此可见，森林资源的规模系数与补偿标准成反比，森林资源规模越大，补偿标准越低，森林资源规模越小，补偿标准越高。

5. 补偿标准综合模型

鉴于上述分析和已有研究（崔一梅，2008），森林生态补偿标准综合模型应该包含经营管护成本与机会成本，并在此基础上结合生态区位调整系数、森林质量调整系数、森林规模调整系数及社会发展系数。补偿标准综合模型不仅反映了成本，而且其包含的生态区位调整系数和森林生态质量调整系数能够代表部分森林生态效益，使补偿标准更加科学合理：

$$S(L)=\frac{[(C+D)\cdot(1+K_n)\cdot K_i(1+K_m)]}{K_r} \tag{7-6}$$

其中，S(L)为研究区域年单位面积补偿标准；C 为森林经营成本，包括造林成本、抚育成本、管护成本；D 为机会成本；K_n 为生态区位调整系数；K_i 为社会发展系数，已在上文中求得；K_m 为森林生态质量调整系数；K_r 为森林资源规模系数。

（三）基于成本理论的森林生态补偿标准设计

1. 森林经营成本确定

黑龙江省重点国有林区的森林经营资金主要源于天然林保护工程项目，其中的中央财政林业补助资金是工程项目的一部分，主要用于黑龙江省国有林区造林、抚育补贴及管护费的支付，因此本节利用"中央财政林业补助资金"具体实施条目、《中国林业统计年鉴》和调研资料获得经营管护等成本数据，如表7-10所示。通过统计可以得出黑龙江省的森林经营成本，合计为101.2亿元。

2. 机会成本确定

根据《中国林业统计年鉴》，天然林全面停伐政策实施以前，2013~2015年实施停伐政策，黑龙江省重点国有林区的木材产量为77.43万立方米，木材市场的平均售价为1031元/立方米；2014年木材产量调减为54.69万立方米，木材市场平均售价为1476元/立方米；2015年木材产量为4.01万立方米，木材市场平均售价为559元/立方米；2016年木材产量6.5万立方米，木材市场平均售价为597元/立方米；2017年木材产量为5.89万立方米，木材市场平均售价为636元/立方米。由此可见，停伐政策实施以来，黑龙江省重点国有林区的木材产量大量调减，因此2017年与2013年相比木材调减总量为71.54万立方米，近几年木材市场的平均价格为859.8元/立方米，扣除相关成本费用，木材市场的平均利润率为53.26%（李炜，2012）。因此，森林生态环境的机会成本为：

增加的机会成本为715400×859.8×53.26%＝3.28（亿元）。

表7-13　森林经营管护成本合计

支出项目	金额（万元）	支出项目	金额（万元）
造林抚育支出	938801	林业有害物质防治	1322
管护成本	60337.5	林业科技投入	295
森林防火与公安支出	10630	野生动植物保护	765

资料来源：《中国林业统计年鉴》、中央财政林业补贴统计资料。

（四）生态补偿标准测算

本节的生态区位调整系数 K_n 根据已有研究进行确定（沈满洪、谢惠明，2009；黄凯南，2009），将生态区位调整系数按照森林的不同等级进行划分，国家一级公益林、国家二级公益林、国家三级公益林、地方公益林和商品林的生态区位重要性分别取值为0.255、0.202、0.193、0.185和0.165，经计算，综合生态区位调整系数为0.48。

森林生态质量调整系数 K_m 是反映林分质量高低的指标，包括森林覆盖率、森林蓄积、林龄结构等，本节主要以林龄结构为参考依据。黑龙江省重点国有林区的林龄分为过熟林、成熟林、近熟林、中龄林和幼龄林。过熟林和成熟林发挥较大的生态服务功能，在补偿资金有限的前提下，暂时不考虑中、幼龄林的服务价值补偿，应该优先考虑补偿林分质量较高的过熟林和成熟林，因此森林生态质量调整系数用成熟林和过熟林占国有林资源的比重来确定，根据第八次全国森林资源清查资料，成熟林和过熟林占森林资源的比重为5.96%，故森林生态质量调整系数为0.0596。

森林资源规模系数 K_r 是根据现有森林资源规模数量与预期森林生态规模数的比例设定的，预期森林生态规模数指国家主管部门规划或社会实际需求应达到的森林规模数。本节用现有重点国有林区的林地面积占全省国有森林资源总量的比例来代表森林资源规模系数。目前，黑龙江省重点国有林区林地面积为858万 hm^2，地方国有林区森林面积为734万 hm^2，故现有森林资源规模比例为53.89%，根据黑龙江省林业发展规划，预期重点国有林区林地面积占全省国有林区林地面积的比重将提高到60%，故可计算森林资源规模系数为0.6。

$$S(L)=\frac{[(C+D)\cdot(1+K_n)\cdot K_i(1+K_m)]}{K_r}=112(\text{亿元})$$

根据黑龙江省森林面积可得补偿标准为589元/km^2。

基于上述分析，利用物质量-价值量法结合社会发展系数和财政相对补偿能力系数得出森林生态补偿的最高标准为4126元/km^2。利用成本分析法，在森林建设成本、造林成本、管护抚育成本和机会成本基础上，利用社会发展系数、森林生态区位系数、森林生态质量系数和森林生态规模系数进行调整，最终得出最低补偿标准为 589 元/hm^2。因此，黑龙江省森林生态补偿标准区间为 589~4126 元/hm^2。

第五节
黑龙江省森林生态效益补偿存在的问题

一、森林生态效益补偿制度不健全

黑龙江省森林生态效益补偿是由政府主导的，以公共财政为核心的买方市场，政府是这一特殊市场的参与者和规则（补偿标准、方式等）制定者，与政府有关的行为必须有完备的法律准绳为依据。根据森林生态效益补偿的演进历程，《中华人民共和国森林法》和《中央森林生态效益补偿基金制度》是森林生态效益补偿的“鼻祖”式法律文件，后来也历经多次修改完善。通过对众多中央政府及黑龙江省补偿文件的解读发现，补偿基金并没有明确提出补偿资金源于政府财政。从“建立补偿基金”而不是“补偿制度”这一细微差别来看，基金更应该来自国家的预算外收入。党的十八大以来倡导生态补偿要遵循“受益者付费”原则，但是关于受益者如何界定、怎么付费等利益相关者的权、责、利问题，并没有相关政策文件明确界定。补偿主体的缺失是补偿机会成本与生态效益难以统一协调的关键。基于此，建立责权利明确统一的生态效益补偿法律体系是黑龙江省森林生态补偿制度建设的现实需要，也是当前生态补偿工作的迫切要求。

二、森林生态效益补偿主体单一，多元投资机制尚未形成

黑龙江省森林生态效益补偿实践仍以政府补偿为主，补偿主体单一，多元

化的补偿投资机制尚未形成。中央政府和地方政府按照事权和财权相一致的原则，国家级公益林由中央政府出资，地方公益林由省政府出资，可见无论是森林生态效益补偿、中央财政林业补贴，还是天保工程管护费等，都以财政转移支付为主要筹资来源，补偿主体单一，补偿标准偏低，补偿资金不足，导致黑龙江省森林生态补偿理论和实践进展缓慢。一些发达省份，如广东、浙江、北京等通过地方财政资金补给、配套等投入形式，公益林补偿标准远高于黑龙江省。因此，本书认为目前黑龙江省公益林生态补偿纵向财政支付体系不完善，地方政府财政能力较弱，配套不足。此外，尽管天保工程区已经探索建立林业碳汇试点筹措森林生态效益补偿基金，充实补偿渠道，但是大多数地区由于控排企业需求不足仍然面临很多困难和阻力。从整体上看，市场化、社会化补偿筹资机制还在理论探索和零星实践之中。

三、森林生态效益补偿监督管理体系不完善

目前，黑龙江省森林生态效益补偿采取投入的支付形式，即中央政府按照黑龙江省国家级公益林面积、抚育面积和造林面积支付补偿费。从监督管理体系来看，由黑龙江省林业和草原局统筹安排国有林场具体执行森林保护和管理，然后由林业和草原局联合黑龙江专员办实施监督核查责任。由此可见，黑龙江省森林资源监督采取典型的“既当运动员又当裁判员”的管理模式，即由本部门上级领导来监督、评估本部门下级职工的工作，这种监管体系缺乏独立于森林资源管护部门的第三方监管和评估机构。这种监督管理模式最主要的缺陷是高层管理者容易从本位主义出发导致诸多问题，如信息不对称、目标扭曲、缺乏竞争及约束机制、评估和监测的标准不够准确等。此外，就森林生态效益补偿基金的使用管理而言，补偿转移支付名目繁多，如管护费、抚育补贴、停伐补助、造林补贴等都由不同的部门管理。每个类别下又细分为小类，如造林补贴中木本药材种植、低产低效林改造和林分修复，这三种标准都不同，由此可见，黑龙江省森林生态补偿资金管理部门分散，无形中提高了监管成本，降低了资金分配和使用效率。

四、森林生态效益补偿资金总量不足

目前，黑龙江省森林生态效益补偿实践主要局限于国家级公益林和部分地方公益林的管护、造林和抚育补贴等。虽然中央政府投入大量资金，但是仍然不能缓解“依林而生、以林为继”的林区危困，与黑龙江省相对落后的产能相比，补偿资金如杯水车薪。尤其自黑龙江省国有林区启动全面停止天然林商业性采伐以来，黑龙江省第一、第二产业严重衰落，第三产业发展不足，林区转型能力较弱，致使该地区经济发展处于停滞状态。这些由保护森林资源而引发的机会成本并没有考虑在补偿范围内。此外，根据本章的计算黑龙江省森林生态服务价值总量达 14713.31 亿元，与补偿标准形成了巨大的差距，虽然生态服务价值视角的补偿标准只作理论参考，但也间接表明了黑龙江省森林生态效益的重要性。外溢的森林生态系统服务为黑龙江省乃至全国地区提供了巨大的生态价值，满足了人们对森林生态、经济和社会方面的效用需求，但是这部分生态价值并没有以货币的形式得以体现，这也是导致林区补偿资金总量不足、管护积极性较低的重要原因。

第六节
本章小结

本章系统描述了黑龙江省森林生态资源、经济发展、社会发展、森林生态效益补偿等方面的基本概况，充分结合《中国林业统计年鉴》《黑龙江省统计年鉴》及生态定位观测网络等数据对黑龙江省森林生态效益价值进行了评估。研究表明：一是从“物质量—价值量”视角来看，黑龙江省森林生态效益价值量巨大，涵养水源、保持水土、固碳释氧等六种生态服务功能总价值达 14713.31 亿元。二是黑龙江省森林生态补偿实践条目繁多，从地方林区和国有林区共同执行的管护补偿、抚育和造林补贴来看，资金投入量不断增加，补偿实践不断完善；从补偿条件性和监督管理来看，条件性不足，监管缺乏效率。三是在此基础上选择物质量—价值法和成本分析法评估黑龙江省重点国有林区的补偿标准，利用物质量—价值量法结合社会发展系数和财政相对补偿能力系数得出森林生态补偿的最高标准为 4126 元/hm^2；利用成本分析法，在森林建设成本、造林成本、管护抚育成本和机会成本的基础上，利用社会发展系数、生态区位调整系数、森林生态质量调整系数和森林资源规模系数进行调整，最终得出最低补偿标准为 589 元/hm^2。四是本章总结黑龙江省森林生态效益补偿存在的诸多问题，如补偿制度不健全、补偿渠道单一、补偿资金总量不足、补偿主体单一及多元化投资机制尚未形成等，为下文研究奠定了坚实的现实基础。

第八章

黑龙江省多元主体森林生态效益补偿激励效应分析

森林生态补偿是解决森林生态保护成本和生态效益错配的关键举措，生态补偿制度的实施体现了多元补偿主体与林区管理部门的“委托—代理”关系，因此本章分析森林生态补偿激励机制的现状，构建多元补偿主体和林区管理部门的单任务“委托—代理”模型和双任务“委托—代理”模型，通过参数的求解，探索改进生态补偿激励效果的途径，以期提高政府管理部门对林区管理部门转移支付的效率。

第一节
黑龙江省森林生态效益补偿激励现状分析

自天然林保护工程实施以来，黑龙江省森林生态建设一直采用中央财政拨款、森工部门育苗的方式。森林生态建设是长期的工程，造林后的管护也相当重要，但目前各地区对管护的监管不足，效率较低。现代经济中的政府主要通过发挥公共财政的资源配置功能来实现公共物品供给，政府可以通过两种最基本的方式供应公共物品：一是直接生产，二是从私人或企业那里购买(政府购买公共服务)或者采取政府管制下的竞争性委托经营的方式提供。目前，我国地方国有林区实施中央公益林生态效益补偿基金，重点国有林区实施的中央政策补偿实际上就是政府从供方购买生态产品的过程，但是购买的过程并不符合政府购买公共服务的流程，没有第三方对森林的造林、管护和抚育质量进行科学评估。大部分林区的经营管护由森工进行，质量评估也由同一系统内部进

行，实行的是“既当运动员又当裁判员”的管理形式，没有按照市场机制将森林生态服务生产进行竞争性外包。黑龙江省地方国有林区采取的是中央公益林生态效益补偿基金，重点国有林区实施的造林补贴、森林抚育和管护费都由中央财政拨款，地方没有配套或配套很少，自天然林全面停伐政策实施以来，森林企业的自筹资金占很少一部分。根据《中央财政林业补助资金管理办法》，各省及森工管理部门根据森林生态建设、保护和恢复工作，于每年3月31日之前联合向财政部与国家林业和草原局报送林业补助资金申请文件。申请文件的主要内容包括基本情况和存在的主要问题、年度任务或计划、申请林业补助资金数额、上年度林业补助资金安排使用情况总结等，财政部根据预算安排及各个地区的实际情况，确定林业补助资金分配方案，并在全国人民代表大会批复预算后三个月内，按照预算级次下达资金。由此可见，林业补贴的数额由各地区执行预算最后由中央政府审批。

黑龙江省重点国有林区全部在天保工程范围内，天保工程中所有支出并不都是为了直接提供生态产品，因为其中一部分资金用在了森工企业的转产和人员分流上，这些安置的费用是由森工企业长期体制性障碍和经营不善所造成的，并不是提供生态效益所必然付出的成本，反映了中央政府对林区的支付意愿。国有森工企业是经营森林资源的主体，也是天保工程的主体，这种身份重合所存在的问题是，中央的财政专项补助有可能并未被真正用于天然林资源的保护，而是被用来供养处于两危困境中的国有林业企业，因为中央以专项补助形式所进行的转移支付方式在这一点上并未形成一个十分有效的激励约束机制，所以如何使仅有的纵向生态补偿转移支付更有效率是我们值得思考的问题。

第三节
“委托—代理”理论分析框架

委托代理理论在现实生活中应用十分广泛，那么这种基于契约的关系具体由哪些理论构成，其基本的内容和理论构架是什么样的，在地方政府森林生态治理过程中的适切性有多大，这都需要理论梳理与分析，才能在理论掌握的基础上分析林区管理部门在森林生态治理过程中存在的委托代理问题。

一、委托代理理论基本内容

委托代理理论产生于20世纪40年代，于20世纪70年代成为信息经济学研究中的重要领域，信息经济学的所有模型都可以在"委托人—代理人"框架下分析，如道德风险模型、逆向选择模型、信号传递模型和信息甄别模型。委托代理理论的主要目标是研究委托人与代理人在信息非对称和利益不一致的前提下，通过设计最优的契约解决委托人与代理人之间约束与激励机制的问题。关于委托代理关系的产生，学者做了大量的阐述，如早期研究认为委托代理关系源于企业经营过程中所有权和经营权的分离，随着企业分工的细化，企业所有者难以控制整个企业的运营过程，就出现了专门从事代替企业所有者对企业进行经营管理的代理人(张维迎,1996)。Jensen 和 Meckling(1976)认为如果当事人双方基于契约形成一种决策权的授予关系，其中一方代理另一方的利益从事某些活动，即存在委托代理关系，主动设计契约的人称为委托人，被动接收契约的人称为代理人。张春霖(1995)认为委托代理关系就是一种契约关系，即委托人如何通过设计一个契约驱使代理人按照委托人的利益采取行动，委托人将向代理人支付一定的报酬。通过上述阐述，可以看出委托代理关系是基于非对称信息和契约而进行的内部授权关系，委托人授权代理人在一定的时间和空间范围内从事契约规定的相关活动，体现出权利、利益和责任的分配关系。此外，建立委托代理关系应该考虑两个条件：参与约束和激励相容约束，参与约束又称个人理性约束，要求代理人从接受契约中得到的期望效用不能小于从事其他同类型活动得到的最大期望效用；激励相容约束是指委托人不能观测到代理人的行动，为使契约可行以及实现自身效用最大化，必须考虑代理人的利益。

因此，委托代理理论需要具备三个基本要素(江孝感,2004)：第一，信息的非对称性，在委托代理关系中，代理人按照委托人的利益选择行动，但是委托人不能直接观测代理人具体选择什么行动，因此代理人处于信息优势地位，

委托人处于信息劣势地位；第二，契约关系，委托代理关系建立在契约安排的基础上，该契约规定了委托人和代理人之间的“权力—责任—利益”关系；第三，利益结构，在委托代理框架内，委托人需要设计一个合理的最优契约激励代理人采取适当行动来实现自身利益最大化，即代理人在实现自身利益的基础上最大限度地增进委托人的利益。

委托代理理论主要解决的基本问题是：委托人和代理人的目标函数并不总是一致的，信息不对称的情况下双方利己动机会导致非合作倾向和非效率倾向，这些倾向被称为“道德风险”和“逆向选择”。因此，代理问题的要点就是，委托人如何在信息不对称和利益不一致的情况下通过激励与约束相容的契约设计，使代理人按照委托人的期望采取适当的行动，最大限度地增进委托人的利益，这一“激励—约束”机制要考虑委托人和代理人利益最大化和成本最小化。因此，委托代理问题的关键是最优契约的设计，一方面要正向激励代理人积极主动按照契约行动，另一方面要负向监督和约束代理人在契约执行过程中的败德行为。最优契约设计一般同时满足三个条件（武开,2016）：第一，委托人实现自身期望效用最大化；第二，代理人参与约束条件，代理人接受契约的期望效用要严格大于不接受契约的最大效用；第三，激励相容约束条件，委托人与代理人之间存在信息非对称性，委托人无法准确获知代理人的努力程度，委托人实现自身效用最大化应以承认代理人获得效用最大化为前提。

二、委托代理理论的分析框架

委托代理理论试图模型化如下问题：委托人想使代理人按照前者的利益选择行动，但委托人不能直接观测到代理人选择什么行动，只能观测一些变量，这些变量由代理人行动和其他外生的随机因素共同决定。委托人的问题是如何根据这些观测到的信息激励和约束代理人，使其选择对委托人最有利的行动。委托代理理论的模型化方法主要有三种：第一种是状态空间模型方法，将委托代理关系以数学积分的形式直观表示，但是此模型得不到具有经济学意义的信息量解，只能描述问题；第二种是分布函数参数化方法，此模型是将状态空间模型中的随机因素分布函数转换成产出分布函数，可以对委托代理模型求解，但是结果具有不唯一性；第三种是一般化分布方法，该模型可以推导出委托人和代理人各自最优的行动方案，是一种高度精练的一般化模型。本章将基于分布函数参数化方法进行分析，下面简要介绍委托代理模型的基本分析框架。

（一）基本假设

委托人委托代理人从事一项具体工作，委托人不能直接观测代理人的努力程度，但是努力结果是可以观测的，代理人的行动结果 π 由代理人的努力程度 a 和不可观测的外生变量 θ 共同决定，故 $\pi=\pi(a,\theta)$；同时代理人的努力需要付出成本，故 $c=c(a)$；委托人根据代理人的行动结果支付报酬 s，故 $s=s(\pi)$。

（二）模型构建

通过假设和变量设置，可以得出代理人的效用函数 $u=u(s(\pi)-c(a))$，委托人的效用函数 $\nu=\nu(\pi-s(\pi))$；$f(\pi,a)$ 和 $F(\pi,a)$ 分别表示代理人努力程度为 a，产出为 π 的密度函数和分布函数。委托人在代理人的参与约束和激励相容约束下的自身效用最大化的函数公式为

$$\max_{a,\ s(\pi)}\int\nu(\pi-s(\pi))f(\pi,a)d\pi \tag{8-1}$$

$$S.t.(IC)a\in\arg\max\left[\int u(s(\pi))f(\pi,a)d\pi-c(a)\right] \tag{8-2}$$

$$(IR)\int u(s(\pi))f(\pi,a)d\pi-c(a)\geqslant\int u(s(u))f(\pi,a')d\pi-c(a') \tag{8-3}$$

式 8-1 表示委托人通过设置合适的报酬函数，激励和约束代理人的努力程度使其效用最大化；式 8-2 表示代理人的激励相容约束，代理人作为理性经济人，将会选择自身效用最大化的努力程度；式 8-3 表示代理人的参与约束条件，即代理人选择接受契约的期望效用要大于不接受契约的最大效用。

3. 模型求解

一般利用一阶条件法对密度函数 $f(\pi,a)$ 求努力程度 a 的一阶偏导，作为激励相容约束条件 IC 的等价约束，具体如下：

$$\int u(s(\pi))f(\pi,a)d\pi=c'(a)，\text{其中 } f'_a(\pi,a)=\frac{\partial f(\pi,a)}{\partial a}$$

然后利用拉格朗日乘数法求解上式，可以得到经典的 Mirrlees-Holmstrom 最优激励契约条件，具体如下：

$$\frac{1}{u'(s(\pi))}=\lambda+\mu\frac{f'_a(\pi,a)}{f(\pi,a)} \tag{8-4}$$

其中，$\lambda>0$、$\mu>0$ 分别为参与约束和激励相容约束的拉格朗日乘数，$\frac{f'_a(\pi,a)}{f(\pi,a)}$又被称为似然率，表示代理人的产出 π 取决于努力程度 a。

三、委托代理理论在森林生态补偿领域中的适切性分析

委托代理理论最初是针对企业问题发展起来的，主要解决企业发展过程中所有权和经营权分离而产生的企业管理者和股东目标不一致的问题。随着委托代理理论的完善，其逐渐应用于公共管理领域，解决公共管理领域的信息不对称和目标冲突等问题。本章将委托代理理论作为分析工具，把中央政府和林区政府关于黑龙江省国有林区的森林生态治理及森林生态补偿问题置于“委托—代理”分析框架中，林区纵向财政转移支付制度的实施体现了中央政府和林区政府之间的委托代理关系，中央政府作为委托人与代理人林区政府签订一个长期关于森林生态保护与森林生态补偿的转移支付契约，本章试图在中央政府和林区政府信息非对称、效用不一致、契约不完全、风险不对等的条件下，设计出一套有效的激励与约束林区政府的生态补偿契约机制。下文从几个方面考量委托代理理论分析森林生态补偿实施过程的适切性。

其一，在森林生态补偿过程中，中央政府和林区政府存在着动态的博弈关系，而委托代理理论主要研究委托人与代理人之间的博弈问题。根据区域资源禀赋差异，在全国范围内一些地区承担经济发展责任、一些地区承担生态建设责任，黑龙江省森林资源丰富，中央政府投入大量财力改善森林资源承载力问题，但是森林生态环境能否有效改善，取决于林区政府的行为偏好。由于森林生态治理成本投入高、回报周期长与部分地方官员追求短期政绩间存在矛盾和冲突，因此可能导致林区政府森林生态治理的消极性和被动性。另外有研究表明(潘鹤思,2019)，地方政府不仅是公众的中性代理人，也是具有自利倾向的

经济人，尤其是在GDP考核体制下，更加注重“短而快”的财政支出行为，放松了对森林生态环境的治理，因此两级政府间存在动态的重复博弈关系。委托代理理论有利于解决中央政府和地方政府因双方目标函数不一致带来的逆向选择和道德风险问题。

其二，中央政府和地方政府在森林生态治理过程中存在着信息不对称问题，而委托代理理论的一个重要研究假设就是信息不对称。在森林生态补偿项目实施期间，森林生态资源状态、林区政府努力情况、自然环境状况和其他随机事件共同决定当期的森林生态效益产出，因此中央政府很难获知林区政府的努力程度及其对森林生态领域的投入程度，此时中央政府通过转移支付改善生态环境的初衷完全可能因为转移支付存在“粘蝇纸效应”而失效。尤其是生态脆弱的欠发达地区，更容易诱发部分地方政府的财政道德风险。因此，中央政府和林区政府掌握的信息是不一样的，中央政府属于信息劣势的委托方，地方政府属于信息优势的代理方，两者会因自身利益最大化而不断进行重复博弈。

其三，在森林生态补偿项目实施过程中，中央政府与林区政府实施的纵向财政转移支付制度相当于两者之间签订了关于森林生态治理与补偿的契约，而委托代理关系存续的重要因素就是双方的契约。黑龙江省重点国有林区实施的生态补偿项目主要是天然林保护工程，天保工程细则规定了中央政府和林区政府的权力、责任和义务，也是中央政府对林区政府实行检查、验收和激励分配的重要依据。因此，在委托代理理论框架下，对森林生态治理中的中央政府和林区政府行为选择进行理论分析，得出林区政府的最优努力程度、中央政府的最优激励支付比率和相应的生态效益产出水平具有重要意义。

第三节 基于单任务“委托—代理”模型的森林生态补偿激励效应分析

黑龙江省国有林区实施的森林生态补偿项目是解决林区生态环境保护成本与区域生态效益错配问题的关键手段，中央政府对林区管理部门的纵向转移支

付体现了中央与地方的委托代理关系，本节只考虑林区管理部门执行森林生态环境治理单任务时的森林生态补偿激励效应。

一、森林生态补偿契约函数的基本形式

（一）森林生态效益产出的函数形式

假设区域森林生态效益产出是由林区管理部门的努力程度和其他不确定因素，如地形、气温、降水量等生态因子共同决定的，它们的线性关系可表述为

$$\pi = a + \mu \tag{8-5}$$

其中，π 为森林生态效益产出；a 为林区管理部门的努力程度；μ 为影响区域生态效益产出的外生随机因素，假设其服从正态分布，且 $E(\mu) = 0$，$var(\mu) = \sigma^2$，方差 σ^2 越大表示森林生态效益产出波动越大。

（二）森林生态补偿契约函数形式

中央政府与林区管理部门在森林生态治理过程中签订生态补偿契约。为激励林区管理部门加强森林的管护、抚育等行为，给予林区管理部门转移支付资金（如造林补贴、抚育补贴及管护费），假设规定的生态补偿转移支付为 s，s 由两部分组成，一部分是固定转移支付，这一部分支付与生态效益产出 π 无关；另一部分是激励性转移支付，直接与森林生态效益产出 π 挂钩，也可理解为地方政府所分享的生态效益产出份额。因此，森林生态补偿契约的线性函数形式为

$$s(\pi) = \alpha + \beta\pi \tag{8-6}$$

其中，α 为固定转移支付；β 为激励转移支付系数，该线性契约形式的一个重要特征是生态效益产出的每个变化都会引起生态补偿转移支付 β 倍的变化（$\Delta s = \beta \cdot \Delta\pi$）。中央政府与林区管理部门签订补偿合同的关键就是明确森林生态保护的固定转移支付 α 和激励转移支付系数 β，这两个变量是由中央政府和林区管理部门协商确定的，但在现实中大多是由中央政府直接确定的。

（三）中央政府和林区管理部门的收益函数

黑龙江省重点国有林区森林资源权属归国家所有，中央政府作为森林资源的所有者，自然占用森林生态效益产出，但会按照契约规定支付林区管理部门森林生态补偿费用，因此中央政府获得的净收益函数为

$$y=\pi-s(\pi)=-\alpha+(1-\beta)(a+\mu) \tag{8-7}$$

林区管理部门在获得中央政府生态补偿的同时，也必须付出人力、物力以保护森林生态资源，而这种努力需要付出成本，记为 c。假定 $c=c(a)$，成本 c 是努力程度 a 的严格递增凸函数，满足边际成本递增的经济学假定，故存在 $c'(a)>0$，$c''(a)>0$，$c(a)$ 为林区管理部门努力的效用损失所表现的货币等价量，是代理人向委托人提供服务所支付的代价，这表示林区管理部门的森林生态保护努力的边际成本递增。为便于分析，不妨假设成本函数为 $c=ba^2/2$，$b>0$，则地方政府的实际收益函数为

$$w=s(\pi)-c(a)=\alpha+\beta(a+\mu)-\frac{ba^2}{2} \tag{8-8}$$

（四）中央政府与林区管理部门效用函数的确定

委托代理主体的风险态度在契约关系模型中有着重要的作用，风险态度决定效用函数形式，不同效用函数条件下的契约所规定的各种约束条件会引导他们采取不同的行为。根据信息经济学经典假设，即假定中央政府作为委托人是风险中性的，林区管理部门作为代理人是风险规避的。

根据风险中性假设，收益效用的期望值和期望收益的效用值相等，用函数表示为 $E[u(\pi)]=u[E(\pi)]$，同时效用函数形式是一个单调递增的线性函数，故可以得到中央政府的期望效用函数：

$$Eu[\pi-s(\pi)]=a-E(\alpha+\beta\pi)=(1-\beta)a-\alpha \tag{8-9}$$

林区管理部门作为代理人，有限理性的林区管理部门会选择适当的努力水平 a 以实现森林生态效益产出带来的效用最大化，而不是生态效益产出最大化。根据林区管理部门的收益函数 w 可知：

$$E(w)=E[s(\pi)-c(a)]=\alpha+\beta\cdot a-\frac{ba^2}{2}\quad var(w)=\beta^2\sigma^2 \tag{8-10}$$

在“委托—代理”模型经典假设条件下，林区管理部门是风险规避的，其效用函数具有不变绝对风险规避特征。假定函数形式为 $u(w)=e^{-\rho w}$，ρ 值表示地方政府风险规避系数，则 $\rho=\frac{\mu''(w)}{\mu'(w)}$。当 ρ=0 时，说明代理人是风险中性的；当 ρ>0 时，说明代理人是风险规避的；当 ρ<0 时，说明代理人是风险偏好的。

林区管理部门的目标是期望效用最大化，由确定等价收入(CE)的定义可知 $u(\tilde{Y}_T)=Eu(Y_T)$，则称确定性收益 $\tilde{Y}_T$ 为随机收益 Y_T 的等价收益，因此林区管理部门的最大化期望效用等价于最大化确定性等价。此外，由于林区管理部门是风险规避的，因此其确定性等价收入 CE[①] 为随机收益的均值减去风险溢价(风险成本)，具体如下：

$$CE=E(w)-\rho var(w)/2=\alpha+a\beta-\frac{ba^2}{2}-\frac{\rho\beta^2\sigma^2}{2} \tag{8-11}$$

其中，$\frac{\rho\beta^2\sigma^2}{2}$为林区管理部门的风险成本，即林区管理部门宁愿在随机收益 Y_T 中放弃$\frac{\rho\beta^2\sigma^2}{2}$的收益以换取确定性收益。

二、森林生态补偿契约的基本结构与求解

生态补偿契约是由中央政府和林区管理部门的最优行为组成的，中央政府要实现自身效用最大化，必须考虑林区管理部门的两个约束条件，第一个约束是参与约束，即林区管理部门从接受契约中得到的期望效用不能小于不接受契约的最大期望效用，由林区管理部门保护森林资源产生的直接成本、机会成本

---

① 根据确定性等价可知 E(u)=u(CE)，地方政府的效用函数为 $u(w)=-e^{\rho w}$，w 为地方政府的实际收入，w 服从 $E(w)=\alpha+\beta\cdot a-\frac{ba^2}{2}$、方差 $var(w)=\beta^2\sigma^2$ 的正态分布。

$E[u(w)]=\int_{-\infty}^{+\infty}-e^{-\rho w}\frac{1}{\sqrt{2\pi v(w)}}e^{\frac{(w-E(w))^2}{2v(w)}}dx=-e^{-\rho\left[E(w)-\frac{\rho v(w)}{2}\right]}$，因为 $E[u(w)]=u(CE)$，

所以存在 $-e^{-\rho CE}=-e^{-\rho\left[E(w)-\frac{\rho v(w)}{2}\right]}$，得出 $CE=E(w)-\frac{\rho v(w)}{2}$，将 E(w)和 V(w)代入，

得 $CE=\alpha+a\beta-\frac{ba^2}{2}-\frac{\rho\beta^2\sigma^2}{2}$。

及风险成本等，可以称为保留效用；第二个约束是代理人的激励相容约束，给定中央政府不能观测到的林区政府努力程度和不确定因素，在任何激励契约下，林区管理部门总会选择使自己期望效用最大化的努力程度。因此，森林生态补偿契约模型的基本结构为中央政府如何在林区管理部门参与约束和激励相容约束的制约下实现自己期望效用最大化。为了便于对比分析，本章分别求解信息对称和不对称两种情形下生态补偿契约的委托代理模型。

（一）情形1：信息对称(完全信息)情形下的生态补偿契约

“委托—代理”模型是为分析信息非对称情形下的最优合同而建立的，其作为分析的第一步，讨论对称信息的最优合同，对于理解生态补偿激励机制非常重要。当信息对称时，中央政府可以直接观测到林区管理部门的努力程度a，任意的努力程度都可以由中央政府通过满足参与约束的强制合同来实现，而激励相容约束不起作用，“委托—代理”模型如下：

$$\underset{\alpha,\beta,a}{\mathrm{Max}}Ey=(1-\beta)\cdot a-\alpha$$

$$\text{s. t. (IR)}\ \alpha+\beta a-\frac{ba^2}{2}-\frac{\rho\beta^2\sigma^2}{2}\geqslant\bar{w} \tag{8-12}$$

最优情况下参与约束条件的等号成立，林区管理部门的期望效用等于保留效用($\bar{w}$)，模型转化为

$$\underset{\alpha,\beta,a}{\mathrm{Max}}a-\frac{\rho\beta^2\sigma^2}{2}-\frac{ba^2}{2}-\bar{w}$$

最优化的一阶条件：$a^*=\frac{1}{b}$；$\beta^*=0$

代入参与约束得到固定转移支付：

$$\alpha=\bar{w}+\frac{1}{2b}$$

当林区管理部门的努力程度可以直接观测时，中央政府给予林区管理部门固定转移支付，不再有激励的部分，林区管理部门的受益取决于自身的保留效用和付出成本。

（二）情形2：信息不对称(不完全信息)情形下的生态补偿契约

当林区管理部门的努力程度不可观测时，需要考虑地方政府的激励相容约

束，此时“委托—代理”模型的基本结构为

$$\underset{\alpha,\beta,a}{\mathrm{Max}}Ey=(1-\beta)\cdot a-\alpha$$

$$s.t.\ (IR)\alpha+\beta\cdot a-\frac{ba^2}{2}-\frac{\rho\beta^2\sigma^2}{2}\geqslant\overline{w}$$

$$(IC)\underset{a}{\mathrm{Max}}+\beta\cdot a-\frac{ba^2}{2}-\frac{\rho\beta^2\sigma^2}{2} \tag{8-14}$$

根据激励相容的约束条件，林区管理部门将选择最优努力程度 a^* 来最大化自己的确定性等价收入，一阶条件意味着 $a^*=\beta/b$。

将参与约束 IR 与激励相容约束 IC 代入目标函数，上述最优问题转化为

$$\underset{\beta}{\mathrm{Max}}\ \frac{\beta}{b}-\frac{\rho\beta^2\sigma^2}{2}-\frac{\beta^2}{2}-\overline{w}$$

经过求解得出最优化一阶条件：$\beta^*=\frac{1}{1+b\rho\sigma^2}<1$

中央政府的实际收益：$y^*=-\overline{w}+\frac{1}{2b(1+b\rho\sigma^2)}$

林区管理部门的实际收益：$w^*=\overline{w}+\frac{\rho\sigma^2}{2(1+b\rho\sigma^2)^2}$

三、结论与分析

结论 1：林区管理部门的努力程度与激励转移支付系数正相关，与风险规避度负相关。

证明：$a^*=\frac{\beta}{b}$，$\frac{\partial a^*}{\partial\beta}=\frac{1}{b}>0$；$\beta^*=\frac{1}{1+b\rho\sigma^2}$，$\frac{\partial\beta^*}{\partial\rho}=\frac{-b\sigma^2}{1+b\rho\sigma^2}<0$

当 β 取极值点 β^* 时，将 β^* 代入 a^* 可得 $a^*=1/b(1+b\rho\sigma^2)$，则$\frac{\partial a^*}{\partial\rho}=\frac{-b^2\sigma^2}{(1+b\rho\sigma^2)^2b}<0$。

上式表明中央政府给林区管理部门的激励转移支付系数越大，对林区管理部门的激励效果越明显，林区管理部门会付出越大的努力，但由于林区管理部门是风险规避的，因此其承担的风险越大，对其努力程度的负面影响就会越大，因为随着风险规避度的增大，中央政府会反向调低激励转移支付系数。一

方面中央政府可以通过增大产出分享系数来激励林区管理部门提高努力程度；另一方面当林区管理部门风险规避度增大，中央政府应该减弱这种激励方式。

结论 2：当激励转移支付系数 $\beta^* \in \left(0, \frac{1}{1+b\rho\sigma^2}\right)$ 时，中央政府的期望收入 y^* 随着系数 β^* 的增大而增大；当 $\beta^* \in \left(\frac{1}{1+b\rho\sigma^2}, 1\right)$ 时，中央政府的期望收入 y^* 随着系数 β^* 的增大而减小。

证明：对 y^* 求 β^* 的偏导，令 $\frac{\partial y^*}{\partial \beta^*}>0$，解得 $\beta^*<\frac{1}{1+b\rho\sigma^2}$，又因为 $b\rho\sigma^2>0$，所以 $0<\beta^*<\frac{1}{1+b\rho\sigma^2}$，即证。另外，对 β^* 求 ρ 的偏导，可得 $\frac{\partial \beta^*}{\partial \rho}<0$，表明激励转移支付系数与风险规避系数负相关，如果林区管理部门的风险规避度 ρ 变大，那么 y^* 与 β^* 正相关的区间将不断缩小。通过提高 β^* 来对中间人进行激励，从而解决信息不对称问题的激励效果将不再明显，这与结论 1 是一致的。

第四节 基于双任务"委托—代理"模型的生态补偿激励效应分析

一、森林生态补偿契约的基本假设

假设 1：林区管理部门从事两项工作任务，分别为森林生态建设活动和其他生产性盈利活动。用 $a=(a_1, a_2)$ 表示林区管理部门的努力维度向量（实施行为向量），a_1 是开展森林生态建设活动努力的度量，a_2 是从事其他生产性盈利活动努力的度量。此外，考虑到现实情况，中央政府对林区管理部门的森林生态恢复情况进行定时的监督，将单一维度监督努力程度 e 引入模型中。

假设 2：中央政府不能直接观测到林区管理部门在两项任务上的努力程度，但是可以根据以往经验和其他地区的产出水平形成一个预计的产出函数

式，即 $V=f_1a_1+f_2a_2+he+\varepsilon$。其中 $f=(f_1,f_2)$ 代表林区管理部门在森林生态建设和生产性盈利活动努力维度上的边际产出向量。he 表示中央政府监督带来的生态效益产出的增加价值，h 为监督努力向量的边际产出。由于区域生态服务量的增加主要来自林区管理部门的努力，故可以得 $f_i>h$。ε 是服从正态分布的干扰项，满足 $\varepsilon\sim N(0,\sigma^2)$，代表与林区管理部门努力程度不相关的其他因素对中央政府收益的影响，反映了外部环境的不确定性，包括自然、社会、其他不可控因素，σ^2 越大说明不确定性越强。V 满足边际收益递减的经济学假定，是严格递增的凹函数，且函数表达式满足 $V_i=\partial V/\partial a_i>0$，$V_{ii}=\partial^2V/\partial a_i^2<0$。

假定 3：与中央政府不同，林区管理部门了解自己的努力程度，因此基于实际努力程度的产出函数为 $W=g_1a_1+g_2a_2+he+\phi$。其中 $g=(g_1,g_2)$ 是林区管理部门两项任务的努力程度的实际边际产出向量，he 含义与之前一样，同样设 $g_i>h$。ϕ 定义与 ε 类似，满足正态分布即可以得出 $\phi\sim N(0,\sigma^2)$。此外，W 满足边际收益递减的经济学假定，是严格递增的凹函数，满足 $W_i=\partial W/\partial a_i>0$，$W_{ii}=\partial^2W/\partial a_i^2<0(i=1,2)$。

假定 4：林区管理部门在森林生态建设和其他生产性盈利活动中投入一定的努力需要付出一定的代价，即努力成本，用货币等价值测量。为了模型的简洁性，在符合林区政府现实背景的条件下，不妨假定多任务努力成本相互独立，函数表达式为 $c(a_1,\ a_2)=\frac{1}{2}a_1^2+\frac{1}{2}a_2^2$，满足一阶连续偏导、二阶可微，以及边际成本递增的经济学假定，即 $c_i=\partial c/\partial a_i>0$，$c_{ii}=\partial^2c/\partial a_i^2(i=1,2)$。

二、双任务“委托—代理”模型的构建及求解

（一）模型构建

根据上述基本假定，林区管理部门的收益函数如下：

$$\begin{aligned}CE_m&=\alpha+\beta W-c(a_1,\ a_2)-\rho var(\alpha+\beta W)\\&=\alpha+\beta(ga_1+ga_2+he)-\frac{1}{2}a_1^2-\frac{1}{2}a_2^2-\rho\beta^2\sigma_\phi^2\end{aligned}\qquad(8-15)$$

其中，α 为中央政府的固定转移支付；β 为激励转移支付系数。这两个变量一般由中央政府和林区管理部门协商确定，但是在现实中大多由中央政府直接确定，因此 βW 为激励性收益；$\frac{1}{2}a_1^2+\frac{1}{2}a_2^2$ 为林区管理部门从事两项任务的努力成本；$\rho\beta^2\sigma_\phi^2$ 为林区管理部门的风险溢价，其中 ρ 为风险规避系数。上式满足 $CE_m'(a_i)>0$，$CE_m''(a_i)<0$，$\rho>0$。

中央政府的收益函数为

$$CE_n=V-\alpha-\beta W-\frac{1}{2}e^2=f_1a_1+f_2a_2+he-\alpha-\beta(g_1a_1+g_2a_2+he)-\frac{1}{2}e^2 \quad (8-16)$$

其中，$\frac{1}{2}e^2$ 代表中央政府监督付出的成本。

在信息非对称情形下，中央政府对林区政府的激励机制决策问题就是在满足林区政府激励相容约束条件下选择 β 最大化中央政府的收益，但是研究表明(陈晓宏等,2011)最有效的契约将最大化中央政府和林区管理部门的剩余总和，也称联合剩余和社会福利，因此本部分求解的最优问题的目标函数(P)为

$$(P)\ MaxTCE=CE_m+CE_n=f_1a_1+f_2a_2+he-\frac{1}{2}a_1^2-\frac{1}{2}a_2^2-\rho\beta^2\sigma_\phi^2-\frac{1}{2}e^2 \quad (8-17)$$

$$S.t.\ (a_1,a_2)\in \arg\max\left[\alpha+\beta(g_1a_1+g_2a_2+he)-\frac{1}{2}a_1^2-\frac{1}{2}a_2^2-\rho\beta^2\sigma_\phi^2\right]$$

$$\alpha+\beta(g_1a_1+g_2a_2+he)-\frac{1}{2}a_1^2-\frac{1}{2}a_2^2-\rho\beta^2\sigma_\phi^2\geqslant\overline{CE_m}$$

（二）模型求解

所有的 a_i 严格为正，给定某一 β 值，林区管理部门选择行动 a_1，a_2 最大化其收益，即激励相容约束条件是关于(a_1，a_2)的极值问题，通过一阶条件求得驻点 $a_1^*=\beta g_1$ 和 $a_2^*=\beta g_2$；另外，根据中央政府的收益函数可得最优监督水平 $e^*=h(1-\beta)$。将 a_1^*、a_2^* 和 e^* 代入优化问题(P)有

$$TCE=f_1\beta g_1+f_2\beta g_2+h^2(1-\beta)-\frac{1}{2}(\beta g_1)^2-\frac{1}{2}(\beta g_2)^2-\rho\beta^2\sigma_\phi^2-\frac{1}{2}h^2(1-\beta)^2 \quad (8-18)$$

令$\frac{dTCE}{d\beta}=0$，得 $\beta^*=\frac{f_1g_1+f_2g_2}{g_1^2+g_2^2+2\rho\sigma_\phi^2+h^2}$，因为 TEC 是关于 β 的一元二次函数，且$\frac{d^2TCE}{d\beta^2}=-(g_1+\rho\sigma_\theta^2+h^2)<0$，所以 β^* 即优化问题(P)的最优激励转移支付系数。

本节借鉴 George Baker(2002)的多任务代理模型考查委托人和代理人收益不一致(cosθ)时对代理人激励的问题。令 θ 代表中央政府与林区管理部门边际产出向量 f 和 g 之间的夹角，因此 cosθ 度量了中央政府产出收益相对于林区管理部门收益的不一致程度，$\cos\theta=\frac{f_ig_i}{\|f\|\|g\|}$。此外，令 $F=\|f\|=\sqrt{\sum_{i=1}^{n}f_i^2}$ 和 $G=\|g\|=\sqrt{\sum_{i=1}^{n}g_i^2}$，故

$$\beta^*=\frac{FG\cos\theta}{G^2+2\rho\sigma_\phi^2+h^2} \tag{8-19}$$

将此 β^* 代入林区管理部门与中央政府的最优行动水平中可得

$$a_1^*=g_1\frac{FG\cos\theta}{G^2+2\rho\sigma_\phi^2+h^2},a_2^*=g_2\frac{FG\cos\theta}{G^2+2\rho\sigma_\phi^2+h^2},e^*=h\left(1-\frac{FG\cos\theta}{G^2+2\rho\sigma_\phi^2+h^2}\right) \tag{8-20}$$

将上述相应的数值分别代入中央政府收益函数、林区管理部门收益函数及社会福利函数，可得

$$CE_m=\alpha+\frac{1}{2}(G^2-2\rho\sigma_\phi^2-2h^2)\left(\frac{FG}{G^2+2\rho\sigma_\phi^2+h^2}\right)^2\cos^2\theta+\frac{h^2FG}{G^2+2\rho\sigma_\phi^2+h^2}\cos\theta$$

$$CE_n=\frac{\left(2\rho\sigma_\phi^2+\frac{3}{2}h^2\right)F^2G^2}{(G^2+2\rho\sigma_\phi^2+h^2)^2}\cos^2\theta-\frac{h^2FG}{G^2+2\rho\sigma_\phi^2+h^2}\cos\theta+\frac{1}{2}h^2-\alpha \tag{8-21}$$

$$TCE=\frac{1}{2}\frac{F^2G^2}{G^2+2\rho\sigma_\phi^2+h^2}\cos^2\theta+\frac{1}{2}h^2$$

三、结论与分析

（一）变量 $\cos\theta$ 的分析

根据双任务模型设定，林区管理部门收益函数（$W=g_1a_1+g_2a_2+ha$）与中央政府收益函数（$V=f_1a_1+f_2a_2+ha$）都来自林区管理部门的努力程度（a_1，a_2），但是由于信息不对称，中央政府不能直接观测到林区管理部门在两项任务中投入的努力程度，导致收益偏差。因此，本节从向量关系的角度，利用边际产出向量 $g=(g_1,g_2)$ 和 $f=(f_1,f_2)$ 形成的夹角 θ（$\cos\theta$）来度量林区政府产出收益相对于中央政府收益的偏离程度（见图 8-1）。根据委托代理理论中隐藏行动的道德风险模型，$\cos\theta$ 能够恰当地表征代理人道德风险程度的高低，夹角 $\theta\in[0°, 90°]$，当 $\theta=0°$ 时，$g_1=f_1$、$g_2=f_2$、$\cos\theta=1$，表示林区政府与中央政府的收益一致，如在初始点中央政府的转移支付行为；当 $\theta=90°$ 时，$\cos\theta=0$，表示林区管理部门与中央政府的收益完全偏离或扭曲，此时林区政府的行动与中央政府希望林区政府采取的行动完全不相干，甚至相反。因此，我们认为当边际产出向量的夹角 θ 逐渐变大，相应的 $\cos\theta$ 逐渐减小时，林区管理部门和中央政府间的收益不一致性越来越大，即林区政府逐渐偏离森林生态建设活动，更加倾向于生产性产出活动。

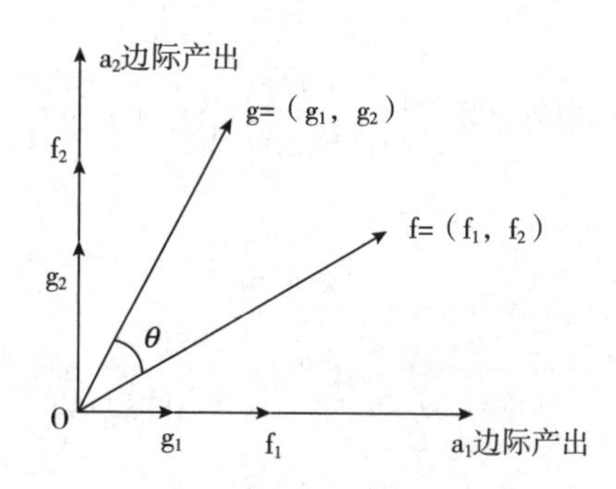

图 8-1　林区管理部门与中央政府收益偏差

(二) 最优激励转移支付系数与多任务投入努力程度的比较静态分析

命题1：生态补偿契约最优激励转移支付系数是林区管理部门—中央政府收益偏离程度的递增函数，是风险规避系数和外部环境不确定性的递减函数。

证明：

$$\begin{cases}\dfrac{\partial\beta^*}{\partial\cos\theta}=\dfrac{FG}{G^2+2\rho\sigma_\phi^2+h^2}>0\\[2ex]\dfrac{\partial\beta^*}{\partial\rho}=-\dfrac{FG\cos\theta}{(G^2+2\rho\sigma_\phi^2+h^2)}\cdot 2\sigma_\phi^2<0\\[2ex]\dfrac{\partial\beta^*}{\partial\sigma_\phi^2}=-\dfrac{FG\cos\theta}{(G^2+2\rho\sigma_\phi^2+h^2)}\cdot 2\rho<0\end{cases}\tag{8-22}$$

所以，最优激励转移支付系数是林区管理部门道德风险的递增函数，是风险规避系数和外部环境不确定性的递减函数，证毕。

最优激励转移支付系数是林区管理部门道德风险的递增函数，意味着当林区管理部门与中央政府收益偏离程度较大时，林区管理部门有着较高的道德风险(cosθ越小)，中央政府对林区管理部门的激励水平应该减弱，因为较高的收益分享比例可能促使林区管理部门更倾向于增加生产性的经济投入而忽视林区建设。

最优激励转移支付系数是绝对风险规避系数的递减函数，隐含着对于不同风险态度的林区管理部门应该采取不同的激励方案。风险厌恶的林区政府不喜欢收益水平的不确定性，因此如果林区政府是风险厌恶的，则应该减少对其产出的激励。

最优激励转移支付系数是外部环境不确定性的递减函数，意味着如果森林生态环境的外部环境不确定，那么难以判断林区管理部门的产出水平是努力程度还是外界随机变量干扰带来的，中央政府和林区管理部门之间的信息不对称性将增加。森林生态绩效提高可能是自然环境改善的结果，并不是林区管理部门努力和能力的真实反映；反之，森林生态绩效不好也不一定是林区管理部门没有努力工作，可能是外部环境不确定性导致的。因此，在外部环境不确定性大的情况下，提高激励强度并不能起到激励林区管理部门努力工作的效果。

命题2：林区管理部门在森林生态建设与生产性盈利活动两项任务中的最

优努力水平是林区管理部门—中央政府收益偏离程度的递增函数，是风险规避系数和外部环境不确定性的递减函数。中央政府的最优监督水平是林区政府—中央政府收益偏离程度的递减函数，是风险规避系数和外部环境不确定性的递增函数。

证明：

$$\begin{cases}\dfrac{\partial a_1^*}{\partial\cos\theta}=g_1\dfrac{FG}{G^2+2\rho\sigma_\phi^2+h^2}>0\\ \dfrac{\partial a_1^*}{\partial\rho}=-g_1\dfrac{FG\cos\theta}{(G^2+2\rho\sigma_\phi^2+h^2)}\cdot2\sigma_\phi^2<0\\ \dfrac{\partial a_1^*}{\partial\sigma_\phi^2}=-g_1\dfrac{FG\cos\theta}{(G^2+2\rho\sigma_\phi^2+h^2)}\cdot2\rho<0\end{cases}$$

$$\begin{cases}\dfrac{\partial a_2^*}{\partial\cos\theta}=g_2\dfrac{FG}{G^2+2\rho\sigma_\phi^2+h^2}>0\\ \dfrac{\partial a_2^*}{\partial\rho}=-g_2\dfrac{FG\cos\theta}{(G^2+2\rho\sigma_\phi^2+h^2)}\cdot2\sigma_\phi^2<0\\ \dfrac{\partial a_2^*}{\partial\sigma_\phi^2}=-g_2\dfrac{FG\cos\theta}{(G^2+2\rho\sigma_\phi^2+h^2)}\cdot2\rho<0\end{cases}$$

$$\begin{cases}\dfrac{\partial e^*}{\partial\cos\theta}=-\dfrac{FG}{G^2+2\rho\sigma_\phi^2+h^2}<0\\ \dfrac{\partial e^*}{\partial\rho}=\dfrac{FG\cos\theta}{(G^2+2\rho\sigma_\phi^2+h^2)}\cdot2\sigma_\phi^2>0\\ \dfrac{\partial e^*}{\partial\sigma_\phi^2}=\dfrac{FG\cos\theta}{(G^2+2\rho\sigma_\phi^2+h^2)}\cdot2\rho>0\end{cases}$$

当林区管理部门与中央政府收益偏离程度较小时（$\cos\theta$ 较大），林区管理部门在森林生态建设和生产性盈利活动方面的努力程度会相应提高；当林区管理部门的风险规避度较高、环境不确定性较大时，林区管理部门在两项任务中的努力程度降低；当林区管理部门与中央政府收益偏离程度较小时（$\cos\theta$ 较大），即林区管理部门的道德风险较小时，中央政府的监督水平会相应降低；当林区管理部门的风险规避度较高、环境不确定性较大时，中央政府的监督水

平会相应提高。

（三）林区管理部门道德风险对收益函数的影响

分别对林区管理部门收益函数、中央政府收益函数和社会福利函数求关于 $\cos\theta$ 的一阶导，将结果展开后进行分析。

命题 1：当 $\rho<\frac{3G^2-3h^2}{2\sigma_\phi^2}$ 时，$\frac{\partial CE_m}{\partial\cos\theta}>0$，即绝对风险规避系数小于契约双方边际产出差值与外界环境变动的比值，随着林区管理部门与中央政府收益偏离程度的增加（θ 增大，$\cos\theta$ 减小），林区管理部门收益减少；当 $\rho>\frac{3G^2-3h^2}{2\sigma_\phi^2}$ 时，$\frac{\partial CE_m}{\partial\cos\theta}<0$，此时绝对风险规避系数大于契约双方边际产出差值与外界环境变动的比值，随着林区管理部门与中央政府收益偏离程度增加（θ 增大，$\cos\theta$ 减小），林区管理部门收益增加。

如果将条件不等式进行变形，则有 $3G^2>2\rho\sigma_\phi^2+3h^2$，意味着当林区管理部门边际产出大于林区管理部门风险溢价及中央政府边际产出之和时，随着林区管理部门道德风险的提高（θ 增大，$\cos\theta$ 减小），林区管理部门收益减少；反之林区管理部门收益增加。因此，当林区管理部门风险规避系数较小或边际产出较大时，最好保持与中央政府一致的产出水平；否则自身收益反而降低。

证明：
$$\frac{\partial CE_m}{\partial\cos\theta}=(G^2-2\rho\sigma_\phi^2-2h^2)\left\{\frac{FG}{G^2+2\rho\sigma_\phi^2+h^2}\right\}^2\cos\theta+\frac{h^2FG}{G^2+2\rho\sigma_\phi^2+h^2}$$
$$=\frac{(G^2-2\rho\sigma_\phi^2-2h^2)F^2G^2\cos\theta+h^2FG(G^2+2\rho\sigma_\theta^2+h^2)}{(G^2+2\rho\sigma_\phi^2+h^2)^2}$$

由于 $\cos\theta=\frac{\sum f_ig_i}{\|f\|\cdot\|g\|}$、$f_i>h$、$g_i>h$，则有 $\|f\|\cdot\|g\|\cos\theta=\sum f_ig_i=f_1g_1+f_2g_2>2h^2$，因此可以将上式简化为

$$\frac{\partial CE_m}{\partial\cos\theta}>\frac{[2(G^2-2\rho\sigma_\phi^2-2h^2)+(G^2+2\rho\sigma_\phi^2+h^2)]h^2FG}{(G^2+2\rho\sigma_\phi^2+h^2)h^2}=\frac{(3G^2-2\rho\sigma_\phi^2-3h^2)h^2FG}{(G^2+2\rho\sigma_\phi^2+h^2)^2}$$

当 $\rho<\frac{3G^2-3h^2}{2\sigma_\phi^2}$ 时，$\frac{\partial CE_m}{\partial\cos\theta}>0$；当 $\rho>\frac{3G^2-3h^2}{2\sigma_\phi^2}$ 时，$\frac{\partial CE_m}{\partial\cos\theta}<0$，证毕。

命题 2：当 $\rho<\frac{G^2-5h^2}{6\sigma_\phi^2}$时，$\frac{\partial CE_n}{\partial\cos\theta}<0$，即绝对风险规避系数小于契约双方边际产出差值与外界环境变动的比值，随着林区管理部门与中央政府收益偏离程度的增加（θ 增大，cosθ 减小），中央政府收益增加；当 $\rho>\frac{G^2-5h^2}{6\sigma_\phi^2}$时，$\frac{\partial CE_n}{\partial\cos\theta}>0$，此时绝对风险规避系数大于契约双方边际产出差值与外界环境变动的比值，随着林区管理部门与中央政府收益偏离程度的增加（θ 增大，cosθ 减小），中央政府收益减少。

同理，将条件不等式进行变形，可得 $G^2>5h^2+6\rho\sigma_\phi^2$，即当林区管理部门边际产出能力较强时，即使林区管理部门存在道德风险，中央政府的收益也不会减少。当林区管理部门生产能力较弱时，中央政府的收益随着林区政府道德风险的提高而收益有所降低。

将上述命题 1 和命题 2 进行总结可知，当绝对风险规避系数在一定范围内变动时，该变动区间为$\frac{G^2-5h^2}{6\sigma_\phi^2}<\rho<\frac{3G^2-3h^2}{2\sigma_\phi^2}$，此时会出现林区管理部门和中央政府对林区管理部门道德风险增加反应一致的局面：林区管理部门若发生偏离行为，则对其自身收益和中央政府收益造成负面影响；当绝对风险规避系数进一步增大时，林区管理部门会有动力采取扭曲偏离的行为，此时仅对林区管理部门有利，会损害中央政府的收益。

证明：

$$\frac{\partial CE_n}{\partial\cos\theta}=\frac{(4\rho\sigma_\phi^2+3h^2)F^2G^2}{(G^2+2\rho\sigma_\phi^2+h^2)}\cos\theta-\frac{h^2FG}{G^2+2\rho\sigma_\phi^2+h^2}$$

$$=\frac{(4\rho\sigma_\phi^2+3h^2)F^2G^2\cos\theta-h^2FG(G^2+2\rho\sigma_\phi^2+h^2)}{(G^2+2\rho\sigma_\phi^2+h^2)^2}$$

由于 $\cos\theta=\frac{\sum f_ig_i}{\|f\|\cdot\|g\|}$、$f_i>h$、$g_i>h$，则 $\|f\|\cdot\|g\|\cos\theta=\sum f_ig_i=f_1g_1+f_2g_2>2h^2$，因此将上式简化为

$$\frac{\partial CE_n}{\partial\cos\theta}>\frac{(4\rho\sigma_\phi^2+3h^2)2h^2FG-h^2FG(G^2+2\rho\sigma_\phi^2+h^2)}{(G^2+2\rho\sigma_\phi^2+h^2)^2}=\frac{(6\rho\sigma_\phi^2+5h^2-G^2)h^2FG}{(G^2+2\rho\sigma_\phi^2+h^2)^2}$$

当 $\rho<\frac{G^2-5h^2}{6\sigma_\phi^2}$ 时，$\frac{\partial CE_n}{\partial\cos\theta}<0$；当 $\rho>\frac{G^2-5h^2}{6\sigma_\phi^2}$ 时，$\frac{\partial CE_n}{\partial\cos\theta}>0$，证毕。

命题 3：随着林区管理部门与中央政府收益偏离程度的增加，社会总福利减少。

证明：$\frac{\partial TEC}{\partial\cos\theta}=\frac{F^2G^2}{G^2+2\rho\sigma_\phi^2+h^2}\cos\theta$

由于 $\theta\in[0°, 90°]$，因此 $\cos\theta>0$，故可知 $\frac{\partial TEC}{\partial\cos\theta}>0$。

第五节 本章小结

现阶段对生态补偿方式的研究最明显的趋势就是对信息问题的关注，采用激励机制（契约设计方式）解决生态补偿的低效率问题已成为生态、资源、环境及区域协调发展等诸多领域的研究热点，本章基于单任务“委托—代理”模型和双任务“委托—代理”模型，通过补偿系数的设计和参数的求证得出以下研究结论：

由单任务“委托—代理”模型可知：第一，当中央政府与林区管理部门存在信息不对称问题时，无法达到完全信息的帕累托最优合同，此时林区管理部门会承担一定的风险，中央政府应该根据激励转移支付系数和林区管理部门的风险规避度进行激励；第二，中央政府对林区管理部门的纵向转移支付在一定程度上能够激励林区管理部门的森林生态环境管护努力程度，对国有林区生态环境改善起到了显著的促进作用，即中央政府向林区管理部门纵向转移支付的水平越高，其就需要付出越大的努力以管理国有林资源。此外，要考虑到林区管理部门的风险规避度，因为随着风险规避度的增大，中央政府会逐渐降低激励转移支付系数。因此，一方面中央政府可以通过增大激励转移支付系数，激励林区管理部门提高努力程度；另一方面如果林区管理部门风险规避度增大，中央政府则应该削弱这种激励方式。

由双任务“委托—代理”模型可知：第一，当林区管理部门从事两项工作任务时(森林生态建设和其他生产性盈利活动)，由于中央政府和林区管理部门的信息不对称，中央政府不能直接观测到林区管理部门在两项任务中投入的努力水平，导致收益偏差。因此，本章从向量关系的角度出发，利用边际产出向量形成的夹角来度量林区管理部门产出收益相对于中央政府收益的偏离程度，通过分析可知，随着生态补偿时间的持续，林区管理部门偏离中央政府收益的可能性增大。第二，生态补偿激励系数与林区管理部门的道德风险密切相关，林区管理部门的风险规避度和外部环境不确定性密切相关，当林区管理部门倾向于从事营利性生产建设，林区管理部门风险规避系数较高，外部环境不确定性程度较大时，中央政府应该减少转移支付比例。第三，林区管理部门在森林生态建设与生产性盈利活动两项任务中的最优努力水平是林区管理部门与中央政府收益偏离程度的递增函数，是风险规避系数和外部环境不确定性的递减函数。第四，当林区管理部门的风险规避系数较高时，林区管理部门若发生偏离行为(倾向于生产性盈利活动)则对其自身收益和中央政府收益具有负面影响；当绝对风险规避系数进一步增大时，林区管理部门会有动力采取扭曲偏离的行为，此时仅对林区管理部门有利，会损害中央政府的收益。

第九章

黑龙江省森林生态效益多元化补偿实施的对策建议

目前，黑龙江省森林生态效益补偿实践取得了一定的进展，中央对地方的纵向转移支付政策在资金投入和实施范围方面也逐步完善，但多元化、市场化生态补偿领域的实践略显不足，加之我国生态补偿机制遵循“先设计再执行，后逐步完善”的思路，因此，黑龙江省森林生态效益补偿还存在很大改进空间。本章根据研究结论，从思想认知、配套支持、创新补偿实施途径方面分别提出促进森林生态效益多元化补偿实施的对策建议。

第一节 强化多元主体参与森林生态效益补偿的思想认知

一、助推受益企业形成森林生态效益价值观

众多已有研究表明企业的绿色环保行为有助于提高企业的社会形象，自然资源基础观理论也认为如果企业在生产过程中最先进行绿色创新，作为先驱者就能够享受先动优势，在提升企业形象的同时可以开发新的市场（张渝，2018）。参与森林生态效益补偿或者森林生态建设可能并不涉及企业具体的生产环节，但对于一些受益于森林生态效益的企业而言，森林生态系统的良性运行是企业生产的基础。因此，要想激励受益企业参与森林生态效益补偿，重点

是要持续不断地加强企业对森林生态效益价值及自身所受益的某种森林生态效益的认知，助推受益企业储备森林生态效益相关的知识。

（一）提高受益企业森林生态效益认知

个人行为决策取决于认知结构及认知层次，提高企业对自身受益的森林生态效益的认知，有助于推进多元化森林生态效益补偿的实施。一方面提高企业对森林生态功能、生态效益及生态服务价值方面的认知。森林生态资源不仅能够提供各种林产品，更重要的是能够发挥多样性的森林生态服务功能，如涵养水源、保持水土、维持生物多样性和提供新鲜空气，这些功能并不像林产品那样具体，是看不见摸不到的，却是非常重要的。很多企业显然对森林的这些服务功能关注不足，故应该加强企业对森林生态效益的认知水平，可以定期举办研讨会、知识竞赛及交流会等。另一方面构建多渠道、全覆盖式的宣传体系。企业是市场经济的微观个体，其经营发展受到其他利益相关者的制约和影响，其中消费者是最主要的利益相关者，消费者需求能够引导企业转变生产方向。此外，行业协会、同行企业间的相互影响和制约也能影响企业的行为决策，因此构建多层次、全覆盖式的森林生态效益宣传体系，有利于各类行为主体助推受益企业形成资源环境价值观。多渠道是指宣传媒介的多样化，包括电视、报纸、微信公众号、微博、广播和广告等各种纸质和电子宣传媒介。

（二）加强受益企业高层管理者的培训力度，重视森林生态效益价值观形成

根据前文分析结果，企业管理者的层级越高，越能促进企业参与森林生态效益补偿，企业的高层管理者往往具有绝对的领导权，因此培养高层管理者的森林生态效益价值观对于受益企业参与森林生态建设具有重要作用。政府管理部门应该以各类生态补偿研讨会为平台，适度开展森林生态效益价值与补偿知识的培训。例如，由国家发展和改革委员会西部开发司与中国农业大学于2013 年 5 月批准成立的中国生态补偿政策研究中心，是一个研究机构，也是一个研究网络，每年定期在全国各地举办生态补偿研讨会，与会人员多为国务院有关部门、地方发展和改革委员会、科研院所和高校学者等。因此，为将企

业纳入生态补偿体系，应该鼓励相关企业高层管理者积极参会。传播和践行绿水青山就是金山银山的生态文明理念，促进资源环境价值观形成。

二、强化城镇居民森林生态效益补偿认知

城镇居民对周围居住环境感知、森林重要性认知和补偿政策认识能够显著提高参与森林生态效益补偿的意愿。因此，从生态认知的视角能够促进多元化补偿的实施和开展。近年来，国家倡导生态补偿应该遵循“受益者付费”的原则，但是受益者以实践形式真正参与的生态补偿犹如蜻蜓点水，其中的障碍和阻力在很大程度上表现为观念的滞后和利益的固化。居民认为资源建设和环境保护是政府的事，与个人无关。这导致无论多元化生态补偿的顶层设计如何完善、“受益者付费”原则如何科学明确，一旦补偿主体思想固化、无法跳出利益固化的藩篱，很难将“马斯洛高层次群体-受益城镇居民”纳入补偿体系。为此，应该从以下两个方面着手提高城镇居民森林生态保护的认知水平。

（一）提升居民对森林的心理所有权

心理所有权是从禀赋效应衍生出来的概念，是一种心理状态。它表达个体对特殊物体的占有感，并把占有物视为自我的延伸，影响着人们的态度、意愿、动机和行为。因此，要从心理上缩短人与森林的距离。首先，加强对自然资源价值的宣传，完善城镇居民生态环境保护教育体系，切实深化城镇居民对生态环境及补偿政策的认知，提高城镇居民环保责任感，鼓励其参与森林生态环境建设。政府部门可以借助广播、电视、互联网平台和微信公众号等媒介提高居民对森林生态环境和生态补偿政策的认知。其次，政府可以组织社区或联合森林公园举办采摘、观赏、游水、垂钓等具有一定参与度和影响力的亲自然活动，增加林区附近城镇居民日常与大自然接触的次数。最后，为居民营造良好的居住环境，鼓励居民广泛参与到环境影响评价、监督、决策、保护和建设行动中，充分听取和采纳居民的意见，增强城镇居民参与森林生态建设的光荣心、自豪感，真正开创人人保护生态环境的新局面。

（二）提高城镇居民对生态补偿途径的认知

黑龙江省重点国有林区收入普遍不高，职工生活不富裕，森林管护动力不足。然而以森林生态服务功能为纽带，将林区政府与城镇居民联系起来，有利于倡导多元主体共同参与林区建设。因此，亟需以明确的形式确定城镇居民生态补偿的融资渠道，针对不同群体的支付偏好设计多样化的支付方式，如现金、税收、旅游或捐赠等形式。对于积极响应的群体可以采取税费或捐赠的形式向其征收森林生态效益补偿金；对于零抗议支付人群，政策制定者既要晓之以义，又要予之以利的方式驱动，如通过森林旅游优惠、绿色金融、扩容信用额度等模式，拓宽居民参与森林生态效益补偿的融资渠道。

第二节 加强森林生态效益多元化补偿的配套支持

一、构建可操作的森林生态效益多元化补偿政策框架

党的十九大报告提出要建立市场化、多元化生态保护补偿机制，为破解目前公共财政转移支付困境提供了新的契机。生态补偿也从“污染者付费”原则逐渐转向“受益者付费”原则。诚然，甄别森林生态效益的受益主体、精确受益范围、确定不同主体补偿标准、协调多元主体共同参与补偿是非常复杂的事情，但随着生态文明改革体制的深化，国家治理能力的现代化，多元化生态补偿也逐渐由理论设计转向实践应用。多元化补偿并非将政府的责任推向市场和社会，更多的是“政府—市场—社会”关系的重新配置。从理论视角来看，多元化补偿是庇古税、科斯定理与集体行动理论的结合。因此，多元化补偿需要完善的、可操作的顶层框架设计。

（一）制定森林生态效益多元化补偿政策法规

国家应加快制定专门针对森林生态效益多元化补偿的制度法规，使地方政

府实施多元化补偿有法可依，利益相关者的权责利分配有章可循。只有将特定时期内的多元化补偿思路、原则、目标等纳入研究范畴，方能在多元化补偿实践过程中秉要执本，避免进退失据。此外，针对不同地区应该实施差异化的策略，根据地方资源禀赋、经济发展情况等因地制宜。黑龙江省地方政府则需在遵循国家政策法规的前提下，结合区域发展目标，加快地方性森林生态效益多元化补偿进程，确保森林生态保护的严肃性、权威性和延续性。在行政执法方面，应该设置专门针对多元化补偿的管理执法部门，以满足不同阶段的行政管理需求。建立和完善环境产权交易制度、自然资源产权制度和社会参与制度等相关法律体系，便于多元化补偿主体发挥各自优势，实现高效融合。

（二）建立森林生态效益多元化补偿框架体系，实现顶层设计和基层创新的良好对接

森林生态效益多元化补偿应该由政府、市场和社会共同参与，形成“一体多元”的补偿模式，共同分担一个补偿量，通过主体间的协同运作，实现多渠道补偿。由于多元化主体涉及政府主体、市场主体和社会主体，每个主体的受益程度不同，因此在实施多元化补偿前，要设计科学的补偿体系和补偿基金账户，明确界定各方利益主体的权利、责任和义务，对补偿对象、范围、标准和方式予以明确，以提高补偿的效率。首先，确定补偿主体和客体。以森林生态系统服务为纽带，根据生态服务外溢效应的特点，通过一定的技术手段确定受益范围和受益对象。政策制定者在森林生态效益补偿政策制定之初，提出有关受益企业范围应该在此基础上进一步提炼。此外，对于像黑龙江省这样包含重点国有林区的省份，受益范围应该扩大。其次，确定森林生态效益补偿标准和责任分担。利用外溢价值评估技术计量外溢的生态、经济和社会效益，确定政府主体、市场主体和社会主体应该承担的补偿总量比例。多元化补偿主体较多，可以采取“共同但有区别责任”原则分阶段实施。要建立健全政府主导、市场参与、社会支持的补偿融资体系，设立补偿基金账户，包括政府的转移支付资金账户、生态补偿的专项资金账户、汇缴资金账户、社会捐助资金账户等。此外，健全森林生态补偿基金离任审计制度和后评估制度，实现资金管理体系透明、专款专用。最后，建立政府“规制—激励”的监管体系。本书研究

表明森林生态效益多元化补偿实施需要政府的规制和激励。因此，建立起规制地方政府和企业，激励居民的监管体系是森林生态效益多元化补偿顺利开展的关键。要充分利用司法、行政、舆论和公众监督，建立多层次的问责机制和监管体系，实现政府、企业和居民补偿的协同运作。对于未按照补偿契约要求实施森林资源管护的地方政府给予惩罚，建立资源管理监测体系，实施跟踪调查。对于不愿意参与生态补偿的受益企业，同时实施“规制—激励”策略，如税收减免、补贴、贷款优惠等。对于居民而言，采取激励策略为表现突出的社会组织和个人给予奖励是比较赞同的方式，如森林旅游优惠、增加信用体系等。

二、搭建政府主导型森林生态效益多元化补偿信息资源共享平台

资源共享是一种社会现象，是集聚外部性的体现，强调对有价值的资源在群体中进行重新配置。随着“互联网+”及人工智能的快速发展，各种资源共享平台不断涌现，资源共享体系也不断完善，渐渐成为重塑经济结构与竞争格局的新引擎。资源共享和信息的有效利用成为提升某个领域竞争力的关键，而资源共享平台作为资源服务的载体，不断提升其发展层次和服务水平是某领域快速发展的关键举措。一般而言，资源共享平台大多应用于高新技术产业及科技创新领域，诚然，如果这种资源共享模式应用于生态环境领域，将促进生态环境保护的发展创新。因此，搭建政府主导型的生态补偿资源信息共享平台有利于森林生态效益多元化补偿的运行和信息共享。

（一）有效整合森林生态效益补偿信息资源

将森林生态效益补偿的信息资源在共享平台上整合为几个主要板块：第一，补偿案例板块，目前全球多个国家都在实行森林生态补偿项目，且各个国家的补偿模式各不相同，政府应该将一些典型的补偿实践模式进行有效整合，在资源信息平台上共享，并对实施多元化补偿的经验进行详细介绍，这样不仅给国内实施多元化补偿提供经验借鉴，而且可以启发、推动其他利益相关主体积极响应森林生态补偿；第二，政务信息公开板块，对森林生态效益多元化补

偿的进展情况进行适时公开，包括政府的相关规定、多元主体投资信息及相关工作指导意见等；第三，赏罚奖惩板块，对积极参与森林生态效益补偿的企业、组织和个人及时进行公布，并对其中突出单位及个人进行奖励，而对没有严格落实相关责任的单位、组织进行通报，公开其惩罚情况；第四，交流互动板块，森林生态补偿监管成本较高，为此设置网上交流、意见征集等栏目，接受社会公众及媒体的监督，同时提供自动语言和人工电话应答服务，提供专家咨询服务。

（二）有效管理森林生态补偿信息资源平台

信息平台建立以后，接下来最重要的就是平台推广，使生态补偿的利益相关者都参与其中。多元化补偿信息资源共享平台应该由统一的单位负责，以注册的形式加入会员。对于一些政府管理部门和相关企业需要强制注册，而居民个体则自愿注册。此外，信息共享平台发展成熟以后可以延伸资源信息服务链，相继设立区域化推送服务站，扩大信息共享范围。

第三节 创新森林生态效益多元化补偿实施途径

一、提高政府森林生态效益补偿的效率

森林生态效益多元化补偿主体的核心依然是政府，按照政府体系级别，采取以中央政府转移支付资金为主、黑龙江省地方政府资金为辅的模式。政府补偿具有启动简单、落实全面的特点，但补偿资金不足也是政府补偿最主要的一个缺陷。综观已有的生态补偿实践，任何一个国家和地区提供的特定生态保护补偿资金都不是无限量供应的。因此，预算约束下的经济有效性和生态有效性变得更加重要。提高政府森林生态补偿效率的重点是在预算约束下尽可能地实现生态补偿目标和减少森林保护的机会成本。基于此，考虑从以下三个方面提

高政府补偿的效率。

(一)突出政府在森林生态效益补偿中的主导作用

政府是黑龙江省林区补偿最主要的支付主体和监管主体，因此在实施补偿的过程中，应建立内部约束激励机制，改良单一的GDP政绩考核标准，提高生态绩效考核比重，增加对林区官员的离任审计，将森林生态治理效果与政绩考核牢牢挂钩，以责任和考核倒逼林区政府及林场的森林生态保护决心，加强森林生态效益补偿的制度供给和政策工具支撑。此外，应加强政府对森林管护治理的监管力度，保证森林生态保护契约执行的合理监管。生态环境问题的“脱域化”特征，以及生态利益主体权责不明确的特点，导致政府监管困难，监管成本较高，因此应该拓宽森林生态质量的监管渠道，将社会公众、媒体、NGO组织等纳入森林生态保护监督体系，降低监管成本，加大对林区政府“不作为”的惩罚力度，追究相关人员的连带责任，进而提高黑龙江省林区森林生态环境保护的效率。例如，很多越南森林生态服务付费项目(PFES)由当地政府和发展基金分支机构共同实施，由社区和家庭行使监督的权利。很多研究都表明(何可,2015)，生态补偿项目在实施过程中如果能够利用本地非正式制度(如社会信任、社会关系和文化习俗等)的激励与约束能力，将会更好地增加补偿主体与客体间的合作。

(二)逐渐实施以政府购买服务代替转移支付的补偿形式

政府购买公共服务作为社会治理和公共服务供给领域的创新，其制度日臻规范化。国内外实践证明，政府将部分公共服务职能交给有资质的社会力量承接，然后根据服务质量向社会力量购买，这样不仅可以满足居民对公共服务的需求，还可以优化政府职能并提高财政资金使用效率。在林区方面，《国有林场改革方案》和《国有林区改革指导意见》都曾提出“实现管护方式创新和监管体制创新”，因此黑龙江省林区应该积极落实政府购买管护服务，将森林管护、抚育、造林等工作交给有能力承担的社会力量执行。此外，可以将已有林场单位整合，引入竞争机制，有能力的林场组合起来成立资源管护队或管护公司，专门承接森林管理职务。然后交由第三方单位进行质量审核，第三方评估单位既可以是社会化评级机构、专业的科研院所，也可以由非营利的环保组织承担，对森林生态服务质量及管护程度进行全方位评估。政府按照第三方评估机构的项目验收情况、评级质量拨付资金。由此，森林生态服务仍由政府提供，但不由政府直接生产。

（三）各级地区政府积极发展生态优势特色产业降低森林保护机会成本

黑龙江省政府在严格保护森林生态环境的前提下，积极鼓励发展森林旅游、森林康养、林下经济等生态产业经济，支持龙头企业发挥引领示范作用，使保护森林生态环境的收益大于成本。黑龙江省森林生态环境资源富足的地区大多位于限制和禁止开发区，该区全部可利用的资源小于其拥有的实际资源，经济发展能力不足，需要林区政府发展生态产业经济，从保护森林资源环境中获得收益，降低森林资源管护机会成本，实现生态产业化、产业生态化的发展格局。

二、创新受益企业参与森林生态效益补偿融资渠道

根据前文分析可知，政府规制、激励、社会形象、消费者需求及行业协会引导都能够促进受益企业参与森林生态建设，但是参与程度明显不足。根据调研，很多受益企业并不愿意以直接支付货币的形式参与进来，因为企业是以营利为目的的市场微观个体，额外增加企业的经营成本将导致其参与森林生态补偿的积极性不高。目前，国内林业碳汇交易是市场化森林生态补偿最主要的模式，但是从碳交易来看，市场份额小，控排企业需求不足。国外森林生态补偿遵循市场导向和自由竞争的原则，市场化补偿模式多样化，补偿资金由政府和市场共同承担，补偿标准由森林生态服务的供给与需求确定。因此，将多元化补偿与市场联系起来，创新市场化生态补偿融资渠道，有利于将受益企业纳入补偿体系。

（一）量化森林生态服务价值是创新补偿模式的基础

市场化补偿模式是在市场机制调节的作用下，森林生态服务的供给方和受

益方根据市场规则所进行的交易或补偿。双方协议的前提就是对某种效益或森林生态服务进行交易，量化森林生态服务是交易的基础。因此，相关管理部门应该积极明确森林生态产品和服务的产权，利用生态资源资产化、生态资产资本化的过程，实现森林资源从服务流向价值流转换。市场资本参与森林生态补偿的难点在于森林生态服务的价格难以确定，因此利用一定的技术条件以市场交易价值来反映森林生态产品和服务，这种资本化过程使多元化生态补偿得以实现。

（二）创建多样性化市场支付模式

森林生态效益补偿的支付模式包括公共支付、市场支付和国际组织项目参与。其中支付模式得以实施的前提基础是森林生态服务产品或价值的供给者和潜在需求者广泛磋商，协调多元主体共同参与。黑龙江省政府应该参照国内外成熟市场化生态补偿实践，通过建立试点的方式大胆尝试几种模式。第一，上下游地区自主协议模式。黑龙江省国有森林资源位于众多河流的发源地，保证了矿泉水企业的水质，因此政府可以促使矿泉水企业与上游林场自主协商补偿。第二，中介支付模式。一般来说，自主协商的风险成本比较高，通过中介可大大降低风险和交易成本，充当中介角色的可以是地方政府、非政府组织和社区组织，由他们代表矿泉水公司、自来水厂、旅游景区等受益企业与森林生态服务提供者协商补偿。第三，政府规制下的开放型市场贸易模式。类似于碳交易市场，政府严格规定受益企业水质达标率和林区的森林覆盖率，没有达标的企业和部门可以自由买卖交易。在这种体系下需要政府健全环境法规制度，政府主要关注受益企业的达标水平和森林资源总量情况。第四，森林生态标签及认证模式。这种间接的市场化补偿融资也是促进森林资源可持续利用和保护的重要工具。以森林认证为例，国际上的普遍做法是通过第三方机构评估，达到一定标准的森林资源颁发认证标签，市场交易价格将高于未认证的森林资源。

三、培育城镇居民社会信任体系

社会信任是推动黑龙江省城镇居民参与森林生态服务付费的重要途径。目前，黑龙江省森林生态补偿市场体系发展不健全，正式制度发展相对滞后，社会信任作为正式制度和交易规则的替代物，是政府规制发挥作用的前提和基础，有利于引导社会资本参与森林生态建设。根据研究结果，社会信任的培育具有超出个体福利增进的意义，这是本书从微观层面得到的证实，也是宏观管理层面亟待解决的重要问题。因此，在探索拓宽生态补偿筹资渠道的现实背景下，如何培育社会信任对多元化补偿模式的推动作用、提高经济与生态环境的包容性发展值得深思。基于此，应该从以下两个方面培育城镇居民的社会信任体系。

（一）基于政府行为规范视角提升城镇居民的社会信任水平

居民对政府的信任是决定社会信任体系建立的关键要素。一个地区的政府信任取决于特定环境下居民根据自身某种需求希望政府做出的符合预期的回应，居民对政府回应进一步认知和权衡，然后表现出信任和不信任政府的态度，最终表现为支持或抵抗政府的行为。就黑龙江省而言，国有林区管理体制不完善及长期高强度采伐导致国有林资源锐减。对于城镇居民来说，最直接的感受就是森林生态系统退化产生的环境问题，结果是公共资源短缺和供给不足在一定程度上影响了居民对政府执行能力及水平的信任。此外，国家为黑龙江省林区资源恢复投入了大量生态补偿资金，但是生态补偿制度规范、补偿流程及处罚机制不完善也影响了社会信任体系的建立。因此，首先要不断提高政府执行能力和有效性，确保公共服务产品和质量满足民众的预期；其次要注重森林生态环境保护和补偿的顶层设计，辖区政府在与社会成员联动的过程中，应综合运用官方网络媒介提升政策执行的透明度，确保居民对森林生态环境的知情权。同时，利用各种媒体主动营造相互信任和互惠互利的社会风尚，增强城镇居民对政府的信任，使其在社会信任体系激励下自愿参与森林生态建设。

（二）基于集体行动逻辑视角提升城镇居民社会信任水平

根据中国社会科学院社会学研究所2017年发布的《社会心态蓝皮书：中国社会心态研究报告》中关于城市居民社会信任的调查，不同阶层、不同群体间的不信任程度继续加深。其中一个主要原因是城市居民所处的社会环境发生了

明显的变化，与2000年左右相比，城市生活节奏明显加快，邻里间联系较少，集体共同利益缺乏，社区活动不足。奥尔森(1995)和奥斯特罗姆(2000)曾提出集体行动理论，他们认为有共同利益的群体可以通过互惠、声誉和信任等社会资本自行组织起来进行自我治理，解决公共池塘资源的“搭便车”行为。森林生态环境保护可以不依靠政府，也可以不采取私有化方案，而是通过选择性激励、新制度供给、可信承诺和相互监督使集体成员能够自愿参与到生态环境治理中。因此，黑龙江省林区资源保护可以采取集体行动的方案，以某个居民社区为单位，从小集体开始，减少行动成本，增加社区活动，增强居民之间的信任感和认同感。

第四节 本章小结

本章从思想认知、配套支持和创新补偿实施途径方面提出驱动森林生态效益多元化补偿实施的对策建议。其中，思想认知方面的对策包括助推受益企业森林生态效益价值观形成、强化城镇居民森林生态效益补偿认知，配套支持方面的对策包括构建可操作性的森林生态效益多元化补偿政策框架、搭建政府主导型森林生态效益多元化补偿信息资源共享平台，创新补偿实施途径方面的政策包括提高政府森林生态效益补偿效率、创新受益企业参与森林生态效益补偿的融资渠道、培育城镇居民社会信任体系。不同方面的发展对策能够为森林生态效益多元化补偿的快速实施提供依据与保障。

第十章

研究结论与展望

第一节 研究结论

本书在对国内外文献进行梳理的前提下，以生态价值理论、外部性理论、公共物品理论、利益相关者理论和计划行为理论为基础理论体系，按照"提出问题—分析问题—解决问题"的逻辑主线，分析黑龙江省森林生态效益多元化补偿机理，以此为逻辑起点开展政府补偿、受益企业补偿和城镇居民补偿的进一步研究，随后，以黑龙江省为例评估森林生态效益价值，归纳、整理森林生态效益补偿现状及存在问题，最后提出森林生态效益多元化补偿实施的对策保障体系。纵观全书，得出以下研究结论。

第一，黑龙江省森林生态效益多元化补偿主体包括政府、受益企业和城镇居民，各个主体的利益取向、行为特征不尽相同。

基于利益相关者理论，利用 Mitchell 等（1997）的三维评价体系，从影响性、积极性、紧密性三个方面识别黑龙江省森林生态效益的利益相关者，并结合多元补偿主体理论、经济学"受益者付费"原则和管理学"权责利差异取向"原则最终确定黑龙江省森林生态效益补偿的重要主体，包括政府、受益企业、城镇居民和林场，其中林场是受偿群体；受益企业和城镇居民是受益群体和补偿主体；政府提供补偿经费并制定规章制度，是承担监督管理责任的补偿主体和监管主体。政府追求森林生态服务的生态效用、受益企业追求经济效用、城镇居民追求社会效用。

第二，在区域范围内，通过在森林生态系统服务供给侧和需求侧建立反馈机制，林场群体需要两种途径的补偿，第一种是来自政府的转移支付补偿，第二种是来自受益群体的补偿，第二种补偿途径实现的关键在于政府的规制、激励机制。

基于森林生态服务供给端与需求端的逻辑关联，建立演化博弈模型，研究第二种补偿途径能否在受益群体和保护群体间自愿实现。根据研究结果，受益企业和城镇居民作为受益群体不会自愿参与到森林生态效益补偿中，除非在演化的过程中，给予对方一定的信息和外部条件，参与人改变自己的支付函数，博弈均衡就能得到改变，甚至可能实现理想的均衡状态(保护,补偿)。当引入政府的规制和激励以后，森林生态效益补偿最优的演化稳定均衡点取决于政府惩罚和奖励参数的范围，当政府惩罚和奖励金额之和大于保护群体保护森林资源总损失的2倍，且惩罚金额大于受益群体的补偿金额时，有唯一的演化稳定均衡点(保护,补偿)。

第三，在黑龙江省森林生态效益补偿过程中，政府监管积极性不足，森林生态效益补偿与政府购买服务融合能够更好地实现补偿条件性，提高政府补偿效率。

以森林生态效益补偿条件性为理论背景，运用演化博弈方法和Matlab仿真工具，从动态演化的角度考察地方政府群体与林场群体(政府与林场)关于“监管—管护”的行为互动机制及影响因素。结果表明：短期来看，政府和林场都是理性经济人，政府监管积极性不足源于监管成本较高、补偿标准偏低、违约成本较低和绩效考核扭曲等方面。长期来看，政府与林场的策略选择处于动态变化中，是政绩考核指标、经济制裁、执行力度及执行成本等内外部因素共同作用的结果，稳定均衡点取决于两类种群的初始状态及相互“激励—约束”的关系。根据演化博弈的分析结论，本书提出将森林生态效益补偿与政府购买服务相融合的激励机制设计，试图形成以政府管理部门购买主体、林场承接主体和第三方评估主体为核心的森林生态效益补偿与政府购买服务融合框架，在一定程度上同时规避“市场失灵”和“政府失灵”的困境，提高政府补偿的监管与效率，实现补偿的条件性。

第四，政府规制和激励对受益企业参与森林生态补偿有显著的促进作用。

本书基于黑龙江省受益企业的微观调查数据，着重从政府规制和激励的视角，在计划行为理论框架下利用 Double Hurdle 模型和 Tobit 模型分析影响受益企业森林生态效益补偿参与意愿和支付水平的重要因素。研究得出：黑龙江省有 59.02%的受益企业愿意参与森林生态效益补偿，且大多数受访者选择按照营业收入的 1%~5%支付。对于支付水平较低的原因，大部分受访者认为企业作为市场微观主体，并不愿意以直接缴费的形式参与，这符合企业竞争的性质。其中影响受益企业参与意愿的主要因素有政府规制、社会形象、行业协会引导、社会网络便利、年龄和岗位。影响受益企业支付水平的主要因素有政府规制、政府激励、行业协会引导、消费者需求引导、同类型企业影响和年龄。

第五，政府激励对城镇居民森林生态补偿支付意愿有显著的促进作用。

本书基于黑龙江省城镇居民的微观调查数据，着重从政府激励的视角讨论社会信任对城镇居民生态补偿支付意愿的激励作用。目前，黑龙江省森林生态补偿市场体系发展不健全，社会信任作为正式制度和交易规则的替代物，是政府激励发挥作用的前提和基础，有利于引导城镇居民参与森林生态建设。研究得出：①67.4%的受访城镇居民对森林生态效益补偿具有支付意愿，支付水平的期望值为 135.96~201.72 元；32.6%的受访人群不具有支付意愿，主要原因为自身经济条件限制和担心政府不能专款专用。②社会信任在城镇居民生态补偿支付意愿决策中发挥显著的促进作用。在公共信任中，环境法规信任、地方政府信任都显著正向影响城镇居民支付意愿；在人际信任中，亲人信任对支付意愿影响较大，而邻居信任影响不显著。③年龄、受教育程度、家庭人均收入水平和生态认知也是影响城镇居民支付意愿的主要因素。

第六，黑龙江省森林生态效益价值量巨大，其中净化大气环境、涵养水源、保育土壤功能价值表现突出。

根据第九次全国森林资源清查资料和《黑龙江省统计年鉴》，黑龙江省森林面积 1990 万 hm^2，占黑龙江省经营面积的 42.1%，森林覆盖率 43.78%；2018 年，全省实现地区生产总值（GDP）16361.6 亿元。在此基础上，根据《森林生态系统服务功能评估规范》（LY/T 1721—2008），利用物质量转化价值量的方法核算黑龙江省森林生态系统涵养水源、保持水土和维持生物多样性等六种森林生态服务功能价值，价值总量达 14713.31 亿元，其中净化大气环境和

涵养水源价值最大，分别占总价值的 38.03% 和 24.97%。此外，从补偿现状来看，黑龙江省地方国有林区和重点国有林区实施了管护补偿、造林补贴和抚育补贴等补偿实践，以地方国有林区管护补偿金额为例，2001~2018 年中央财政总投入达 43.8 亿元，地方财政投入 29600 万元。根据补偿现状梳理、补偿监督管理判断及森林生态效益价值等得出黑龙江省森林生态效益补偿存在制度法规不健全、补偿渠道单一、补偿监督体系不完善、补偿范围狭窄和资金总量不足等问题。

第二节　研究不足及展望

诚然，本书按照预定研究规划比较顺利地完成了相关研究任务，从多元主体协同补偿的视角解决了黑龙江省面临的补偿渠道单一、资金不足和长效机制缺乏等问题，并取得了一定的研究成果，但在研究过程中依然存在着一定的局限性，进一步深入探究仍有很大拓展和完善空间，具体表现为以下几个方面。

第一，生态补偿机制研究包含补偿主体、客体、标准、补偿路径、补偿效率、空间分布和绩效评估等多方面，本书从多元补偿主体方面探究了其冰山一角，未来还有很大拓展空间。森林生态效益多元化补偿主体确定以后，下一个重要问题就是如何按照“收益结构”和“能力结构”原则、“共同但有区别责任”原则去分担区域内共同的补偿量，确定各个主体的补偿责任、补偿标准和实现渠道，提高生态补偿的效率。

第二，本书从政府补偿角度分析了补偿的监管与效率问题，运用数值仿真分析方法剖析了政府与林场在森林生态补偿过程中的监管策略。仿真分析虽然能对不同情形的选择路径及演化过程中政府主体和林场主体的行为进行较好的模拟，但黑龙江省生态效益补偿本身就是一个复杂的系统，各种影响监管的因素错综复杂，涉及成本、效益、监管力度、绩效考核等指标。由于其中一些数据无法获取或收集难度巨大，所以对仿真的初始变量选取及参数设置采用的估算方法并不是特别精准，期望能在未来研究中进一步改进。

第三，本书按照中央森林生态效益补偿基金制度在最初设计时提出的资金筹措方案形式，试图将受益企业纳入补偿主体范畴，运用实证调研的方法研究受益企业的参与意愿，虽然从实证的角度验证政府规制和激励能促使企业参与，但是参与形式设计略有不足，企业作为市场的微观主体，按照营业收益缴纳费用实际上与税收并无区别，调研发现多数企业选择的支付水平较低，因此未来应该着重提出市场化补偿途径的研究设计以促进企业的积极参与。

附　录

附录❶ 黑龙江省重点国有林区相关数据

附表 1-1　2012~2018 年黑龙江省重点国有林区森林管护面积

单位:万亩

地区	年份						
	2012	2013	2014	2015	2016	2017	2018
牡丹江林区	224.3	226.9	231.8	227.4	227.5	226.6	235.4
合江林区	135	146.2	146.2	146.2	146.2	146.2	159.4
伊春林区	260.8	272.8	217.5	176.8	310.2	324.2	312.2
松花江林区	233.1	241.2	241.2	224.7	224.7	244.6	245.0
森工合计	862.6	896.5	846.3	804.7	938.1	951.2	961.6

附表 1-2　2012~2018 年黑龙江省重点国有林区森林抚育面积

单位:万亩

地区	年份						
	2012	2013	2014	2015	2016	2017	2018
牡丹江林区	16.1	17.8	15.7	11.8	11.9	13.4	12.4
合江林区	13.3	14.6	12.9	7.3	8.4	8.6	5.5
伊春林区	24.8	27.7	26	18.3	18.8	18.5	16.5
松花江林区	13.8	13.4	15	11.5	11.7	12.5	12.6
森工合计	68	73.5	69.6	48.9	50.8	53	47

附表 1-3　2012~2018 年黑龙江省重点国有林区森林造林面积

单位:万亩

地区	年份						
	2012	2013	2014	2015	2016	2017	2018
牡丹江林区	1.25	2.26	0.29	0.78	0.38	0.6	0.39
合江林区	1.53	0.57	0.25	0.37	0.12	0.35	0.35
伊春林区	2.35	1.45	0.96	0.95	0.29	0.59	0.67
松花江林区	0.77	1.14	0.63	0.47	0.16	0.37	0.41
森工合计	5.9	5.42	2.13	2.57	0.95	1.91	1.82

附录❷
黑龙江省森林生态效益利益相关者调查问卷

尊敬的专家/学者:

我们正在分析森林生态效益的利益相关者,需要运用米切尔评分法归纳专家的意见,您的真实观点和意见将对我们的研究具有重要的价值,感谢您不吝赐教!

【问卷说明】

调查问卷根据米切尔评分法设计,分别从影响性(该利益相关者是否具有影响森林生态效益产生的能力及手段,或森林生态效益对该利益相关者的影响程度)、积极性(该利益相关者积极保护森林生态环境,以使其产生更多生态效益)、紧密性(该利益相关者与森林生态效益的紧密程度)三个维度对每一类利益相关者进行评分,分值为1~5,分值越高代表此利益相关者与森林生态效益在影响性、积极性和紧密性方面的关系越密切。此外,这里的相关企业是指生产经营用水企业,林下采集、种植和养殖企业,旅行社、旅游公司和旅游景区等。

请您根据黑龙江省实际情况和已有知识结构在相应的选项上画"√"。

【问卷内容】

利益相关者	影响性					积极性					紧密性				
中央政府	1	2	3	4	5	1	2	3	4	5	1	2	3	4	5
地方政府	1	2	3	4	5	1	2	3	4	5	1	2	3	4	5
林场	1	2	3	4	5	1	2	3	4	5	1	2	3	4	5

续表

利益相关者	影响性					积极性					紧密性				
城镇居民	1	2	3	4	5	1	2	3	4	5	1	2	3	4	5
农村居民	1	2	3	4	5	1	2	3	4	5	1	2	3	4	5
受益企业	1	2	3	4	5	1	2	3	4	5	1	2	3	4	5
新闻媒体	1	2	3	4	5	1	2	3	4	5	1	2	3	4	5
科研院所	1	2	3	4	5	1	2	3	4	5	1	2	3	4	5
NGO 组织	1	2	3	4	5	1	2	3	4	5	1	2	3	4	5

附录❸

黑龙江省受益企业森林生态效益补偿参与意愿调查问卷

尊敬的先生/女士：

森林生态系统恢复需要多元主体的共同参与，根据“受益者付费”原则，受益企业应该协同参与森林生态环境建设，为了解企业在森林生态效益补偿过程中的付费意愿情况，特此调查，感谢您的配合与支持。为方便您回答，答题前请仔细阅读知识导读。希望您尽最大能力回答所有问题，答案没有对错之分。衷心感谢您的合作与支持！

第一部分　受访对象基本特征

1. 您的性别：

A. 女　　B. 男

2. 您的年龄：

A. 25 岁及以下　　B. 26~35 岁　　C. 36~45 岁　　D. 46~55 岁

E. 56~65 岁

3. 您的职位：

A. 高层管理者　　B. 中层管理者　　C. 基层管理者　　D. 其他

4. 您的受教育程度：

A. 高中及以下　　B. 大专　　C. 大学本科　　D. 硕士

E. 博士

5. 贵单位所在地区：

A. 哈尔滨　　B. 牡丹江　　C. 伊春　　D. 齐齐哈尔

E. 佳木斯　　F. 黑河

6. 您单位的行业类型：

A. 森林旅游相关行业

B. 林下种植、养殖、采殖等相关林下经济产业

D. 水库或水力发电厂、自来水厂、矿泉水公司或奶制品相关行业

F. 淡水养殖行业

G. 其他

第二部分　受访对象森林生态效益补偿相关认知

1. 森林生态效益对贵企业的重要性：

A. 非常不重要　　B. 比较不重要　C. 一般　　　D. 比较重要

E. 非常重要

2. 贵企业对森林生态环境的关注程度：

A. 非常不关注　　B. 比较不关注　C. 一般　　　D. 比较关注

E. 非常关注

3. 贵企业对森林生态效益补偿的了解程度：

A. 没听说过　　　B. 很少了解　　C. 一般了解　D. 比较了解

E. 非常了解

第三部分　受访对象森林生态效益补偿参与意愿

1. 您认为贵企业是否有意愿为森林生态效益补偿进行支付？

A. 没有意愿　　　B. 有意愿

2. 若贵企业愿意参与，将打算按照营业收入的__________进行支付？

A. 0.1%~1%　　B. 1%~5%　　C. 5%~10%　　D. 10%~20%

E. 20%以上

3. 若贵企业不愿意参与森林生态效益补偿，原因是__________。

A. 企业已缴纳相关税种

B. 企业无能力为森林生态效益补偿支付

C. 森林生态效益补偿是政府的责任，不应该由企业出资

D. 其他

4. 企业参与森林生态效益补偿能增加企业的社会形象：

A. 非常不同意　　B. 比较不同意　C. 不确定　　D. 比较同意

E. 非常同意

5. 企业参与森林生态效益补偿能够改善森林生态环境，进而提高企业的竞争力：

A. 非常不同意　　B. 比较不同意　C. 不确定　　D. 比较同意

E. 非常同意

6. 企业参与森林生态效益补偿能够改善森林生态环境，进而降低企业成本：

A. 非常不同意　　B. 比较不同意　C. 不确定　　D. 比较同意

E. 非常同意

7. 参与森林生态效益补偿是企业社会责任的体现：

A. 非常不同意　　B. 比较不同意　C. 不确定　　D. 比较同意

E. 非常同意

8. 政府若以强制形式规定企业参与森林生态效益补偿，企业会选择积极参与支付：

A. 非常不同意　　B. 比较不同意　C. 不确定　　D. 比较同意

E. 非常同意

9. 贵企业所在的行业协会积极引导企业参与森林生态效益补偿，企业会选择积极参与支付：

A. 非常不同意　　B. 比较不同意　C. 不确定　　D. 比较同意

E. 非常同意

10. 其他受益于森林生态系统的同行企业参与森林生态效益补偿，会引导贵企业积极参与支付：

A. 非常不同意　　B. 比较不同意　C. 不确定　　D. 比较同意

E. 非常同意

11. 终端消费群体对森林生态产品或森林生态服务的需求，会引导贵企业积极参与森林生态效益补偿：

A. 非常不同意　　B. 比较不同意　C. 不确定　　D. 比较同意

E. 非常同意

12. 政府若以政策优惠或补贴等形式激励企业参与森林生态效益补偿，企业会选择积极参与支付：

A. 非常不同意　　B. 比较不同意　C. 不确定　　D. 比较同意

E. 非常同意

附录❹ 黑龙江省城镇居民森林生态效益补偿支付意愿调查问卷

尊敬的先生/女士：

森林生态环境保护需要社会群众的广泛参与，多渠道筹集生态环境建设资金。为了解城镇居民关于森林生态效益补偿支付意愿，特对此展开调查研究。感谢您在百忙之中能够阅读、完成本调查问卷。问卷中相关信息仅做科研之用，您的真实观点对我们的研究具有重要价值。

衷心感谢您的合作与支持！

此问卷均为单项选择，请您在相应的选项上画“√”，“其他”类问题请具体说明。

第一部分　受访对象基本特征

1. 您的性别：

A. 男　B. 女

2. 您的年龄：

A. 19 岁及以下　B. 20~29 岁　C. 30~39 岁　D. 40~49 岁

E. 50~59 岁　F. 60 岁及以上

3. 您的受教育程度：

A. 小学　B. 初中　C. 高中　D. 大专

E. 本科　F. 研究生

4. 您家庭的月人均收入状况：

A. 800 元以下　B. 800~1500 元　C. 1500~2500 元　D. 2500~4000 元

E. 4000~6000 元　F. 6000 元以上

5. 家庭人口数：

A. 1~2　　B. 3~4　　C. 5 人及以上

6. 您的居住地与森林距离：

A. 小于 2km　　B. 2.1~4km　　C. 4.1~6km　　D. 6.1~10km

E. 大于 10km

第二部分　受访对象生态认知

1. 您认为近几年您周围的生态环境变化：

A. 明显改善　　B. 有一些改善　　C. 没有变化　　D. 有些恶化

E. 严重恶化

2. 您认为森林资源的重要性：

A. 非常不重要　　B. 比较不重要　　C. 一般　　D. 比较重要

E. 非常重要

3. 您对生态补偿政策的了解程度：

A. 非常不了解　　B. 比较不了解　　C. 一般了解　　D. 比较了解

E. 非常了解

第三部分　受访对象森林生态效益补偿支付意愿调查

1. 如果为了使林区更好地发挥保护生态环境的作用，需要您本人每年支付一定的费用。您愿意吗?

A. 愿意　　B. 不愿意

2. 如果您愿意支付，那么您本人每月愿意支付的费用数额是多少呢？请您根据您自己的实际情况来考虑，并按您自己真实的支付意愿选择相应金额区间：

A. 1~10 元　　B. 11~20 元　　C. 21~30 元　　D. 31~40 元

E. 41~50 元　　F. 51~60 元　　G. 61~70 元　　H. 71~80 元

I. 81~90 元　　J. 91~100 元　　K. 其他__________

3. 对于您的支付意愿行为，您愿意使用哪种支付形式？

A. 支付货币　　B. 参加义务劳动

C. 支付货币及参加义务劳动　　D. 不参加

4. 对于您的意愿支付行为，您希望得到怎样的补偿方式？

A. 纳入个人信用体系(如可增加贷款额度、信用额度等)

B. 森林生态旅游优惠

C. 税收优惠

D. 作为个人的工作业绩

E. 其他方式(请说明)

5. 您愿意为哪种森林生态服务功能进行支付(可多选)。

A. 涵养水源　　B. 保持水土

C. 固碳释氧　　D. 气候调节和气体调节

E. 维持生物多样性　　F. 文化旅游价值

6. 如果您不愿意为保护森林生态环境进行支付，原因是：

A. 自身经济条件限制

B. 生态环境保护是政府的事

C. 担心钱是否用于森林生态环境保护

D. 我对此事不关心，与我无关

E. 其他

第四部分　社会信任因素对森林生态效益补偿影响的调查

1. 我对亲人非常信任：如果亲人建议我对保护森林生态环境进行支付，我愿意去做：

A. 非常不信任　　B. 不信任　　C. 一般信任　　D. 比较信任

E. 非常信任

2. 我对邻居非常信任：如果邻居建议我对保护森林生态环境进行支付，我愿意去做：

A. 非常不信任　　B. 不信任　　C. 一般信任　　D. 比较信任

E. 非常信任

3. 我对地方政府非常信任：如果地方政府建议我对保护森林生态环境进行支付，我愿意去做：

A. 非常不信任　　B. 不信任　　C. 一般信任　　D. 比较信任

E. 非常信任

4. 我对环境法规非常信任：如果环境法规（生态补偿政策）规定我对保护森林生态环境进行支付，我愿意去做：

A. 非常不信任　　B. 不信任　　C. 一般信任　　D. 比较信任

E. 非常信任

参考文献

[1][美]埃莉诺·奥斯特罗姆．公共事务的治理之道：集体行动制度的演进[M]. 余逊达，陈旭东，译．上海:上海译文出版社，2000.

[2]敖长林，袁伟，王锦茜，等．零支付对条件价值法评估结果的影响：以三江平原湿地生态保护价值为例[J]. 干旱区资源与环境，2019，33(8)：42-48.

[3]蔡嘉瑶，张建华．财政分权与环境治理：基于"省直管县"财政改革的准自然实验研究[J]. 经济学动态，2018，683(1)：53-68.

[4]蔡荣，马旺林，郭晓东．小型农田水利设施合作供给的农户意愿实证分析：以盐城市农田灌溉水渠改造为例[J]. 资源科学，2014，36(12)：2594-2603.

[5]陈波，颜静雯，罗颖妮．雾霾会促进公众绿色投资意愿么?：基于SEM的实证研究[J]. 中国人口·资源与环境，2019，29(3)：40-49.

[6]陈海江，司伟，王新刚．粮豆轮作补贴：标准测算及差异化补偿：基于不同积温带下农户受偿意愿的视角[J]. 农业技术经济，2019，290(6)：17-28.

[7]陈诗一，陈登科．雾霾污染、政府治理与经济高质量发展[J]. 经济研究，2018，53(2)：20-34.

[8]陈晓宏，陈栋为，陈伯浩，等．农村水污染治理驱动因素的利益相关者识别[J]. 生态环境学报，2011，20(Z2)：1273-1277.

[9]陈真玲，王文举．环境税制下政府与污染企业演化博弈分析[J]. 管理评论，2017，29(5)：226-236.

[10]崔一梅．北京市生态公益林补偿机制的理论与实践研究[D]. 北京：北京林业大学，2008.

[11]丁从明，吴羽佳，秦姝媛，等．社会信任与公共政策的实施效率：基于农村居民新农保参与的微观证据[J]. 中国农村经济，2019，413(5)：

109-123.

[12]丁从明，周颖，梁甄桥．南稻北麦、协作与信任的经验研究[J]．经济学(季刊)，2018，17(2)：579-608.

[13]范明明，李文军．生态补偿理论研究进展及争论：基于生态与社会关系的思考[J]．中国人口·资源与环境，2017，27(3)：130-137.

[14]冯晓明．城市森林生态服务居民需求偏好及影响因素分析[J]．统计与决策，2019，35(14)：95-99.

[15]伏润民，缪小林．中国生态功能区财政转移支付制度体系重构：基于拓展的能值模型衡量的生态外溢价值[J]．经济研究，2015，50(3)：47-61.

[16]高吉喜，李慧敏，田美荣．生态资产资本化概念及意义解析[J]．生态与农村环境学报，2016，32(1)：41-46.

[17]高新才，王云峰．主体功能区补偿机制市场化：生态服务交易视角[J]．经济问题探索，2010，335(6)：72-76.

[18]龚强，张一林，雷丽衡．政府与社会资本合作(PPP)：不完全合约视角下的公共品负担理论[J]．经济研究，2019，54(4)：133-148.

[19]巩芳．草原生态四元补偿主体模型的构建与演进研究[J]．干旱区资源与环境，2015，29(2)：21-26.

[20]关海玲，梁哲．基于CVM的山西省森林旅游资源生态补偿意愿研究：以五台山国家森林公园为例[J]．经济问题，2016，446(10)：105-109.

[21]韩锋，王昌海，赵正，等．农户对自然保护区综合影响的认知研究：以陕西省国家级自然保护区为例[J]．资源科学，2015，37(1)：102-111.

[22]韩洪云，喻永红．退耕还林的环境价值及政策可持续性：以重庆万州为例[J]．中国农村经济，2012，335(11)：44-55.

[23]韩清颖，孙涛．政府购买公共服务有效性及其影响因素研究：基于153个政府购买公共服务案例的探索[J]．公共管理学报，2019，16(3)：62-72，171.

[24]何可，张俊飚，丰军辉．基于条件价值评估法(CVM)的农业废弃物污染防控非市场价值研究[J]．长江流域资源与环境，2014，23(2)：213-219.

[25]何可，张俊飚，田云．农业废弃物资源化生态补偿支付意愿的影响

因素及其差异性分析：基于湖北省农户调查的实证研究[J]．资源科学，2013，35(3)：627-637.

[26]何可，张俊飚，张露，等．人际信任、制度信任与农民环境治理参与意愿：以农业废弃物资源化为例[J]．管理世界，2015，260(5)：75-88.

[27]何树臣，马树恩，宋伟，等．河北丰宁林业碳汇及市场化生态补偿实践[J]．林业经济，2017，39(11)：61-63.

[28]胡振华，刘景月，钟美瑞，等．基于演化博弈的跨界流域生态补偿利益均衡分析：以漓江流域为例[J]．经济地理，2016，36(6)：42-49.

[29]胡振通．中国草原生态补偿机制：基于内蒙甘肃两省(区)的实证研究[D]．北京：中国农业大学，2016.

[30]《环境科学大辞典》编委会．环境科学大辞典(修订版)[M]．北京：中国环境科学出版社，2008.

[31]黄凯南．演化博弈与演化经济学[J]．经济研究，2009，44(2)：132-145.

[32]黄宰胜，陈钦．林业碳汇经济价值评价及其影响因素分析：基于碳控排企业支付意愿的调查[J]．统计与信息论坛，2017，32(6)：113-121.

[33]江冲，金建君，李论．基于CVM的耕地资源保护非市场价值研究：以浙江省温岭市为例[J]．资源科学，2011，33(10)：1955-1961.

[34]江孝感，王伟．中央与地方政府事权关系的委托—代理模型分析[J]．数量经济技术经济研究，2004(4)：77-84.

[35]姜珂，游达明．基于区域生态补偿的跨界污染治理微分对策研究[J]．中国人口·资源与环境，2019，29(1)：135-143.

[36]蒋毓琪，陈珂，朱少英，等．浑河流域森林生态补偿标准测算[J]．水土保持通报，2018，38(6)：206-211.

[37]孔凡斌，魏华．森林生态保护与效益补偿法律机制研究[J]．干旱区资源与环境，2004，18(5)：112-118.

[38]赖力，黄贤金，刘伟良．生态补偿理论、方法研究进展[J]．生态学报，2008(6)：2870-2877.

[39]郎奎建，李长胜．林业生态工程种森林生态效益计量理论和方法[J]．东

北林业大学学报，2000，1(28)：1-7.

[40]雷硕，马奔，温亚利．北京市民对古树名木保护支付意愿及影响因素研究[J]．干旱区资源与环境，2017，31(4)：73-79.

[41]李傲群，李学婷．基于计划行为理论的农户农业废弃物循环利用意愿与行为研究：以农作物秸秆循环利用为例[J]．干旱区资源与环境，2019，33(12)：33-40.

[42]李柏洲，徐广玉，苏屹．中小企业合作创新行为形成机理研究：基于计划行为理论的解释架构[J]．科学学研究，2014，32(5)：777-786.

[43]李彬彬，许明祥，巩晨，等．国际土壤质量研究热点与趋势：基于大数据的 Citespace 可视化分析[J]．自然资源学报，2017，32(11)：1983-1998.

[44]李昌峰，张娈英，赵广川，等．基于演化博弈理论的流域生态补偿研究：以太湖流域为例[J]．中国人口．资源与环境，2014，24(1)：171-176.

[45]李芬，李文华，甄霖，等．森林生态系统补偿标准的方法探讨—以海南省为例[J]．自然资源学报，2010，025(5)：735-745.

[46]李国平，李潇．国家重点生态功能区转移支付资金分配机制研究[J]．中国人口·资源与环境，2014，24(5)：124-130.

[47]李萍，王伟．生态价值：基于马克思劳动价值论的一个引申分析[J]．学术月刊，2012，44(4)：90-95.

[48]李青，薛珍，陈红梅，等．基于 CVM 理论的塔里木河流域居民生态认知及支付决策行为研究[J]．资源科学，2016，38(6)：1075-1087.

[49]李坦，张颖．江西省森林生态系统服务价值评估与调整[J]．统计与决策，2013(3)：92-95.

[50]李涛，刘思玥．分权体制下辖区竞争、策略性财政政策对雾霾污染治理的影响[J]．中国人口·资源与环境，2018，28(6)：120-129.

[51]李炜．大小兴安岭生态功能区建设生态补偿机制研究[D]．哈尔滨：东北林业大学，2012.

[52]李文华，李芬，李世东，等．森林生态效益补偿的研究现状与展望[J]．自然资源学报，2006，21(9)：677-688.

[53]李文华，李世东，李芬，等．森林生态补偿机制若干重点问题研究[J]．中国人口·资源与环境，2007，17(2)：13-18.

[54]李文华，张彪，谢高地．中国生态系统服务研究的回顾与展望[J]．自然资源学报，2009，24(1)：1-10.

[55]李晓西，赵峥，李卫锋．完善国家生态治理体系和治理能力现代化的四大关系：基于实地调研及微观数据的分析[J]．管理世界，2015，260(5)：1-5.

[56]李英，曹玉昆．居民对城市森林生态效益经济补偿支付意愿实证分析[J]．北京林业大学学报，2006(S2)：155-158.

[57]李英，陈凯星，李恒．森林生态区位价值评估初探：以龙江森工集团为例[J]．林业经济问题，2011(5)：383-386.

[58]李英，齐丹坤．基于生态区位测度的伊春林区森林生态服务功能价值评估[J]．林业科学，2013，49(8)：140-147.

[59]林建浩，辛自强，范佳琳，等．中国省际双边信任模式及其形成机制[J]．经济学(季刊)，2018，17(3)：1127-1148.

[60]林曦．弗里曼利益相关者理论评述[J]．商业研究，2010(8)：66-70.

[61]刘春腊，龚娟，徐美，等．文化生态补偿的理论内涵及框架探究[J]．经济地理，2019，39(9)：12-16.

[62]刘春腊，徐美，周克杨，等．精准扶贫与生态补偿的对接机制及典型途径：基于林业的案例分析[J]．自然资源学报，2019，34(5)：989-1002.

[63]刘丽，白秀广，姜志德．国内保护性耕作研究知识图谱分析：基于CNKI的数据[J]．干旱区资源与环境，2019，33(4)：76-81.

[64]刘某承，孙雪萍，林惠凤，等．基于生态系统服务消费的京承生态补偿基金构建方式[J]．资源科学，2015，37(8)：1536-1542.

[65]刘学敏．从“庇古税”到“科思定理”：经济学进步了多少[J]．中国人口·资源与环境，2004(3)：133-135.

[66]柳荻，胡振通，靳乐山．生态保护补偿的分析框架研究综述[J]．生态学报，2018，38(2)：380-392.

[67]吕宁，韩霄，赵亚茹．旅游中小企业经营者创新行为的影响机制：基于计划行为理论的扎根研究[J]．旅游学刊，2019，36(3)：57-69.

[68]罗付岩．银企关系对企业现金股利支付意愿和支付水平的影响：基于双栏模型的研究[J]．管理评论，2019，31(11)：60-70.

[69][英]马歇尔．经济学原理[M]．朱志泰，译．北京:商务印书馆，2005.

[70]马明月，陈亚琼，杜建国．FDI企业环境创新行为形成机理研究：基于计划行为理论的解释构架[J]．科技管理研究，2018，38(9)：158-165.

[71][美]曼瑟尔·奥尔森．集体行动的逻辑[M]．陈郁，郭宇峰，李崇新，译．上海:上海人民出版社，1995.

[72]毛显强，钟瑜，张胜．生态补偿的理论探讨[J]．中国人口·资源与环境，2002，12(4)：38-41.

[73]米锋，李吉跃，杨家伟．森林生态效益评价的研究进展[J]．北京林业大学学报，2003(6)：77-83.

[74]缪小林，王婷，高跃光．转移支付对城乡公共服务差距的影响：不同经济赶超省份的分组比较[J]．经济研究，2017，52(2)：52-66.

[75]聂华．森林环境价值纳入国民收入核算中的重复计算[J]．北京林业大学学报(社会科学版)，2002(Z1)：40-42.

[76]宁静，赵旭杰．纵向财政关系改革与基层政府财力保障：准自然实验分析[J]．财贸经济，2019，40(1)：53-69.

[77]牛香．森林生态效益分布式测算及其定量化补偿研究：以广东省和辽宁省为例[D]．北京:北京林业大学，2012.

[78]潘楚林，田虹．利益相关者压力、企业环境伦理与前瞻型环境战略[J]．管理科学，2016，29(3)：38-48.

[79]潘峰，西宝，王琳．地方政府间环境规制策略的演化博弈分析[J]．中国人口·资源与环境，2014，24(6)：97-102.

[80]潘鹤思，李英，陈振环．森林生态系统服务价值评估方法研究综述及展望[J]．干旱区资源与环境，2018，32(6)：72-78.

[81]潘鹤思，李英，柳洪志．央地两级政府生态治理行动的演化博弈分

析：基于财政分权视角[J]. 生态学报，2019，39(5)：1772-1783.

[82]潘鹤思，柳洪志. 跨区域森林生态补偿的演化博弈分析：基于主体功能区的视角[J]. 生态学报，2019，39(12)：4560-4569.

[83]齐珊娜，侯光辉，段梦，等. 天津市中小企业参与水生态补偿意愿的实证分析[J]. 水资源保护，2016，32(4)：147-153.

[84]祁毓，陈建伟，李万新，等. 生态环境治理、经济发展与公共服务供给：来自国家重点生态功能区及其转移支付的准实验证据[J]. 管理世界，2019，35(1)：115-134.

[85]秦颖. 论公共产品的本质：兼论公共产品理论的局限性[J]. 经济学家，2006(3)：77-82.

[86]曲薪池，侯贵生，孙向彦. 政府规制下企业绿色创新生态系统的演化博弈分析：基于初始意愿差异化视角[J]. 系统工程，2019，37(6)：1-12.

[87]沈费伟，刘祖云. 农村环境善治的逻辑重塑：基于利益相关者理论的分析[J]. 中国人口·资源与环境，2016，26(5)：32-38.

[88]沈满洪，谢惠明. 公共物品问题及其解决思路：公共物品理论文献综述[J]. 浙江大学学报(人文社会科学版)，2009(6)：133-144.

[89]石小亮，陈珂，揭昌亮，等. 吉林省森林生态系统服务价值评价[J]. 水土保持通报，2016，36(5)：312-319.

[90]石小亮. 吉林森工集团森林生态系统服务价值评价及预测研究[D]. 北京:北京林业大学，2015.

[91]史宇鹏，李新荣. 公共资源与社会信任：以义务教育为例[J]. 经济研究，2016，51(5)：86-100.

[92]史雨星，李超琼，赵敏娟. 非市场价值认知、社会资本对农户耕地保护合作意愿的影响[J]. 中国人口·资源与环境，2019，29(4)：94-103.

[93]史雨星，姚柳杨，赵敏娟. 社会资本对牧户参与草场社区治理意愿的影响：基于Triple-Hurdle模型的分析[J]. 中国农村观察，2018，141(3)：35-50.

[94]苏红岩，李京梅. 基于改进选择实验法的广西红树林湿地修复意愿评估[J]. 资源科学，2016，38(9)：1810-1819.

[95]孙开，孙琳．流域生态补偿机制的标准设计与转移支付安排：基于资金供给视角的分析[J]．财贸经济，2015，409(12)：118-128.

[96]孙琳．水源地生态补偿的标准设计与机制构建研究[D]．大连：东北财经大学博士学位论文，2016.

[97]田虹，潘楚林．前瞻型环境战略对企业绿色形象的影响研究[J]．管理学报，2015，12(7)：1064-1071.

[98]王爱敏，葛颜祥，耿翔燕．水源地保护区生态补偿利益相关者行为选择机理分析[J]．中国农业资源与区划，2015，36(5)：16-22.

[99]王彬彬，李晓燕．生态补偿的制度建构：政府和市场有效融合[J]．政治学研究，2015，124(5)：67-81.

[100]王兵，鲁绍伟，尤文忠，等．辽宁省森林生态系统服务价值评估[J]．应用生态学报，2010，21(7)：1792-1798.

[101]王兵，任晓旭，胡文．中国森林生态系统服务功能及其价值评估[J]．林业科学，2011，47(2)：145-153.

[102]王尔大，李莉，韦健华．基于选择实验法的国家森林公园资源和管理属性经济价值评价[J]．资源科学，2015，37(1)：193-200.

[103]王红丽，崔晓明．你第一时间选对核心利益相关者了吗？[J]．管理世界，2013，243(12)：133-144，148.

[104]王景升，李文华，任青山，等．西藏森林生态系统服务价值[J]．自然资源学报，2007(5)：831-841.

[105]王清军．生态补偿支付条件：类型确定及激励、效益判断[J]．中国地质大学学报(社会科学版)，2018，18(3)：56-69.

[106]王希义，徐海量，赵新风，等．塔里木盆地天然胡杨林保护区的生态服务价值评估[J]．干旱区资源与环境，2015，29(3)：92-97.

[107]王小龙．退耕还林：私人承包与政府规制[J]．经济研究，2004(4)：107-116.

[108]王奕淇，李国平．流域中下游居民的支付意愿及其影响因素研究：以渭河流域为例[J]．干旱区资源与环境，2018，32(9)：58-62.

[109]温薇，田国双．生态文明时代的跨区域生态补偿协调机制研究[J]．

经济问题，2017，453(5)：84-88.

[110]文清，尹宁，吕明，等. 云南森林生态功能区农户生态补偿支付意愿(WTP)影响因素及差异性分析[J]. 长江流域资源与环境，2017，26(8)：1260-1273.

[111]吴帆，周镇忠，刘叶. 政府购买服务的美国经验及其对中国的借鉴意义：基于对一个公共服务个案的观察[J]. 公共行政评论，2016，9(4)：4-22.

[112]吴林海，赵丹，王晓莉，等. 企业碳标签食品生产的决策行为研究[J]. 中国软科学，2011，246(6)：87-99.

[113]吴强，PENG Yuanying，马恒运，等. 森林生态系统服务价值及其补偿校准：以马尾松林为例[J]. 生态学报，2019，39(1)：117-130.

[114]武开，张慧颖. 委托代理关系下监督强度与激励机制设计[J]. 系统工程，2016，34(7)：68-72.

[115]肖加元，潘安. 基于水排污权交易的流域生态补偿研究[J]. 中国人口·资源与环境，2016，26(7)：18-26.

[116]肖强，肖洋，欧阳志云，等. 重庆市森林生态系统服务功能价值评估[J]. 生态学报，2014，34(1)：216-223.

[117]谢高地，张彩霞，张昌顺，等. 中国生态系统服务的价值[J]. 资源科学，2015，37(9)：1740-1746.

[118]谢伶，王金伟，吕杰华. 国际黑色旅游研究的知识图谱：基于CiteSpace的计量分析[J]. 资源科学，2019，41(3)：454-466.

[119]徐大伟，常亮，侯铁珊，等. 基于WTP和WTA的流域生态补偿标准测算：以辽河为例[J]. 资源科学，2012，34(7)：1354-1361.

[120]徐戈，陆迁，姜雅莉. 社会资本、收入多样化与农户贫困脆弱性[J]. 中国人口·资源与环境，2019，29(2)：123-133.

[121]徐建英，刘新新，冯琳，等. 生态补偿权衡关系研究进展[J]. 生态学报，2015，35(20)：6901-6907.

[122]徐晋涛，陶然，徐志刚. 退耕还林：成本有效性、结构调整效应与经济可持续性：基于西部三省农户调查的实证分析[J]. 经济学(季刊).

2004，4(4)：139-162.

[123]徐莉萍，赵冠男，戴子礼．国外市场机制下森林生态效益补偿定价理论及其借鉴[J]．农业经济问题，2016，37(8)：101-109.

[124]徐双明．基于产权分离的生态产权制度优化研究[J]．财经研究，2017，43(1)：63-74.

[125]徐松鹤，韩传峰．基于微分博弈的流域生态补偿机制研究[J]．中国管理科学，2019，27(8)：199-207.

[126]徐秀美，郑言．基于旅游生态足迹的拉萨乡村旅游地生态补偿标准：以次角林村为例[J]．经济地理，2017，37(4)：218-224.

[127]许长新，杨李华．中国水权交易市场中的信息不对称程度分析[J]．中国人口·资源与环境，2019，29(9)：127-135.

[128]许玲燕，杜建国，汪文丽．农村水环境治理行动的演化博弈分析[J]．中国人口·资源与环境，2017，27(5)：17-26.

[129]薛天山．民营企业高层管理者的社会责任态度及其影响因素研究[J]．华东经济管理，2015，29(3)：41-45.

[130]颜廷武，何可，张俊飚．社会资本对农民环保投资意愿的影响分析：来自湖北农村农业废弃物资源化的实证研究[J]．中国人口·资源与环境，2016，26(1)：158-164.

[131]杨爱平，杨和焰．国家治理视野下省际流域生态补偿新思路：以皖、浙两省的新安江流域为例[J]．北京行政学院学报，2015，97(3)：9-15.

[132]杨洪国．国家重点生态公益林生态补偿标准调整系数的研究[D]．北京：中国林业科学研究院，2010.

[133]杨晶，丁士军，邓大松．人力资本、社会资本对失地农民个体收入不平等的影响研究[J]．中国人口·资源与环境，2019，29(3)：148-158.

[134]杨柳，朱玉春．社会信任、合作能力与农户参与小农水供给行为：基于黄河灌区五省数据的验证[J]．中国人口·资源与环境，2016，26(3)：163-170.

[135]杨青，刘耕源．森林生态系统服务价值非货币量核算：以京津冀城市群为例[J]．应用生态学报，2018，29(11)：3747-3759.

[136]杨欣，蔡银莺，张安录．农田生态补偿横向财政转移支付额度研究：基于选择实验法的生态外溢视角[J]．长江流域资源与环境，2017，26(3)：368-375.

[137]尹振东，汤玉刚．专项转移支付与地方财政支出行为：以农村义务教育补助为例[J]．经济研究，2016，51(4)：47-59.

[138]于新．劳动价值论与效用价值论发展历程的比较研究[J]．经济纵横，2010(3)：31-34.

[139]曾维忠，刘胜，杨帆，等．扶贫视域下的森林碳汇研究综述[J]．农业经济问题，2017，38(2)：102-109.

[140]曾维忠，张建羽，杨帆．森林碳汇扶贫：理论探讨与现实思考[J]．农村经济，2016，403(5)：17-22.

[141][美]詹姆斯·S. 科尔曼．社会理论的基础(下)[M]．邓方，译．社会科学文献出版社，1999.

[142]张春霖．存在道德风险的委托代理关系：理论分析及其应用中的问题[J]．经济研究，1995(8)：3-8.

[143]张方圆，赵雪雁，田亚彪，等．社会资本对农户生态补偿参与意愿的影响：以甘肃省张掖市、甘南藏族自治州、临夏回族自治州为例[J]．资源科学，2013，35(9)：1821-1827.

[144]张洪振，钊阳．社会信任提升有益于公众参与环境保护吗?：基于中国综合社会调查(CGSS)数据的实证研究[J]．经济与管理研究，2019，40(5)：102-112.

[145]张化楠，葛颜祥，接玉梅，等．生态认知对流域居民生态补偿参与意愿的影响研究：基于大汶河的调查数据[J]．中国人口·资源与环境，2019，29(9)：109-116.

[146]张捷，莫杨．“科斯范式”与“庇古范式”可以融合吗?：中国跨省流域横向生态补偿试点的制度分析[J]．制度经济学研究，2018(3)：23-44.

[147]张明凯，潘华，胡元林．流域生态补偿多元融资渠道融资效果的SD分析[J]．经济问题探索，2018，428(3)：58-65.

[148]张佩昌．试论天然林保护工程[J]．林业科学，1999，35(2)：

122-131.

[149]张琦，郑瑶，孔东民．地区环境治理压力、高管经历与企业环保投资：一项基于《环境空气质量标准（2012）》的准自然实验[J]．经济研究，2019，54(6)：183-198.

[150]张涛．森林生态效益补偿机制研究[D]．北京：中国林业科学研究院，2003.

[151]张维迎，所有制、治理结构及委托—代理关系：兼评崔之元和周其仁的一些观点[J]．经济研究，1996（9）：3-15.

[152]张文彬，李国平．国家重点生态功能区转移支付动态激励效应分析[J]．中国人口·资源与环境，2015，25(10)：125-131.

[153]张筱风．政府间转移支付制度的效率评价[J]．财经科学，2003(6)：101-104.

[154]张新华．新疆城镇居民对草原生态保护补偿支付意愿分析[J]．干旱区资源与环境，2019，33(3)：51-56.

[155]张晏．国外生态补偿机制设计中的关键要素及启示[J]．中国人口·资源与环境，2016，26(10)：121-129.

[156]张渝，王娟茹．主观规范对绿色技术创新行为的影响研究[J]．软科学，2018，32(2)：93-95.

[157]赵俊伟，姜昊，陈永福，等．生猪规模养殖粪污治理行为影响因素分析：基于意愿转化行为视角[J]．自然资源学报，2019，34(8)：1708-1719.

[158]赵雪雁，李巍，王学良．生态补偿研究中的几个关键问题[J]．中国人口·资源与环境，2012，22(2)：1-7.

[159]赵玉，张玉，熊国保．基于随机效用理论的赣江流域生态补偿支付意愿研究[J]．长江流域资源与环境，2017，26(7)：1049-1056.

[160]甄霖，王继军，姜志德，等．生态技术评价方法及全球生态治理技术研究[J]．生态学报，2016，36(22)：7152-7157.

[161]郑云辰，葛颜祥，接玉梅，等．流域多元化生态补偿分析框架：补偿主体视角[J]．中国人口·资源与环境，2019，29(7)：131-139.

[162]周晨，李国平．流域生态补偿的支付意愿及影响因素：以南水北调

中线工程受水区郑州市为例[J]. 经济地理，2015，35(6)：38-46.

[163]周小平，柴铎，卢艳霞，等. 耕地保护补偿的经济学解释[J]. 中国土地科学，2010，24(10)：30-35.

[164]宗鑫，赵龙，王光耀，等. 生态补偿的复制动态及其进化稳定策略研究：以黄河流域上游青藏高原区为分析背景[J]. 干旱区资源与环境，2016，30(9)：32-37.

[165]左翔，李明. 环境污染与居民政治态度[J]. 经济学(季刊)，2016，15(4)：1409-1438.

[166]Ajzen I，Driver B L. Prediction of leisure participation from behavioral，normative，and control beliefs：An application of the theory of planned behavior[J]. Leisure Sciences，1991，13(3)：185-204.

[167]Anaya-Romero M，Muñoz-Rojas M，Ibáñez B，et al. Evaluation of forest ecosystem services in Mediterranean areas：A regional case study in South Spain[J]. Ecosystem Services，2016(20)：82-90.

[168]Arbieu U，Grünewald C，Martín-López B，et al. Mismatches between supply and demand in wildlife tourism：Insights for assessing cultural ecosystem services[J]. Ecological Indicators，2017(78)：282-291.

[169]Baker G. Distortion and Risk in Optimal Incentive Contracts[J]. Journal of Human Resources，2002，37(4)：728-751.

[170]Beier C M，Caputo J，Lawrence G B，et al. Loss of ecosystem services due to chronic pollution of forests and surface waters in the Adirondack region (USA)[J]. Journal of Environmental Management，2017(191)：19-27.

[171]BenDor T K，Spurlock D，Woodruff S C，et al. A research agenda for ecosystem services in American environmental and land use planning[J]. Cities，2017(60)：260-271.

[172]Boisvert V，Méral P，Froger G. Market-Based Instruments for Ecosystem Services：Institutional Innovation or Renovation?[J]. Society and Natural Resources，2013，26(10)：1122-1136.

[173]Braat L C，Groot R D. The ecosystem services agenda：Bridging the

worlds of natural science and economics, conservation and development, and public and private policy[J]. Ecosystem Services, 2012, 1(1): 4-15.

[174] Bremer L L, Farley K A, Lopez - Carr D. What factors influence participation in payment for ecosystem services programs? An evaluation of Ecuador's SocioPάramo program[J]. Land Use Policy, 2014(36): 122-133.

[175] Börner J, Baylis K, Corbera E, et al. The Effectiveness of Payments for Environmental Services[J]. World Development, 2017(96): 359-374.

[176] Bösch M, Elsasser P, Franz K, et al. Forest ecosystem services in rural areas of Germany: Insights from the national TEEB study[J]. Ecosystem Services, 2018(31): 77-83.

[177] Cai H, Treisman D. Does Competition for Capital Discipline Governments? Decentralization, Globalization, and Public Policy [J]. American Economic Review, 2005, 95(3): 817-830.

[178] Chan K M A, Anderson E, Chapman M, et al. Payments for Ecosystem Services: Rife With Problems and Potential—For Transformation Towards Sustainability[J]. Ecological Economics, 2017(140): 110-122.

[179] Chen W Y. Public willingness-to-pay for conserving urban heritage trees in Guangzhou, south China[J]. Urban Forestry and Urban Greening, 2015, 14(4): 796-805.

[180] Classen R, Cattaneo A, Johansson R. Cost - effective design of agri-environmental payment programs: U. S. experience in theory and practice[J]. Ecological Economics. 2008, 65(4): 737-752.

[181] Cooper J C, Osborn C T. The Effect of Rental Rates on the Extension of Conservation Reserve Program Contracts[J]. Mpra Paper, 1998, 80(1): 184-194.

[182] Coq J F L, Froger G, Pesche D, et al. Understanding the governance of the Payment for Environmental Services Programme in Costa Rica: A policy process perspective[J]. Ecosystem Services, 2015(16): 253-265.

[183] Costanza R, de Groot R, Sutton P, et al. Changes in the global value of ecosystem services[J]. Global Environmental Change, 2014(26): 152-158.

[184] Costanza R, D'Arge R, Groot R D, et al. The value of the world's ecosystem services and natural capital 1[J]. Ecological Economics, 1989, 387(15): 253-260.

[185] Cragg, G. J. Some Statistical Models for Limited Dependent Variables with Application to the Demand for Durable Goods[J]. Econometrica, 1971, 39(5): 829-844.

[186] Crossman N D, Burkhard B, Nedkov S, et al. A blueprint for mapping and modelling ecosystem services[J]. Ecosystem Services, 2013(4): 4-14.

[187] Dahlstr M C, Nistotskaya M, Tyrberg M. Outsourcing, bureaucratic personnel quality and citizen satisfaction with public services[J]. Public Administration, 2018, 96(1): 218-233.

[188] Daily G C. Nature's services: societal dependence on natural ecosystems. [J]. Pacific Conservation Biology, 1997, 6(2): 220-221.

[189] Derasari A, Gold J E, Ismaily S, et al. Will New Metal Heads Restore Mechanical Integrity of Corroded Trunnions? [J]. The Journal of Arthroplasty, 2017, 32(4): 1356-1359.

[190] Deutschi M. The Effect of Motivational Orientation upon Trust and Suspicion[J]. Human Relations, 1960, 13(2): 123-139.

[191] Dias V, Belcher K. Value and provision of ecosystem services from prairie wetlands: A choice experiment approach[J]. Ecosystem Services, 2015(15): 35-44.

[192] Diswandi D. A hybrid Coasean and Pigouvian approach to Payment for Ecosystem Services Program in West Lombok: Does it contribute to poverty alleviation? [J]. Ecosystem Services, 2017(23): 138-145.

[193] Ekawati Sulistya, Subarudi, Budiningsih K, et al. Policies affecting the implementation of REDD + in Indonesia (cases in Papua, Riau and Central Kalimantan[J]. Forest Policy and Economics, 2019, 108(5): 6-21.

[194] Engel S, Pagiola S, Wunder S. Designing payments for environmental services in theory and practice: An overview of the issues[J]. Ecological Econo-

mics, 2008, 65(4): 663-674.

[195] Fama E F. Agency Problems and the Theory of the Firm[J]. Journal of Political Economy, 1980, 88(2): 288-307.

[196] Ferraro P J. Asymmetric information and contract design for payments for environmental services[J]. Ecological Economics, 2008, 65(4): 810-821.

[197] Fishbein M, Middlestadt S E. A Striking Lack of Evidence for Nonbelief-Based Attitude Formation and Change: A Response to Five Commentaries[J]. Journal of Consumer Psychology, 1997, 6(1): 107-115.

[198] Freeman E, Liedtka J. Stakeholder Capitalism and the Value Chain[J]. European Management Journal, 1997, 15(3): 286-296.

[199] Gibbons R. Incentives between Firms (And within)[J]. Management Science, 2005, 51(1): 2-17.

[200] Gonzalez R. Applied Multivariate Statistics for the Social Sciences[J]. Garden City, 2010, 52(3): 418-420.

[201] Grilli G, Fratini R, Marone E, et al. A spatial-based tool for the analysis of payments for forest ecosystem services related to hydrogeological protection[J]. Forest Policy and Economics, 2020(111): 102039.

[202] Grima N, Singh S J, Smetschka B, et al. Payment for Ecosystem Services(PES) in Latin America: Analysing the performance of 40 case studies[J]. Ecosystem Services, 2016(17): 24-32.

[203] Gómez-Baggethun E, Groot R D, Lomas P L, et al. The history of ecosystem services in economic theory and practice: From early notions to markets and payment schemes[J]. Ecological Economics, 2010, 69(6): 1209-1218.

[204] Górriz-Mifsud E, Varela E, Piqué M, et al. Demand and supply of ecosystem services in a Mediterranean forest: Computing payment boundaries[J]. Ecosystem Services, 2016(17): 53-63.

[205] Harring N. Understanding the Effects of Corruption and Political Trust on Willingness to Make Economic Sacrifices for Environmental Protection in a Cross-National Perspective[J]. Social Science Quarterly, 2013, 94(3): 660-671.

[206] Harriscc, Driver B L, Mclaughlin W J. Improving the Contingent valuation method: A psychological perspecive [J]. Journal of Environmental Economics & management, 1989, 17(3): 213-229.

[207] Havinga I, Hein L, Vega-Araya M, et al. Spatial quantification to examine the effectiveness of payments for ecosystem services: A case study of Costa Rica's Pago de Servicios Ambientales [J]. Ecological Indicators, 2020 (108): 105766.

[208] Henriques I, Sadorsky P. The relationship between environment commitment and managerial perceptions of stakeholder importance [J]. Academy of Management Journal, 1999, 42(1): 87-99.

[209] Hirsch F. Social Limits to Growth[J]. Harvard University Press, 1978(10): 13-59.

[210] Hosmer L T. Trust: The Connecting Link between Organizational Theory and Philosophical Ethics [J]. Academy of Management Review, 1995, 20(2): 379-403.

[211] Huang S L, Chen Y H, Kuo F Y, et al. Emergy-based evaluation of peri-urban ecosystem services[J]. Ecological Complexity, 2011, 8(1): 38-50.

[212] Ishihara H, Pascual U, Hodge I. Dancing With Storks: The Role of Power Relations in Payments for Ecosystem Services [J]. Ecological Economics, 2017(139): 45-54.

[213] Jensen M C, Meckling W H. Theory of the Firm: Managerial Behavior, Agency Costs and Ownership Structure [J]. Journal of Financial Economics. 1976, 3(4): 305-360.

[214] Jones L, Norton L, Austin Z, et al. Stocks and flows of natural and human-derived capital in ecosystem services [J]. Land Use Policy, 2016 (52): 151-162.

[215] Kaffashi S, Yacob M R, Clark M S, et al. Exploring visitors' willingness to pay to generate revenues for managing the National Elephant Conservation Center in Malaysia[J]. Forest Policy and Economics, 2015(56): 9-19.

[216] Kaltenborn B P, Linnell J D C, Baggethun E G, et al. Ecosystem Services and Cultural Values as Building Blocks for "The Good life". A Case Study in the Community of Rst, Lofoten Islands, Norway[J]. Ecological Economics, 2017(140): 166-176.

[217] Knack S, Keefer P. Does Social Capital Have an Economic Payoff? A Cross-Country Investigation[J]. Quarterly Journal of Economics, 1997, 112(4): 1251-1288.

[218] Koistinen K, Upham P, Bögel P. Stakeholder signalling and strategic niche management: The case of aviation biokerosene [J]. Journal of Cleaner Production, 2019(225): 72-81.

[219] Kolinjivadi V, Gamboa G, Adamowski J, et al. Capabilities as justice: Analysing the acceptability of payments for ecosystem services(PES) through "social multi-criteria evaluation"[J]. Ecological Economics, 2015(118): 99-113.

[220] Kristroem B. Spike models in contingent valuation: Theory and illustrations[J]. Social Science Electronic Publishing, 1995, 79(3): 1013-1023.

[221] Lai M, Shaohong W U, et al. Accounting for eco-compensation in the three-river head waters region based on ecosystem service value[J]. Acta Ecologica 2015, 35(2): 227-236.

[222] Lapalombara J. Making Democracy Work: Civic Traditions in Modern Italy[J]. Contemporary Sociology, 1994, 26(3): 306-308.

[223] Li F, Pan B, Wu Y Z, et al. Application of game model for stakeholder management in construction of ecological corridors: A case study on Yangtze River Basin in China[J]. Habitat International, 2017(63): 113-121.

[224] Li T, Cui Y, Liu A. Spatiotemporal dynamic analysis of forest ecosystem services using "big data": A case study of Anhui province, central-eastern China[J]. Journal of Cleaner Production, 2017(142): 589-599.

[225] Liu J, Wang Q. Acoounting Methods Research for ecological compensation standard in three-river head waters region based on supply cost [J]. Research of Environmental Sciences 2017, 30(1): 82-90.

[226] Liu P, Li W, Yu Y, et al. How much will cash forest encroachment in rainforests cost? A case from valuation to payment for ecosystem services in China[J]. Ecosystem Services, 2019(38): 100949.

[227] Lo A Y, Jim C Y. Protest response and willingness to pay for culturally significant urban trees: Implications for Contingent Valuation Method[J]. Ecological Economics, 2015(114): 58-66.

[228] Loft L, Le D N, Pham T T, et al. Whose Equity Matters? National to Local Equity Perceptions in Vietnam's Payments for Forest Ecosystem Services Scheme[J]. Ecological Economics, 2017(135): 164-175.

[229] Loomes R, O'Neill K. Nature's Services: Societal Dependence on Natural Ecosystems[J]. Pacific Conservation Biology, 2000, 6(2): 220-221.

[230] Lopez M C, Moran E F. The legacy of Elinor Ostrom and its relevance to issues of forest conservation[J]. Current Opinion in Environmental Sustainability, 2016(19): 47-56.

[231] Lu H F, Campbeu E T, Campbell D E, et al. Dynamics of ecosystem services provided by subtropical forests in Southeast China during succession as measured by donor and receiver value[J]. Ecosystem Services, 2017(23): 248-258.

[232] Makrickiene E, Brukas V, Brodrechtova Y, et al. From command-and-control to good forest governance: A critical interpretive analysis of Lithuania and Slovakia[J]. Forest Policy and Economics, 2019(109): 102024.

[233] Margolis J. A Comment on the Pure Theory of Public Expenditure[J]. Review of Economics and Statistics, 1955, 37(4): 347-349.

[234] Markova-Nenova N, Wätzold F. PES for the poor? Preferences of potential buyers of forest ecosystem services for including distributive goals in the design of payments for conserving the dry spiny forest in Madagascar[J]. Forest Policy and Economics, 2017(80): 71-79.

[235] Mayrand K, Paquin M. Payment for Environmental Services: A survey and assessment of current schemes[J]. Journal of Helminthology, 2004, 1(2):

77-80.

[236]Mehring M, Ott E, Hummel D. Ecosystem services supply and demand assessment: Why social—ecological dynamics matter [J]. Ecosystem Services, 2018(30):124-125.

[237]Mitchell R K, Agle B R, Wood D J. Toward a Theory of Stakeholder Identification and Salience: Defining the Principle of Who and What Really Counts[J]. The Academy of Management Review, 1997: 22(4): 853-886.

[238] Muradian R, Corbera E, Pascual U, et al. Reconciling theory and practice: An alternative conceptual framework for understanding payments for environmental services[J]. Ecological Economics, 2010, 69(6): 1202-1208.

[239] Naeem S I J C V. Get the science right when paying for nature's services[J]. Science, 2015, 347(6227): 1206-1207.

[240]Niu X, Wang B, Liu S, et al. Economical assessment of forest ecosystem services in China: Characteristics and implications[J]. Ecological Complexity, 2012, 11(11): 1-11.

[241]Nordén A, Coria J, Jönsson A M, et al. Divergence in stakeholders' preferences: Evidence from a choice experiment on forest landscapes preferences in Sweden[J]. Ecological Economics, 2017(132): 179-195.

[242]Obeng E A, Aguilar F X. Value orientation and payment for ecosystem services: Perceived detrimental consequences lead to willingness-to-pay for ecosystem services[J]. Journal of Environmental Management, 2018(206): 458-471.

[243] Odum H T. Self - organization, transformity, and information [J]. Science, 1988, 242(4882): 1132-1139.

[244]Olson D M, Dinerstein E. The Global 200: A Representation Approach to Conserving the Earth's Most Biologically Valuable Ecoregions [J]. Conservation Biology, 1998, 12(3): 502-515.

[245]Ooba M, Wang Q, Murakami S, et al. Biogeochemical model (BGC-ES) and its basin-level application for evaluating ecosystem services under forest management practices[J]. Ecological Modelling, 2010, 221(16): 1979-1994.

[246] Osiolo H H. Willingness to pay for improved energy: Evidence from Kenya[J]. Renewable Energy, 2017(112): 104-112.

[247] Ozanne A, Hogan T, Colman D. Moral hazard, risk aversion and compliance monitoring in agri - environmental policy [J]. European Review of Agricultural Economics, 2001, 28(3): 329-348.

[248] Pagiola S, Arcenas A, Platais G. Can Payments for Environmental Services Help Reduce Poverty? An Exploration of the Issues and the Evidence to Date from Latin America[J]. World Development, 2005, 33(2): 237-253.

[249] Pascual U, Phelps J, Garmendia E, et al. Social Equity Matters in Payments for Ecosystem Services[J]. Bioscience, 2014, 64(11): 1027-1036.

[250] Paudyal K, Baral H, Keenan R J. Assessing social values of ecosystem services in the Phewa Lake Watershed, Nepal[J]. Forest Policy and Economics, 2018(90): 67-81.

[251] Phan T D, Brouwer R, Hoang L P, et al. A comparative study of transaction costs of payments for forest ecosystem services in Vietnam[J]. Forest Policy and Economics, 2017(80): 141-149.

[252] Pirard R. Market - based instruments for biodiversity and ecosystem services: A lexicon[J]. Environmental Science and Policy, 2012, 19-20(none): 59-68.

[253] Primmer E, Furman E. Operationalising ecosystem service approaches for governance: Do measuring, mapping and valuing integrate sector—specific knowledge systems? [J]. Ecosystem Services, 2012, 1(1): 85-92.

[254] Programme U E. UNEP Year Book 2012: Emerging issues in our global environment[M]. United Nations Environment Programme, 2015.

[255] Quigley K F F. Trust: The Social Virtues and the Creation of Prosperity: By Francis Fukuyama[M]. New York: Free Press, 1995.

[256] Rambonilaza T, Brahic E. Non—market values of forest biodiversity and the impact of informing the general public: Insights from generalized multinomial logit estimations[J]. Environmental Science and Policy, 2016(64): 93-100.

[257] Rui S, Ring I, Antunes P, et al. Fiscal transfers for biodiversity conservation: The Portuguese Local Finances Law[J]. Land Use Policy, 2012, 29(2): 261-273.

[258] Richardv D H, Rajao Leroy P. Can REDD + still become a market? Ruptured dependencies and market logics for emission reductions in Brazil [J]. Ecological Economics, 2019(161): 121-129.

[259] Sainsbury K, Burgess N D, Sabuni F, et al. Exploring stakeholder perceptions of conservation outcomes from alternative income generating activities in Tanzanian villages adjacent to Eastern Arc Mountain forests [J]. Biological Conservation, 2015(191): 20-28.

[260] Scheufele G, Bennett J. Can payments for ecosystem services schemes mimic markets? [J]. Ecosystem Services, 2017(23): 30-37.

[261] Schmidt C. Are evolutionary games another way of thinking about game theory? [J]. Journal of Evolutionary Economics, 2004, 14(2): 249-262.

[262] Sheng J C, Hong Q, Han X. Neoliberal conservation in REDD+: The roles of market power and incentive designs [J]. Land Use Policy, 2019 (89): 104215.

[263] Sheng J C, Wu Y, Zhang M Y, et al. An evolutionary modeling approach for designing a contractual REDD + payment scheme [J]. Ecological Indicators, 2017(79): 276-285.

[264] Sheng J, Qiu H. Governmentality within REDD+: Optimizing incentives and efforts to reduce emissions from deforestation and degradation [J]. Land Use Policy, 2018(76): 611-622.

[265] Smart M. Intergovernmental Fiscal Transfers: International Lessons for Developing Countries[J]. World Development, 2002, 30(6): 899-912.

[266] Sommerville M M, Jones J P G, Milner - Gulland E J. A Revised Conceptual Framework for Payments for Environmental Services [J]. Ecology and Society, 2009, 14(2): 5-20.

[267] Song C, Lee W, Choi H, et al. Spatial assessment of ecosystem

functions and services for air purification of forests in South Korea[J]. Environmental Science and Policy, 2016(63): 27-34.

[268] Song Q B, Zhao S J, Lam I, et al. Understanding residents and enterprises' perceptions, behaviors, and their willing to pay for resources recycling in Macau[J]. Waste Management, 2019(95): 129-138.

[269] Song X, Lv X, Li C. Willingness and motivation of residents to pay for conservation of urban green spaces in Jinan, China[J]. Acta Ecologica Sinica, 2015, 35(4): 89-94.

[270] Sutherland I J, Gergel S E, Bennett E M. Seeing the forest for its multiple ecosystem services: Indicators for cultural services in heterogeneous forests[J]. Ecological Indicators, 2016(71): 123-133.

[271] Teklewold H, Dadi L, Yami A, et al. Determinants of adoption of poultry technology: A double-hurdle approach[J]. Livestock Research for Rural Development, 2006, 18(3): 75-86.

[272] Th ompson B S. Can Financial Technology Innovate Benefit Distribution in Payments for Ecosystem Services and REDD+? [J]. Ecological Economics, 2017(139): 150-157.

[273] Tilahun M, Damnyag L, Anglaaere L C N. The Ankasa Forest Conservation Area of Ghana: Ecosystem service values and on-site REDD+opportunity cost[J]. Forest Policy and Economics, 2016(73): 168-176.

[274] Vauhkonen J, Ruotsalainen R. Assessing the provisioning potential of ecosystem services in a Scandinavian boreal forest: Suitability and tradeoff analyses on grid-based wall-to-wall forest inventory data[J]. Forest Ecology and Management, 2017(389): 272-284.

[275] Wang C, Maclaren V. Evaluation of economic and social impacts of the sloping land conversion program: A case study in Dunhua County, China[J]. Forest Policy & Economics, 2012, 14(1): 57.

[276] Wang P, Poe G L, Wolf S A. Payments for Ecosystem Services and Wealth Distribution[J]. Ecological Economics, 2017(132): 63-68.

[277]Watanabe M D B, Ortega E. Dynamic emergy accounting of water and carbon ecosystem services: A model to simulate the impacts of land-use change[J]. Ecological Modelling, 2014(271): 113-131.

[278]Weimann J, Brosig-Koch J, Heinrich T, et al. Public good provision by large groups - the logic of collective action revisited[J]. European Economic Review, 2019(118): 348-363.

[279]Weiss G, Lawrence A, Hujala T, et al. Forest ownership changes in Europe: State of knowledge and conceptual foundations[J]. Forest Policy and Economics, 2019, 99(2): 9-20.

[280]Wu Z, Dai E, Ge Q, et al. Modelling the integrated effects of land use and climate change scenarios on forest ecosystem aboveground biomass: A case study in Taihe County of China[J]. Journal of Geographical Sciences, 2017, 27(2): 205-222.

[281]Wunder S, Engel S, Pagiola S. Taking stock: A comparative analysis of payments for environmental services programs in developed and developing countries[J]. Ecological Economics, 2008, 65(4): 834-852.

[282] Wunder S. Revisiting the concept of payments for environmental services[J]. Ecological Economics, 2015(117): 234-243.

[283] Wunder S. The Efficiency of Payments for Environmental Services in Tropical Conservation[J]. Conservation Biology, 2010, 21(1): 48-58.

[284]Xiong Z, Li H. Ecological deficit tax: A tax design and simulation of compensation for ecosystem service value based on ecological footprint in China[J]. Journal of Cleaner Production, 2019(230): 1128-1137.

[285] Yin R, Liu C, Zhao M, et al. The implementation and impacts of China's largest payment for ecosystem services program as revealed by longitudinal household data[J]. Land Use Policy, 2014(40): 45-55.

[286]Yu H, Xie W, Yang L, et al. From payments for ecosystem services to eco-compensation: Conceptual change or paradigm shift? [J]. Science of The Total Environment, 2020(700): 134627.

[287] Zak P J, Knack S. Trust and Growth [J]. Economic Journal, 2001, 111(470): 295-321.

[288] Zhang D W. Payments for forest-based environmental services: A close look [J]. Forest Policy and Economics, 2016(72): 78-84.